新潮文庫

数学者たちの楽園

「ザ・シンプソンズ」を作った天才たち

サイモン・シン
青木 薫訳

新潮社版

11475

訳者まえがき

みなさんは『ザ・シンプソンズ』というアメリカのアニメーション作品をご存じでしょうか？

日本では、テレビの地上波ではほとんど流されたことがなく、放送はもっぱらBSやCSチャンネル、そうでなければDVDを買うなり借りるなりしなければ、なかなか見る機会がありません。

と言ってしまうと、かなりマニアックなアメリカンコミックなのだろう、と思われるかもしれませんが、そのキャラクターたちは、みなさんもきっとどこかで目にしているはずです。たとえば、清涼飲料水やドーナツのキャラクターとか、Tシャツのプリントや子どもの玩具《おもちゃ》にも、彼らの姿を見ることができます。

シンプソンズ・イエローといわれる特徴的な黄色い肌に、大きなギョロ目、極端にデフォルメされた姿かたちは、精緻《せいち》で美しい日本のアニメーションの対極とも言えるでしょうし、見る人によっては少しグロテスクに感じるかもしれません。が、そのぶん、一度目にしたらなかなか忘れられず、何度も見るうちには、そんなキャラクターたちを憎からず思えるようになるのではないでしょうか。なにしろ、『ザ・シンプソンズ』は、いろいろな意味で一番のアニメーションなのですから。

どのあたりが一番なのか？　というと、たとえば一九八九年の放送開始から今日まで続き、七百話に達している超長寿番組だということが挙げられます。もちろん話数では、すでに八千話を超えている日本の『サザエさん』（一九六九年初放映）には遠く及びませんが、アメリカのアニメ史上では、断トツの一位なのです。また、その人気は英語圏だけにとどまらず、二十以上の言語に翻訳・放映されており、世界一多くの人たちに見られている作品のひとつでもあります。そのほかにも、アメリカのタイム誌は一九九九年の末に二十世紀最後の号を飾る企画として、「ザ・ベスト・オブ・センチュリー」を展開しましたが、そのなかで『ザ・シンプソンズ』を〝二十世紀、最高のテレビ番組〟に選んでいるのです。しかもその選評には、「みごとな知性と、悪びれないお下劣さ」とあります。お下劣なのはともかく、「知性って……？」と首をかしげる向きもあるでしょう。なにしろ、何の気なしに眺める限りにおいては、『ザ・シンプソンズ』は、単なるお下劣なドタバタ喜劇アニメのように思えるだろうからです。

しかし実をいえば、このアニメ作品のクオリティーの高さは折り紙つきで、エミー賞のほか、アメリカ放送界における最高の栄誉といわれるピーボディ賞、アニー賞（国際アニメーションフィルム協会主催）など、数多くの賞を受賞しているのです。さらにはギネスでも、「有名人がもっとも多く登場するアニメシリーズ」に認定されています。

有名人がこぞって登場したがるという、その一点だけをとってみても、『ザ・シンプソンズ』には、多くの人に愛されるだけの、何かしら強烈な魅力があるらしいと察せられるでしょう。すでに四百人以上もの人たちが、デフォルメされた自らの姿に声を重ね、その中にはマイケル・ジャクソン、ポール・マッカートニー、ミック・ジャガー……といった大物アーティストばかりでなく、あの車いすの宇宙物理学者スティーヴン・ホーキングまでもがいるのです。はたしてホーキング博士は、どんな声で何を言ったのでしょう⁉ そのエピソードは本文に詳しく紹介されていますので、引き続きお読みいただくとして、このように各界から大勢の人たちを惹《ひ》きつけて止《や》まないのが、『ザ・シンプソンズ』なのです。

さて、そうなると、『ザ・シンプソンズ』の魅力はどのあたりに？……と、ますます気になるところですが、これはもう、到底ひとことでは語れません。実際、この作品の魅力や、文化的、社会的な意味をめぐっては、数え切れないほどの論評がなされ、何冊もの本が書かれているほどなのです。誰もが一家言を持ち、何がしかを語りたくなってしまう——そんなところもまた、アメリカの国民的アニメと呼ぶにふさわしいといえるかもしれません。

ところが、ありとあらゆる角度から論じ尽くされているかに見える、この大人気長寿アニメには、これまでずっと見逃されてきた重要な一面があるのだ、と、本書の著者サイモン・シンは言うのです。

ご存じの方も多いでしょうが、サイモン・シンは世界の第一線で活躍するサイエンス・ジャーナリストです。イギリスのケンブリッジ大学で博士号を取得し、最先端の素粒子物理学の研究に没頭していたこともある人で、これまでの作品も、宇宙の成り立ちの話（『ビッグバン宇宙論』、文庫版では『宇宙創成』と改題）や、数学史上もっとも有名な難問が解決されるまでのドラマ（『フェルマーの最終定理』）といった、生半可な知識や理解ではとても書けないようなテーマの作品を世に送り出してきました。そんなサイモン・シンが、アメリカのアニメ『ザ・シンプソンズ』に取り組むというのです。当然、〝その手〟の話であって、通りいっぺんの見方であるはずがありません。

そう、『ザ・シンプソンズ』の意外な側面とは、なんと、「数学」だというのです！『ザ・シンプソンズ』をご覧になったことのある方は、「そんな馬鹿《ばか》な！」と思われるかもしれません。しかし、目を凝らして見れば、街角のさりげない貼り紙《はりがみ》に、不思議な数字や意味不明な数式が書きつけられていたり、キャラクターたちのたあいもない与太話と思いきや、実は最先端の宇宙物理学をめぐる対話だったり、はたまたふとしたストーリー展開に、数学史の知られざる偉人へのオマージュが捧《ささ》げられていたりと、この作品にはさまざまなレベルの理系ネタがふんだんにちりばめられているのです。日本の国民的アニメ『サザエさん』に、理系ネタがこれでもかと詰め込まれている……だなんて、考えることさえできません。いったいなぜ、『ザ・シンプソンズ』は、こんな事態になっているのでしょうか？

その謎《なぞ》を、サイモン・シンが本書の中で解き明かしていきます。「数学」と聞いて、尻込《しりご》みしたくなった人もいるかもしれません。しかしご安心ください。そこはサイモン・シンのこと、興味深いエピソードやジョークを織り交ぜながら、「なぜ、数学なのか」についても、アニメに登場する数学そのものについても楽しく語ってくれます。どんなにやさしく説明されても、すぐには飲み込めないこともあるかもしれません。でも、それがまた、『ザ・シンプソンズ』のさらなる一面であり、楽しみ方でもあるのです。本書のどこかに出てくるので、ぜひ心に留めておいていただきたいのですが、『ザ・シンプソンズ』の脚本家たちは、しばしばこんなことを言い合います。

「Fuch' em（ほっとけ）」

つまり、こっそり忍び込ませた数学ネタを、すべての人にわかってもらう必要はないということです。むしろストーリーの邪魔にならない限りにおいて、盛り込める数学や物理はなんでもオーライ！「ナードやギーク」な視聴者と一緒に楽しんでしまおう！　というのが、作り手たちの気持ちなのです。そして、ひょっとするとそんなところもまた、数学に限らずさまざまな分野について、『ザ・シンプソンズ』のパワーの源泉なのかもしれません。下品だの乱暴だのと、どれほど批判されようとも、自分たちがいいと思うこと、面白いと感じることを貫く姿勢。それはときに困難を伴う行為なのかもしれません。でも、ふと考えるのです。今では揺るぎない評価を得ている小説や絵画、彫刻も、かつてはまったく理解されないときがあったのではないだろうか、と。時を経て、いろんな人に、いろんな解釈、多様な見方で受け止められるなかで、作家が作品にそっと隠しておいた宝物が浮かび上がり、気がつけば、多くの人の心を揺さぶっていた――。

もちろん、『ザ・シンプソンズ』は難解で高尚な芸術のたぐいではありませんし、むしろ真逆のジャンルに属しているといえましょう。けれども脚本家たちは、『ザ・シンプソンズ』の舞台である、「スプリングフィールド」というひとつの架空世界に、入り口すらわからない迷路をこしらえて、宝物を隠しています。そして、そしらぬ顔をしながら、実はみなさんが見つけてくれるのを心待ちにしているのです。そんな宝探しに、サイモン・シンがご案内します。

さて、英語圏では知らぬ人のない『ザ・シンプソンズ』ですが、日本の読者のみなさんには、宝探しの旅に出発するに先だって、この作品の主な登場人物、つまりはシンプソン家の面々をご紹介しておきましょう。

ホーマー・シンプソン【Homer Simpson】

『ザ・シンプソンズ』の（一応）主人公で（一応）シンプソン家の主。スプリングフィールド原子力発電所の安全管理官だが、仕事中はよく寝ている。テレビとビールとドーナツが大好きで、薄毛の中年太り。子どものときに頭にささったクレヨンのせいで頭が悪くなったが、それを抜くとIQがグンと上がる。ただし、抜いたら別人になってしまうので、クレヨンはささったままの三八歳。

マージ・シンプソン【Marge Simpson】

青くてモリモリと盛り上がって、いろんなモノを隠せるアフロヘアが特徴のホーマーの妻。酒グセが悪く、大好きなカクテル「ロングアイランド・アイスティ」を呑《の》むとしばしば大暴走してしまう。飛行機も苦手で、飛行機で旅行するときには離陸直前で息が荒くなり、機内で大暴れしたこともある。それでもシンプソン家では、（おそらく）一番トラブルの少ない、三四歳。

バート・シンプソン【Bart Simpson】

シンプソン家の長男で一〇歳の小学四年生。ホーマーと並ぶ『ザ・シンプソンズ』の〝大看板〟的トラブルメーカー。ほうきを逆さにしたような髪型だが、肌の色と繋《つな》がっているから、おでこの位置はわからない。大のイタズラ好きで、しばしば裁判沙汰《ざた》にもなるが、たまにいいことをすると、歴史に名を残すような偉業になってしまう。勉強は苦手でも、スケボーのテクニックは一流！

リサ・シンプソン【Lisa Simpson】

シンプソン家の長女で八歳の小学二年生。超理系の超天才児で、数学はすでに大学レベル。冷静沈着、明晰《めいせき》な頭脳で数々の論文を執筆したり、いろんな分析を行うのだが、ときどき兄のバートに甘えたりもする。趣味と特技はサックスの演奏。将来はミュージシャンを目指しているというが、やがては女性大統領になるというエピソードもある。バートと同様、おでこの位置がわからない。

マギー・シンプソン【Maggie Simpson】
シンプソン家の次女で一歳。まだほとんどしゃべらないし、赤ん坊なのにめったに泣きもしないので、たまにしゃべるときはリズ・テイラーやジョディー・フォスターというビッグネームが声を演じる（もちろん英語版）。目下、歩く練習に一生懸命らしいが、誰も見ていないところでは、ずいぶんな運動能力を見せて、どうやら銃も扱える。リサと同じ髪型に青いリボンを付けている。おしゃぶりをしゃぶる音でコミュニケーションをとっているらしい。

なお、本文中に登場する映画などは日本語版のタイトルに従いましたが、『ザ・シンプソンズ』の各回のタイトルについては、さまざまなオマージュや援用があることも多いため、原タイトルの意図を尊重して、新たにタイトルをつけ直したことをお断りしておきます。

さあ、それではいよいよ出発です。

ようこそ、数学者たちの楽園、『ザ・シンプソンズ』の世界へ——。

数学者たちの楽園　「ザ・シンプソンズ」を作った天才たち＊目次

Dedicated to

Anita and Hari

$\eta + \psi = \varepsilon$

（　）及び（＊）等で表記したものは原注であり、（＊）は章末にまとめた。訳注は〔　〕で括った。

数学者たちの楽園

「ザ・シンプソンズ」を作った天才たち

第〇章　シンプソンズの真実

『ザ・シンプソンズ』は、テレビ放送史上もっとも成功した娯楽番組と言っていいだろう。すると当然ながら学者たちは（何かにつけて徹底的に分析せずにはいられない質《たち》の人が多いので）、世界に通用するその魅力と、一向に衰えるようすのない人気に探究心を刺激され、このシリーズに秘められた言外の意味を探りだそうと、次のような深遠な問いかけをしはじめた。

「ホーマーが、大好物のドーナツやダフビール（『ザ・シンプソンズ』の中でしばしば登場する架空銘柄のビール）についてふと口にする言葉には、どんな意味が込められているのだろうか？」

「バートとリサとの口喧嘩《くちげんか》は、単なるきょうだい喧嘩にとどまらない何ごとかを象徴しているのではないか？」

「『ザ・シンプソンズ』の脚本家たちは、スプリングフィールド（『ザ・シンプソンズ』の舞台となる架空の街の名前）

の住人を使って、政治的、社会的な論点を探ろうとしているのでは？」

ある知識人集団は、『ザ・シンプソンズ』はつまるところ、週に一度放映される哲学の入門講座なのだと論じる、『ザ・シンプソンズと哲学』〔*The Simpsons and Philosophy*〕という本を著した。このシリーズのいろいろな回で扱われるトピックは、アリストテレス、サルトル、カントをはじめ、歴史上の偉大な思想家たちが提起した問題と関係があるというのだ。その本の章タイトルをいくつか挙げておこう――。〈マージの道徳的動機〉、〈シンプソン家の道徳世界――カント的観点から〉、〈バートはかく語りき――ニーチェと、徳としての悪について〉。

また、それとは別の路線として、『ザ・シンプソンズの心理学』〔*The Psychology of The Simpsons*〕は、スプリングフィールドでもっとも知られたこの家族の姿を通して、人間の心をより深く理解できると主張する。この著作は心理学論文のアンソロジーのようになっており、このシリーズのさまざまな回から引いた例を使いながら、依存症、ロボトミー、進化心理学などの問題を考えていく。

一方、マーク・I・ピンスキーの『ザ・シンプソンズの福音書』〔*The Gospel According to The Simpsons*〕は、哲学や心理学には目もくれず、『ザ・シンプソンズ』の宗教的意味に焦点を合わせる。これにはちょっと驚かされる。というのも、この作品には、宗教の教えが性に合わないらしい人物がたくさん登場するからだ。この番組を毎週欠かさず見ている人なら、たとえば《異端者ホーマー》（一九九二）〔シーズン4／エピソード3（以下S4／E3）原題と日本語版のタイトルは、巻末の対応表参照〕に描かれるように、ホーマーは毎週日曜日には教会に行くべしという圧力に抵抗していることをご存知だろう。

「日曜日ごとに決まった建物に行くことに、どんな意味があるってんだ。神はどこにでもいるんじゃないのかい？……それに、もしもおれたちの信じているのが邪教だったらどうするんだ。毎週毎週、かえって神を怒らせるだけのことじゃないか」

ところがピンスキーは、シンプソン一家が巻き起こす事件は、キリスト教がもっとも大切にしている価値の多くについて、その重要性を教えているのだと論じるのである。キリスト教の聖職者にはピンスキーのこの意見に賛同する者が多く、シンプソン家が直面する道徳的ジレンマをテーマとして、説教をしたことがあるという人たちもいる。

合衆国大統領ジョージ・H・W・ブッシュまでも、『ザ・シンプソンズ』に隠されている真のメッセージを暴露してやったといわんばかりの言いがかりをつけてきた。このアニメ・シリーズは、社会的価値の中でも、最低最悪のものを教えるために作られているというのだ。かくして、一九九二年共和党大会——それはブッシュの再選キャンペーンのひとつの山場だった——における彼のスピーチの中で、もっとも人びとの記憶に残るくだりが生まれた。

「われわれはアメリカの家族を、もっとずっとウォルトン家〔一九七二～八一年にアメリカで放映されたテレビ映画のタイトル。南部バージニア州の由緒ある田舎町で、大恐慌と第二次世界大戦の困難な時期を、力を合わせて生きる大家族を描いた作品。保守系の間では「理想の家族」の代名詞〕に近づけるために、そしてシンプソン家のようにはならないようにするために、アメリカの家族の絆《きずな》を強めるべく努力を続けていくつもりである」

『ザ・シンプソンズ』の脚本家たちは、そのスピーチの数日後に反撃に出た。次の放送は、《狂奔するオヤジ》（一九九一）〔S3／E1『ザ・シンプソンズ』（とくにバート）ファンのマイケル・ジャクソンが自ら願い出て出演〕の再放送になる予定だったが、初回放映のときのオープニング部分をカットして、その代わりに、ブッシュ大統領がウォルトン家とシンプソン家について演説しているのを、シンプソン家がテレビで見ているシーンが組み込まれた。ホーマーは大統領の演説を聞いて絶句したが、バートはこう文句をつけた。

「ちょっと待ってよ。うちとウォルトン家の何が違うわけ？　おれたちだって、この不景気が終わりますようにって祈っているよ」

しかしこれらの哲学者、心理学者、神学者、政治家たちはみな、世界中で愛されているこのテレビアニメ・シリーズに隠された、一番重要なものを見逃していた。実は、『ザ・シンプソンズ』の脚本家チームには、数を深く愛する者が何人もいて、彼らの究極の望みは、視聴者の無意識下の頭脳に、数学というごちそうをポトリポトリと滴《したた》らせることなのだ。つまり、かれこれ二十年以上ものあいだ、われわれはそうと知らぬまに、微積分から幾何学まで、πからゲーム理論まで、さらには無限小から無限大まで、実にさまざまなトピックについての入門番組を、アニメという形でまんまと見させられてきたのである。

たとえば《恐怖のツリーハウスⅥ》（一九九五）〔S7／E6〕は、ハロウィンにちなむ三つの作品からなるが、その三つ目の作品〈ホーマーの三乗〉ひとつをとってみても、『ザ・シンプソンズ』で扱われる数学のレベルの高さは明らかだ。たったひとつの短編アニメに、数学史上もっとも美しい式への賛辞や、フェルマーの最終定理を知っている人にしかわからないジョークや、百万ドルの賞金のかかった問題などが登場する。それだけの要素が、高次元の複雑な幾何学世界を探っていくというストーリーの中に、ぎっしりと詰め込まれているのだ。

〈ホーマーの三乗〉の脚本を担当したデーヴィッド・S・コーエンは、物理学の学士号と、コンピュータ科学の修士号を持っている。いずれもテレビ業界にいる人間としてはちょっと意外なほど立派な学位だが、『ザ・シンプソンズ』の脚本家チームには、彼と同等の数学的バックグラウンドを持つ者が、ほかにも何人もいるのだ。博士号を持つ者もいれば、大学や企業の研究所で上級主任研究員クラスの仕事をしていた者もいる。これから本書の中で、コーエンとその仲間たちに出会うことになるが、ここでは、とくに理系度の高い五人の脚本家の学位をリストしておこう。

J・スチュワート・バーンズ（J.Stewart Burns）
ハーバード大学、学士号（数学）
カリフォルニア大学バークレー校、修士号（数学）

デーヴィッド・S・コーエン（David S.Cohen）
ハーバード大学、学士号（物理学）
カリフォルニア大学バークレー校、修士号（コンピュータ科学）

アル・ジーン（Al Jean）

ハーバード大学、学士号（数学）
ケン・キーラー（Ken Keeler）
ハーバード大学、学士号（応用数学）
ハーバード大学、博士号（応用数学）
ジェフ・ウェストブルック（Jeff Westbrook）
ハーバード大学、学士号（物理学）
プリンストン大学、博士号（コンピュータ科学）

一九九九年には、このなかの数名が『ザ・シンプソンズ』の姉妹篇として、一〇〇〇年後の未来を舞台とする『フューチュラマ』というシリーズを立ち上げた。驚くにはあたらないが、ＳＦの形をとることで、彼らは数学的なテーマにいっそう深く踏み込めるようになった。そこで本書の最後のほうの数章では、『フューチュラマ』に現れる数学を見ていくことにしよう。このテレビアニメ・シリーズには、正真正銘コメディーのストーリーを作るだけのためにオリジナルに作られた、まったく新しい数学が含まれている。

しかし、その切り立つ高みを目指す前に、まず次のことを証明しておきたい。すなわち、『フューチュラマ』が、テレビを媒体として、定理や予想や方程式の話題をちりばめながら、大衆文化としての数学を視聴者に届ける究極の作品となるための礎石を敷いたのは、ナードたち、そしてギークたちだったということだ（＊1）。しかし『ザ・シンプソンズ』にこれまで登場した数学をすべて取り上げようとすれば、途方もない分量になってしまう——なにしろ、百件以上もあるのだから。そこでわたしは、本書のそれぞれの章では、せいぜい四つか五つのトピックだけを扱うことにした。その中には、数学史上の大躍進もあれば、現代数学における最大の難問もある。いずれの場合も、脚本家たちは、アニメの登場人物を使って、数の宇宙を探っているのだということがわかってもらえるだろう。

　ホーマーはヘンリー・キッシンジャーのメガネをかけて、「案山子《かかし》の定理」を紹介してくれるだろう。リサは、野球チームを勝利に導くためには、統計的解析が役立つことを教えてくれるだろう。そしてフリンク教授〔スプリングフィールドに住む〝マッド〟サイエンティスト。丸いビン底メガネがトレードマーク〕は、「フリンク多角形」の驚くべき意味を説明してくれるだろう。そのほかにも、スプリングフィールドの住民たちが、「メルセンヌ素数」から「グーゴルプレックス」まで、多彩なトピックを取り上げて紹介してくれる。

『ザ・シンプソンズとその数学的秘密』の世界に、ようこそ。

クールなあなたには、ぜひ本書を楽しんでいただきたい。

(Be there or be a regular quadrilateral.)

（＊1）一九五一年、『ニューズウィーク』は、ナード【nerd】とは、デトロイトで流行《はや》っている貶《けな》し言葉であると報じた。一九六〇年代には、レンセラー工科大学〔ニューヨーク州トロイにある私立工科大学で、英語圏では最古の技術系大学。小規模ながら工学分野での評価が高い〕の学生たちは、【knurd】と綴《つづ》るのを好んでいたが、これは drunk（酔っ払い）を逆から綴ったもの。knurd は、パーティーやコンパに行っては酔っ払っている連中とは真逆のタイプという含みがある。

しかし過去十年間に、ナードとしての自尊心が芽生えるにつれ、この言葉は「数学の徒」やその同類たちによって、好意的な意味で使われるようになった。同様にギーク【geek】もまた、今や褒め言葉だ。たとえば、geek chic〔ギークが好みそうなファッションの意味。具体的には黒いフレームの眼鏡や、スローガンの入ったTシャツなど〕に人気が出ていることや、二〇〇五年に『タイム』に載った、「The Geek Shall Inherit the Earth」〔ギークが地球を継承する＝世界を牛耳るのはギークだ〕という見出しの記事なども そのことを示している。

第一章　天才バート

一九八五年のこと、カルト的な人気を持つ漫画家のマット・グレイニングは、伝説的監督にして制作や脚本も手がけるジェームズ・L・ブルックスとの面談に招かれた。ブルックスはすでに、『ザ・メアリー・タイラー・ムーア・ショー』、『事件記者ルー・グラント』、『タクシー』をはじめ、数々の名作テレビ・ドラマを世に送り出しており、その二年前には、映画『愛と追憶の日々』で、三つのアカデミー賞——作品賞、監督賞、脚本賞——を受賞していた。

そのブルックスがグレイニングに会おうというのは、創設まもないフォックス・ネットワークが初期に放ったヒット作のひとつである『トレイシー・ウルマン・ショー』〔一九八七〜九〇年放映〕に、作品を提供してもらえないかという話をもちかけるためだった。

この番組は、イギリス出身の芸能人トレイシー・ウルマンがコメディー寸劇を演じ、それをいくつかつないでいく構成になっていた。番組制作者たちは、その「つなぎ」として使える短編アニメを求めていたのだ。つなぎ――いわゆる「バンパー」――の第一候補として番組制作者たちが考えたのは、ビンキーというネクラなウサギが登場する、グレイニングの漫画作品『地獄の生活』〔一九七七年に自費出版で発表〕のアニメ版を作ることだった。

グレイニングは、受付ロビーの椅子《いす》にかけてブルックスとの面談を待ちながら、これからオファーされるはずの仕事のことを考えていた。その仕事を受ければ、自分にとって大きな飛躍になるだろう。それでも、この話は断るべきだ、と彼の直感は告げていた。『地獄の生活』は、彼の漫画家としての出発点となった作品で、辛《つら》い時期もこの作品のおかげで乗り切ることができた。そのウサギのビンキーをフォックス・ネットワークに売り渡すことは、漫画のキャラクターに対する裏切り行為のように思えたのだ。しかしその一方で、これほどのチャンスを棒に振ることなどとてもできそうになかった。そのとき――ジェームズ・L・ブルックスのオフィスの外で面談を待っていた、まさにそのときに――グレイニングは、このジレンマを解消するためには、ビンキーの代わりになるキャラクターを作るしかないと腹をくくった。『ザ・シンプソンズ』誕生秘話によれば、このとき、その場で、わずか数分のうちに、グレイニングはこのアニメ作品の基本的骨格を作り上げたという。

ブルックスはグレイニングのアイディアを気に入ってくれた。そこでグレイニングは、シンプソン家の人びとを主人公とする短編アニメを十本ばかり作った。いずれも一分から二分ほどの短い作品で、『トレイシー・ウルマン・ショー』の三つのシーズンにわたって放映された。こうして『ザ・シンプソンズ』は始まり、そして終わるはずだった。ところが、番組の制作チームは、おかしなことに気づきはじめたのだ。

ウルマンはコメディー寸劇のキャラクターを演じるために、特殊メイクや補綴《ほてつ》術を利用することが多かった。しかしそうなると、少々問題が生じる。ウルマンの寸劇は、観客の目の前でライブ収録されていたから、どうにかして準備の間をもたせる必要があったのだ。そこで、ウルマンが支度をするあいだ観客が退屈しないように、シンプソン家の短編アニメをいくつかつなげて放映してはどうかと言いだす者がいた。短編アニメはどれも、すでに一度放映されたものだったから、それは単なる使い回しにすぎなかった。ところが誰もが驚いたことに、観客はそうしてつなげた拡張版のアニメを、ウルマンによるライブのコメディー寸劇と同じくらい面白がっているように見えたのだ。

グレイニングとブルックスは、ホーマーとマージ夫妻、そしてその子どもたちが演じるドタバタ喜劇だけで、一本の長編アニメにできるのではないかと考えるようになった。そしてまもなく、脚本家のサム・サイモンの参加を得て、クリスマス・スペシャルとして長編アニメを作った。彼らのカンは当たった。《シンプソン家のクリスマス》〔S1／E1　原題【*Simpsons Roasting on an Open Fire*】は、ナット・キング・コールの歌で有名な「ザ・クリスマスソング」の副題「Chestnuts Roasting on an Open Fire」（暖炉で栗を焼く）に掛けたタイトル〕は、一九八九年十二月十七日に放映され、視聴率の点でも、評論家へのウケの良さという点でも、大成功を収めたのである。

　クリスマス・スペシャルの放映から一カ月後、今度は《天才バート》〔S1／E2〕が放映された。この作品は、『ザ・シンプソンズ』のトレードマークとなるオープニング・シークエンスや、バートの名高いキャッチフレーズ、「オレのパンツを食え」〔バートの口癖。日本語版では「パンツでもかぶってろ！」〕がすでに使われているという意味において、このアニメ・シリーズの記念すべき第一作と言える。なにより注目すべきは、《天才バート》には、すでにかなりの数学が盛り込まれていたことだ。多くの意味においてこの作品は、その後二十年にわたり引き継がれることになる、数へのこだわりや、幾何学への目配せという、シリーズの基調を打ち立てるものだった。かくして『ザ・シンプソンズ』は、〝数学を愛する者たち〟の心の中に、特別な場所を占めることになったのである。

＊　＊　＊

今日から振り返ってみれば、数学がつねに底流にあるという『ザ・シンプソンズ』の特徴は、最初から明らかだった。第一話《天才バート》の冒頭では、視聴者は科学の歴史上、もっとも有名な式を目にすることになる。

この作品は、シンプソン家の幼い末娘マギーが、アルファベットのブロックを積み上げているシーンで幕を開ける。六つ目のブロックを一番上に置いたところで、マギーはその文字列に目を向ける。永遠の一歳児となるべく運命づけられたこの少女は、頭を掻《か》き、おしゃぶりを吸いながら、自らの作品——EMCSQU——を鑑賞するのだ。積み木のブロックには等号も数字もないため、マギーに作ることのできる文字列の中ではこれが、アインシュタインの有名な方程式$E = mc^2$にもっとも近いのだ。

科学のために役立つ数学なんて、しょせん二流の数学さ、と言う人もいるかもしれない。そんな純粋主義者のためにも、《天才バート》ではさらにその先に、ちゃんとお楽しみが用意されている。

マギーがおもちゃの積み木で$E = mc^2$を作っているそばで、ホーマー、マージ、リサ、そしてバートが、スクラブルをしている〔ボード上に単語を作っていく動的クロスワードパズル。手持ちのコマはつねに七つで、すべてを一度に使って単語を完成させれば勝利。ただし単語がインチキ臭いと思えば、「チャレンジ」することができる〕。バートは勝ち誇ったように、ＫＷＹＪＩＢＯの文字列を作る。ＫＷＹＪＩＢＯなどという言葉はどんな辞書にも載っていないから、ホーマーは当然、バートに「チャレンジ」する。するとバートは、ＫＷＹＪＩＢＯとは、「図体《ずうたい》が大きくて、馬鹿《ばか》で、ハゲ頭で、顎《あご》のない、北アメリカの猿のことさ」と言い放つのだ〔放映から九年後の一九九九年三月、世界中を襲ったコンピュータウィルス「メリッサ」のファイルに「Kwyjibo が作成したメリッサ」のメッセージが添付されていた。あまりに不名誉なオマージュ〕。

　この険悪なスクラブル・ゲームの最中、リサはバートに、翌日は学校で知能テストがあるわね、と言う。ＫＷＹＪＩＢＯ騒動に続き、場面はスプリングフィールド小学校に移り、バートが知能テストを受けている。第一問は、ありがちな（正直なところ、ひたすら長たらしいだけの）算数の問題だ。サンタフェとフェニックスから、それぞれ列車が出発する。走る速度も乗客数もそれぞれ異なり、乗客たちは、とくに意味のなさそうな人数のまとまりで、列車に乗ったり降りたりしているようだ。すっかり頭を抱えてしまったバートは、先生の一瞬の隙《すき》を突いて、クラス一のガリ勉優等生、マーティン・プリンス〔バートのクラスメート。小太りのいじめられっ子だが、学級委員長。実はＩＱ二一六の超天才児〕の解答用紙と自分のそれをすりかえる。

　解答用紙をすりかえるというバートのズル作戦は、首尾よく成功する。というより、うまく行きすぎてしまう。別件でスキナー校長〔バートとリサが通う小学校の校長。高圧的で口うるさく、いつも学校のシンボル像を磨いている〕の校長室に呼ばれていたバートは、そこで心理学者のプライアー博士と会うことになった。ズルをしたせいでバートのIQは二一六と判定され、プライアー博士は彼を天才児だと思い込んだのだ。博士はバートに、「授業は退屈ではないかね?」、「もの足りなさを感じているのでは?」と尋ね、バートは、博士が期待した通りの答えをした──授業がつまらないのは、バートが天才児だからではないのだけれど。

プライアー博士はホーマーとマージに、バートを天才児のための重点教育センターに転校させてはどうかと勧める。転校したバートは、当然ながら、悪夢のような経験をすることになった。最初の昼休みには、バートの新しいクラスメートたちが、頭の良さをひけらかそうと数学や科学の専門用語をしゃべりちらす。なかにはこんなことを言う生徒もいた。

「なあ、バート、きみのランチから、木星の第八衛星の表面上に置かれたボウリングのボールの重さに等しい分量を、ぼくのランチから、海王星の第二衛星の表面上に置かれた鳥の羽の重さに等しい分量を、お互い交換しないかい」

〔木星の第八衛星パシファエの質量は1.91×10^{17}kg、海王星の第二衛星ネレイドの質量は3.1×10^{19}kg、地球の質量は5.972×10^{24}kgだから、パシファエで7桁、ネレイドで5桁の違いがあり、ボウリングのボールだろうが鳥の羽だろうが非常に軽く、交換するランチは、どのみち非常にわずかな分量になる。本編では、バートは大きなサンドイッチを取り上げられ、その代わりにミニトマトっぽいものを一個もらう。要するに無意味な嫌がらせ〕

バートが、海王星の衛星や、木星の衛星上のボウリングのボールにどんな意味があるのかわからずに戸惑っていると、今度は別の生徒がまた難しいことを言いだした。

「ぼくの牛乳一〇〇〇ピコリットルと、きみの牛乳四ギルを交換しないか」

〔一〇〇〇ピコリットルは〈1×10^{-9}cc〉、四ギルは約〈500cc〉。本編ではバートは五〇〇cc程の紙パックの牛乳を取られて、スポイト数滴分の牛乳をもらう。これもまた無意味な嫌がらせ〕

これもまた、新入りをからかうことだけが目的の、つまらないクイズだ。

翌日、第一時限目が数学だとわかると、バートはさらに落胆する。先生は生徒たちに問題を与えた。それが『ザ・シンプソンズ』に登場した、最初の本格的な数学ジョークである。先生は黒板の前に立ち、方程式をひとつ書いてこう言う。

「というわけで、$y = r^3/3$ だから、この曲線の変化率を正しく求めることができたら、みなさんはきっと笑うでしょう」

すぐに、生徒全員が——ひとりを除いて——正解を得て笑い出した。先生は、ひとりだけ笑えずにいるバートに助け船を出そうと、黒板にいくつかヒントを書く。結局、答えも書いてしまうのだが、それでもバートは何がおかしいのかわからない。先生はバートのほうを向いてこう言った。「わからないの、バート？　微分係数 dy は、$3r^2dr/3$、つまり r^2dr だから、$r\,dr\,r$ ってわけ」

先生の説明を41ページの図に示した。しかしそれを見ても、あなたもバートと同じく、何がおかしいのかわからないだろう。黒板の一番下の行に注目しよう。
$r\,dr\,r$ は、数学の問題の答えであると同時に、ジョークのオチ《パンチライン》にもなっているらしい。そこで、二つの疑問が生じる。$r\,dr\,r$ の何が面白いのか？　そして、なぜこれが先生の出した問題への答えになるのか？

　クラスの生徒たちが笑ったのは、$r\,dr\,r$ が「ハーディハーハー（har-de-har-har）」と聞こえるからだ。これは、誰かがつまらないジョークを言ったとき、それを受けてシラけた笑い方をするときの声を表している。

「ハーディハーハー」という決まり文句は、一九五〇年代に放映された名作テレビ・シリーズ『ザ・ハネムーナーズ』〔アメリカの超人気コメディードラマ。シットコム（→52頁）の先駆け的作品だが、能天気には程遠い、労働者階級の悲哀もにじみ出る〕の中で、ラルフ・クラムデンという役を演じた俳優、ジャッキー・グリースンの台詞《せりふ》として広く知られるようになった。一九六〇年代には、ハンナ・バーベラ・アニメーション・スタジオが、「ハーディハーハー」という名前のキャラクターが登場するアニメ作品『ライオン・リッピーとハーディハーハー』〔日本では「リッピー・ハーディー珍道中」のタイトルで一九六四年から放映〕を作ったことで、この台詞はさらに有名になった。ポークパイ・ハット〔頂が平らなフェルトの中折れ帽〕をかぶった、愚痴っぽいハイエナのハーディハーハーが、ライオンのリッピーと一緒に、数

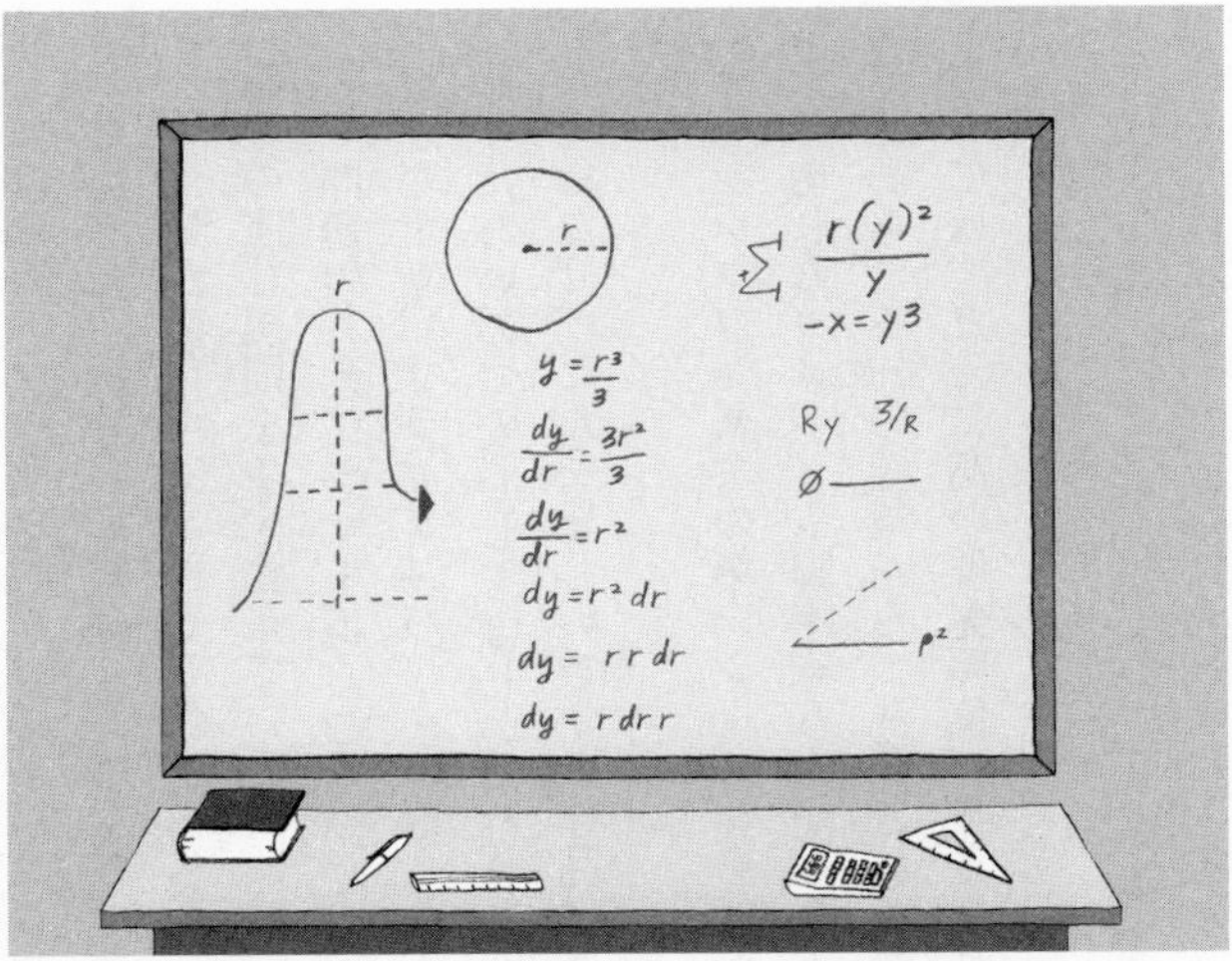

《天才バート》で微分の問題を出したとき、先生はちょっとおかしなグラフの描き方をし、表記法も一般的でないうえに、間違いもあった。それでも彼女はなぜか正しい答えを導き出す。この図に示すのは、先生がアニメの中で黒板に描いたものと同じだが、微分の問題は少しわかりやすく手直ししてある。ここで重要なのは、円の下、６行目の式だ。

十本のアニメ作品で活躍したのだ。

　というわけで、このジョークのオチ《パンチライン》は、*r dr r* にかけた言葉遊びだったわけだ。しかしなぜそれが、さきほどの問題の答えになるのだろう？　先生が出したのは、数学の中でも難しいことで知られる、微分という分野の問題だった。それは、少なからぬティーンエイジャーの心に恐怖を呼び覚まし、年輩の人たちには悪夢のフラッシュバックを起こさせる分野だ。この問題を出しながら先生が言ったように、微分の目標は、ある量の「変化率を求めること」にある。今の場合、rという量が変化するとき、それに応じてyがどれだけ変化するかを求める。

微分の演算規則を多少覚えている人は、このジョークの理屈を容易にたどれるだろうし、問題の答え$r\,dr\,r$を得ることができるだろう（＊2）。もしあなたが、微分に恐怖を感じたり、フラッシュバックに苦しむ人だったとしても、ここで微分に立ち入るつもりはないので安心してほしい。むしろ問題なのは、『ザ・シンプソンズ』の脚本家たちはなぜ、こんな難しい数学を作品に盛り込んだのかということだ。

『ザ・シンプソンズ』の第一シーズンを舞台裏で支えたのは、ロサンゼルスでもっとも頭の切れるコメディー脚本家八人からなるチームだった。彼らはこの作品の脚本に、ありとあらゆる知の領域から、洗練された概念を取り入れたいと考えていた。なかでも微分には、とくに高い優先順位が与えられていた。というのも、八人のうちの二人は、ナード《数学オタク》だったからだ。$r\,dr\,r$のジョークを考えたのはその二人なのだが、それだけでなく、『ザ・シンプソンズ』という作品そのものを、数学的なお笑いを視聴者に届ける手段に仕立て上げた立役者は、主としてこの二人なのである。

ひとりめのナードは、マイク・レイス。わたしが初めてレイスに会ったのは、『ザ・シンプソンズ』の脚本家たちと一緒に数日ばかり過ごしたときのことだった。シンプソン家の末娘マギーと同じく、レイスが初めて数学の才能を示したのも、幼い頃に積み木で遊んでいたときのことだった。彼は、積み木が二進法則に従うことに気づいたのだ。その瞬間のことを、彼は今も鮮明に覚えているという——小さな積み木を二つ合わせると、大きな積み木ひとつ分の大きさになり、大きな積み木を二つ合わせると、もっと大きな積み木ひとつ分のサイズになるという意味において、その積み木は一種の二進法に従っていたのだ。

　やがて文字が読めるようになると、数学に対するレイスの興味は、数学パズルへの愛へと育っていった。とりわけ彼の心を強く捉《とら》えたのは、二十世紀の傑出したリクリエーショナル数学者、マーティン・ガードナー（『サイエンティフィック・アメリカン』誌で一九五六年から二十五年にわたって「数学ゲーム」を連載。その功績をたたえ、一九八〇年に発見された小惑星（2587）は「ガードナー」と命名された）による一連の著作だった。ガードナーの楽しげな数学パズルへのアプローチは、老いも若きも夢中にさせた——ガードナーの友人のひとりの言葉を借りれば、「マーティン・ガードナーは、何千人もの子どもたちを数学者にし、何千人もの数学者を子どもにした」のだ。

　レイスは、お小遣いのすべてをつぎ込んで、ガードナーのパズル集を買った。最初に手に入れたのが、『予期しない絞首刑《こうしゅけい》のパラドックスやその他の数学的気晴らし（*The Unexpected Hanging and Other Mathematical Diversions*）』だった。八歳のとき、レイスはガードナーに手紙を書いて、自分はあなたのファンですと自己紹介し、「回文平方数」について鋭い意見を述べた。回文平方数の桁《けた》の数は、一般に奇数になる傾向があるというのだ。回文平方数とは、後ろから書いても前から書いても同じになる平方数のことである。たとえば121（11^2）、5221225（2285^2）などがそれだ。八歳のレイス少年の指摘は正しかった。1000億未満の回文平方数は三十五個あるが、そのうち偶数の桁数をもつのは、唯一《ゆいいつ》、698896（836^2）だけなのだ。

ガードナーへの手紙には、ひとつ残念な思い出がある、と、レイスは苦々しげにわたしに語った。彼はその手紙の中で、「素数」は有限個しかないのですか、それとも無数にあるのですか、とガードナーに尋ねたというのだ。彼はそれを恥として振り返る。

「あの手紙のことは今もはっきりと目に浮かぶ。あれは実に愚かな、素人《しろうと》くさい質問だった」

レイスは八歳の自分に対して厳しすぎる、とたいていの人は思うだろう。なにしろこの問いへの答えは、およそ自明とは言えないからだ。この問題を考えるときにまず知らなければならないのは、どの整数にも、「約数（因数とも言う）」があるということだ。ある数の約数とは、その数を割ったときに余りの出ない数のことである。素数は、1と自分自身――これらを「自明な約数」という――以外には約数をもたないという注目すべき性質をもつ。13は、自明ではない約数を持たないので、素数である。しかし14は、2と7で割り切れるので素数ではない。すべての数は、素数であるか（たとえば101）、または素因数（素数であるような約数）に分解できるか（たとえば 102＝2×3×17 のように）のどちらかだ。素数は、0から100までのあいだに二十五個ある。しかし100から200までのあいだには二十一個しかなく、200と300までのあいだには十六個しかない。どうやら素数の出現頻度は、だんだん低くなっていくようにみえる。では、素数はいずれ出尽くしてしまうのだろうか？　それとも素数のリストには終わりがなく、どこまでも続くのだろうか？

　ガードナーはレイスに、古代ギリシャのエウクレイデス（いわゆるユークリッド幾何学の体系をまとめ、数学史上もっとも重要な著作のひとつである『原論』を執筆した。「幾何学の父」と呼ばれる。ユークリッドは英語読み）という学者が与えた証明のことを教えてくれた（ちなみにレイスの質問に対し、エウクレイデスがそれに対する答えを与えたと返信したとき、ガードナーはたまたま「ユークリッド通り」に住んでいた）。紀元前三百年頃にアレクサンドリアで研究していたエウクレイデスは、素数は無限にあることを証明した最初の数学者なのである。エウクレイデスはその証明をするために、証明したいことの反対のことが成り立つと仮定するという、ひねくれた方法を使った。その方法のことを、「背理法」という。エウクレイデスの証明を理解するひとつの方法として、まず、次のような思い切った主張をしてみよう。

素数は有限個しか存在せず、それらすべてを網羅するリストを作ることができる。

$p_1, p_2, p_3, \ldots\ldots p_n$

こう主張した上で、このリストにあるすべての素数を掛け合わせたものに、1を加えてみよう。すると新しい数、

$N = p_1 \times p_2 \times p_3 \times \ldots \times p_n + 1$

ができる。この新しい数Nは、素数であるか、または素数でない。しかし、どちらの場合も、エウクレイデスの最初の主張と矛盾することになるのだ。

(a) もしもNが素数なら、この数は最初のリストから漏れていたことになる。したがって、はじめのリストは素数を網羅しているという主張は、明らかに間違っている。

(b) もしもNが素数でなければ、Nは素因数を持たなければならない。それらの素因数は、新しい素数であるはずだ。なぜなら、はじめのリストにある素数でNを割れば、1の余りが出るはずだからである。つまりこの場合も、素数を網羅したリストが得られているという主張は、明らかに間違っている。

要するに、エウクレイデスの最初の主張は間違っていたということだ。有限個の素数を網羅したという彼のリストは、すべての素数を含んではいなかったのである。さらにいくつかの素数をリストに加えてやれば、彼の主張を修正できるのではないか、と思うかもしれないが、その方法ではうまくいかない。なぜなら、今と同じ議論を繰り返し使うことにより、素数を増やした新しいリストも、やはり不完全であることが示せるからだ。以上の議論からわかるように、素数のリストはすべて不完全であり、それゆえ素数は無限に存在する。

月日は流れ、レイスはいっぱしの数学少年となって優秀な成績を収め、コネティカット州の選抜数学チームに加わった。また、同じ頃からコメディーの脚本を書くことの楽しさに目覚め、さらにはその才能が評価されはじめる。たとえば、かかりつけの歯科医が、『ニューヨーク』誌のユーモア作品の懸賞に毎回投稿しており、入選こそしないが、なかなか気の利《き》いた脚本を書いているんだよ、と自慢話をしたことがあった。するとレイス少年は、自分もその懸賞に投稿して、よく入選しているよ、と言って歯医者を驚かせたのだ。

「ぼくは子どもの頃によく入選していたんだ」とレイス。「プロのコメディー脚本家と競争しているとは思いもよらなかったけどね。後で知ったことだが、『トゥナイト』〔一九五四年から現在も続くアメリカの国民的トーク&バラエティ番組〕の脚本家になった人たちは全員、この懸賞に応募していたんだ。ぼくも十歳のときに投稿するようになって、よく入選していたよ」

ハーバード大学に進学が決まり、レイスは数学と英語学のどちらを専攻するか決めなければならなくなった。結局、脚本家になりたいという思いが、数への情熱に勝った。しかし彼の数学的頭脳は活動を続け、初恋の相手である数学を忘れたことはなかった。

マイク・レイス（後列、左から２番目）。1975年、ブリストル東高校数学チーム。このチームを指導していたコジコウスキー先生（後列右端）をはじめ、レイスには数学の師と呼べる人がたくさんいた。幾何学のバーグストロム先生もそのひとりだ。《リサの代理教師》（1991）〔S2／E19〕の中で、レイスは、子どもを励まして力を出させるこの代理教師を、バーグストロム先生と名づけて彼に謝意を表した。

ちょうどそのころ、のちに『ザ・シンプソンズ』の誕生を助けることになる、もうひとりの才能ある数学少年が、レイスとよく似た子ども時代を過ごしていた。アル・ジーンは、一九六一年に――つまりマイク・レイスに一年遅れて――デトロイトに生まれた。彼もレイスと同じく、マーティン・ガードナーのパズルが大好きな競技数学者《マスリート》だった。一九七七年にミシガン州の数学競技会では、ミシガン州の全域から集まった二万人の生徒の中で、タイで三位につけた。またジーンはそれと同時期に、ローレンス技術大学とシカゴ大学で開かれた数学のサマーキャンプにも参加している。このキャンプは、才能ある子どもを育成していたソ連のエリート数学者養成プログラムに対抗すべく、冷戦期のアメリカで創設された数学の英才教育プログラムである。こうして徹底的な数学のトレーニングを受けたジーンは、十六歳にしてハーバード大学に入学し、数学を専攻する。

ハーバードに入ったジーンは、数学と、新たに知ったコメディー脚本への興味とのあいだで心を引き裂かれた。結局彼は、世界一長い歴史を持つユーモア雑誌、『ハーバード・ランプーン』〔一八七六年にハーバード大生八人が立ち上げた学内ユーモア雑誌。ここから発展した『ナショナル・ランプーン』は、アメリカのコメディー界で画期的な役割を果たしたユーモア専門の月刊誌で、傑出したコメディアンや脚本家が数多く育った〕の執筆陣に加わった。そしてしだいに、数学の証明に取り組む時間よりも、ジョークを考えている時間のほうが長くなっていく。

レイスもまた、『ハーバード・ランプーン』の執筆陣に加わった。この雑誌は一九六九年に、トールキンの名作『ロード・オブ・ザ・リングズ』〔『指輪物語』〕のパロディ作品、『ボアド・オブ・ザ・リングズ』を刊行して以来、全米で名を知られるようになり、一九七〇年代には演劇作品『レミングたち』〔一九六九年にニューヨーク州のウッドストックで三十万人を集めて行われた伝説的ロック音楽祭をパロディ化したもの〕を、さらにラジオ番組『ナショナル・ランプーン・ラジオ・アワー』を放った。

1977年のハリソン高校年次アルバムに載った数学チームの写真。キャプションによれば、アル・ジーンは後列（左から）３番目で、ミシガン州の数学競技会で金メダルを獲得し、３位につけた。ジーンに最も大きな影響を及ぼした先生は、シカゴ大学のサマー・プログラムを運営していた故アーノルド・ロス教授だった。

レイスとジーンはその『ハーバード・ランプーン』時代に友情を育《はぐく》み、コメディー脚本家としてパートナーシップを組んだ。この大学時代の経験を通して、二人は大学を卒業して、テレビのコメディー脚本家としてやっていく自信をつけた。

そんな二人が飛躍するきっかけとなったのが、『ザ・トゥナイト・ショー』の脚本家に採用されたことだった。二人が本来持っていた、ナード《数学オタク》としての資質が高く評価されたのである。なにしろ、この番組のホストを務めていたジョニー・カーソン〔一九六二〜九二年『ザ・トゥナイト・ショー』の司会を務めた司会者、俳優、コメディアン。「キング・オブ・レイトナイト」と呼ばれた〕は、余暇に天文学をやるアマチュア科学者だっただけでなく、ニセ科学の化けの皮をはがす仕事にも取り組み、合理的な思考を広めるために設立されたジェームズ・ランディ教育基金〔七〇年代にユリ・ゲラーと対決して世界的に名を知られた奇術師、オカルト否定論者が設立した教育基金。そこから科学的に証明可能な超能力者がいれば一〇〇万ドルを進呈するとしたが、もちろん貰った者はいない〕に、しばしば十万ドル単位の金を寄付する人物だったからだ。また、レイスとジーンが『トゥナイト』を去り、『イッツ・ギャリー・シャンドリング・ショー』〔アメリカのコメディアン、俳優、脚本家、ギャリー・シャンドリングによるコメディードラマ。一九八六〜九〇年放映〕の脚本家チームに参加したときは、ホストのシャンドリング自身、コメディー界に入るために大学を中退するまでは、アリゾナ大学で電子工学を専攻していたことを知った。

その後、『ザ・シンプソンズ』の第一シーズンの脚本家チームに参加したレイスとジーンは、この仕事は数学への愛を表現するまたとない機会になると思った。『ザ・シンプソンズ』は、まったく新しい種類の番組だっただけでなく、路線そのものが斬《ざん》新《しん》だった。この作品は、プライムタイムで放映される、あらゆる年代をターゲットにした、アニメのシットコム〔シチュエーション・コメディーの略称。ラフ・トラック(Laugh track)と呼ばれる笑い声が随所に挟まれることが多い〕だったのである。この作品に常識的なルールは通用しなかった。二人があらゆる機会を捉え、この作品に数学への情熱を注ぐことが許された——いやむしろ、そうすることが歓迎された——のはそのためだろう。

『ザ・シンプソンズ』の〈シーズン1〉と〈シーズン2〉では、レイスとジーンが脚本家チームの主力メンバーだった。そのおかげで数学の貴重なトピックを盛り込むことができた。しかし、『ザ・シンプソンズ』の数学的心臓部がさらにいっそう力強く脈打つようになったのは、〈シーズン3〉以降のことである。『ハーバード・ランプーン』のOBであるレイスとジーンがエグゼクティブ・プロデューサー〔制作総指揮〕に昇格して、この番組の制作にかかわることになったからだ。

　数学という側面から『ザ・シンプソンズ』の歴史を眺めるとき、これは決定的に重要な岐路となる出来事だった。ジーンとレイスは、単に自分たちの作った数学ジョークをストーリーに盛り込むだけでなく、強力な数学的バックグラウンドをもつコメディー脚本家たちをリクルートできる立場になったのだ。こうして『ザ・シンプソンズ』の脚本編集会議は、幾何学の入門講座や、数論のセミナーのようになり、そうして作られた作品には、テレビの歴史上、他のいかなるシリーズとも比べものにならないほど多くの数学ネタが織り込まれることになっていく。

（＊2）微積分の知識が錆《さ》びついている読者は、$y = x^n$ の微分係数は $dy/dx = n \times x^{n-1}$ であることを思い出そう。微分を知らない人も、この章の以下の部分を理解するにはまったく困らないはずだ。

第二章　πはお好き?

『ザ・シンプソンズ』に織り込まれる数学ネタには、おいそれとは気づけないものもあり、実際次の第三章では、そんな例に出会うことになるだろう。しかし、レイスとジーンをはじめとする脚本家チームが織り込む数学ジョークには、多くの視聴者にとっておなじみのものも多い。その典型といえるのが、πのジョークだ。πはこのシリーズの放映開始以来の二十年間に、何度もゲスト出演しているのである。

読者が万一忘れているかもしれないのでおさらいしておくと、πとは円周率のこと、つまり、円周の長さを、その円の直径で割った値にすぎない。πのおおよその値をつかむために、円をひとつ描き、ひもを一本用意しよう。その一本のひもから、円の直径に等しい長さのひもを三本切り出しておく。それら三本のひもを円周に沿って並べていくと、円周をほぼひとめぐりするだろう——ただし、わずかに隙間《すきま》が残る。もう少し正確に言うと、直径の長さを３・１４倍したものが、円周の長さにほぼ等しくなる。これがπのおおよその値だ。πと円周の長さとの関係は、次の式で表される。

円周＝π×直径 ($C = \pi d$)

直径は半径の二倍だから、この式は次のように書き換えることができる。

円周＝２×π×半径 ($C = 2\pi r$)

これは、われわれが子ども時代に、簡単な計算から複雑な数学的概念へと踏み出すときの、最初の一歩となる関係式ではないだろうか。初めてπに出会ったときのことを、わたしは今も覚えている。なぜならその出会いは、しばらくは口もきけないほど衝撃的だったからだ。その瞬間、わたしにとって数学は、延々と手間のかかる掛け算や、ごちゃごちゃした割り算にすぎないものではなく、奥が深くて、エレガントで、普遍性を備えた何かになったのだ——観覧車からフリスビーまで、チャパティから地球の赤道まで、世界中のありとあらゆる円が、このπの式に従うというのだから。

πを使えば、円周の長さだけでなく、円の面積を求めることもできる。

面積＝π×半径の2乗（$A = \pi r^2$）

《シンプル・シンプソン》（二〇〇四）〔S15／E19　原題は、"Simple Simon met a pieman"（とんまなサイモン、パイ売りに会った）で始まるマザーグース作品への目くばせ〕の回には、この方程式の語呂《ごろ》合わせのジョークが登場する。この回ではホーマーが、「シンプル・サイモン」を名乗るスーパーヒーローになる。街の住人である心優しい「パイ投げ男《パイマン》」、シンプル・サイモンが、パイを投げつけて悪者を懲《こ》らしめるのだ。パイマンのスーパーヒーローとしての初仕事は、リサをいじめる悪質な審査員を罰することだった。その場面を目撃した元ボクサーでスプリングフィールドの有名人であるドレデリック・テータム〔見た目も甲高い声も、派手な豪邸も、マイク・タイソンのパロディ〕は、こうつぶやく。「"πr^2"は誰でも知っているが、今日のパイは正義だ。喜ばしいね〔πr^2 を英語で読むと pie are square で、「パイは正方形」という意味になる。square には「まじめ」という別義があるため、「まじめな男パイマンが今や正義のヒーローになった」と聞こえる〕」

このジョークを台本に盛り込んだのはアル・ジーンだが、彼はその手柄を独り占めする（あるいは責任をひとりで負う）つもりはない。

「これは昔からあるジョークなんだ。何年も前に誰かから聞いたんだ。このジョークを作った手柄は一八二〇年の誰かに与えられるべきだよ」

一八二〇年というのは大げさだが、たしかにテータムのこのセリフは、数学者のあいだで代々言い伝えられてきた歴史あるジョークに、新たなひとひねりを加えただけにすぎない。πジョークの中でもとくに有名なのは、一九五一年に放映された、『ジョージ・バーンズとグレーシー・アレン・ショー』〔番組ホストの二人はコメディーコンビを組む実の夫婦〕というアメリカのコメディー・シリーズの、「十代の女の子が週末を過ごす」と題された回に使われたバージョンだ。年配の女性グレーシーは、ある週末に、知人夫妻の娘であるエミリーを自宅で預かることになった。エミリーが宿題に苦労しているのを見て、グレーシーは勉強を見てやろうとする。

エミリー「ああ、幾何学《ジオメトリー》がスペイン語と同じぐらい簡単だったらよかったのに」
グレイシー「手伝ってあげましょうか？　ジオメトリー語（in geometry）で何か言ってみて」
エミリー「幾何学で？」
グレイシー「そうよ、何か言ってみてちょうだい」
エミリー「ええと、そうね、じゃあ……　πr^2」

グレイシー「まあ、いまどきの学校では、そんなことを教えているの？　pie are square ですって？」

エミリー「ええ、そうだけど」

グレイシー「エミリー、パイは丸いものよ。クッキーも丸いし。四角いのはクラッカーよ」

このジョークは、食べ物の「パイ」が「π」と同じ音をもつことを利用したもので、それだけで立派にジョークになる。コメディアンは、πという記号を普及させた十八世紀の数学者、ウィリアム・ジョーンズ〔ウェールズ出身の数学者。円周率の表記としてギリシャ文字のπを考案したが、普及させたのはオイラー（→243頁）といわれる〕に感謝すべきかもしれない。

ジョーンズは、ロンドンのコーヒーハウスで、一ペニーの授業料で数学を教えて生計を立てていた。当時はそういう数学者がたくさんいたのだ。そのいわゆる「ペニー大学」で教鞭《きょうべん》をとっていた時期、ジョーンズは『新数学入門』と題する大著の執筆にも取り組んでいた。その著作こそは、ギリシャ文字πを、円の幾何学において初めて利用した本なのだ。かくして、新たな数学ジョークの種が播《ま》かれた。ジョーンズが円周率を表す記号としてπを選んだのは、それが円周を意味するギリシャ語

περιφέρεια（periphereia）の最初の文字だからだ。

＊　＊　＊

『ザ・シンプソンズ』の脚本家たちは、《シンプル・シンプソン》のエピソードにπのギャグを登場させる三年前のこと、《オタク臭にさようなら》（二〇〇一）〔S12/E16〕の回に、πを登場させていた。このとき脚本家たちは、古いジョークを持ち出すのではなく、それまでにない、まったく新しいπジョークを作った。とはいえそのジョークの背景には、πの歴史に起こった興味深い偶然があった。それを理解するためには、πの値と、それが何世紀ものあいだに、どのような方法で求められてきたかを思い出す必要がある。

前に述べたように、３・１４は、πの近似値にすぎない。なぜならπは、「無理数」と呼ばれる数のひとつだからだ。このタイプの数は、小数点以下にいかなるパターンも見られないまま、どこまでも続いていくため、その値を完全に知ることはできない。それでも、使いやすくはあるがおおざっぱな推定値である３・１４を超えてその先に進み、尻尾《しっぽ》を見せないこの数を極力正確に知ろうとすることに、初期の数学者たちは意欲を燃やした。

πを少しでも正確に測定する仕事に本格的に乗りだした最初の数学者は、紀元前三世紀に生きたアルキメデス〔古代ギリシャの数学者、物理学者、天文学者。ギリシャで最も偉大な科学者と評される一方で、兵器を中心にさまざまな発明も行った〕だった。彼は、πをどれだけ正確に求められるかは、円周をどこまで正確に測定できるかにかかっていることに気がついた。しかし円周は直線ではなく、曲がっている。当然ながら、曲線の長さを正確に測定するのはとても難しい。アルキメデスが切り開いた突破口は、曲線を測定するという問題を、円を直線で近似することにより迂回《うかい》するというものだった。

直径（d）が1であるような円を考えよう。円周をCとすると、$C=\pi d$であることはわかっているから、$d=1$なので、円周（C）はπに等しい。次に、円に外接する正方形と、内接する正方形を描く。

もちろん、円周そのものは、大きな正方形の周長よりも短く、小さな正方形の周長よりも長いはずだ。つまり、これら二つの正方形の周長を求めれば、円周の上界と下界が得られることになる。

大きな正方形の周長はすぐに求めることができる。各辺の長さは、円の直径に等しく、今の場合は1に等しい。したがって、大きな正方形の周長は、4×1＝4となる。小さな正方形の周長を求めるのは、それよりは少々難しいが、ピュタゴラス〔古代ギリシャ

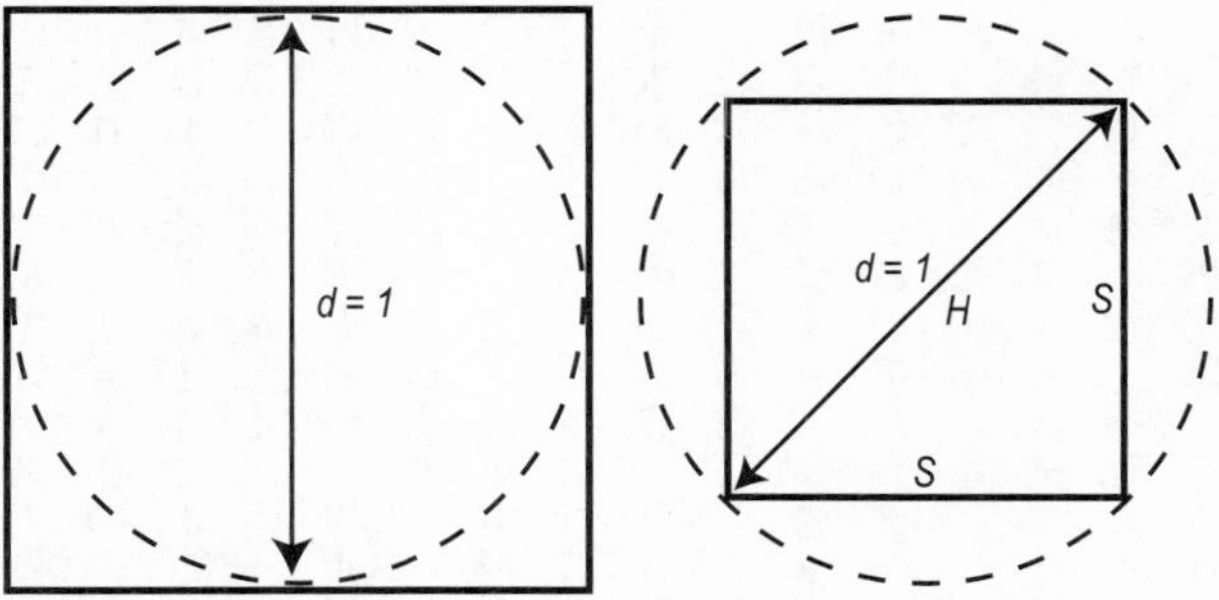

直径１の円に外接する正方形（左）と、内接する正方形（右）

の数学者、哲学者。「万物は数なり」と唱えた」の定理を使えば、各辺の長さを求めることができる。うまいぐあいに正方形の対角線と二辺から、ひとつの三角形ができる。斜辺（H）は、正方形の対角線の長さに等しいが、円の直径にも等しい。つまり1である。ピュタゴラスの定理は、斜辺の二乗は、残る二辺それぞれの二乗の和に等しいと述べているから、正方形の辺をSで表すと、$H^2 = S^2 + S^2$となる。$H = 1$だから、他の二つの辺は$1/\sqrt{2}$となり、小さな正方形の周長は、$4 \times 1/\sqrt{2} = 2.83$となる。求める円周は、大きな正方形の周長よりも短く、小さな正方形の周長よりも長いのだから、2・83と4のあいだにあると主張することができる。

直径が1の円では、円周の長さがπに等しいのだった。したがって、πの値は2・83と4のあいだにあることになる。

これがアルキメデスの偉大な発見である。

それのどこが偉大なのかと、拍子抜けした人もいるだろう。なにしろわれわれは、πはおよそ3・14であることをすでに知っているのだから。そのπに対して、2・83という下界と4という上界が得られたからといって、何が嬉《うれ》しいのかと首をかしげるのも無理もない。アルキメデスの仕事の偉大さは、この方法を使えば、上界と下界の値を次々と改善し、どんどん精度を高めていけるという点にある。彼は次のステップとして、大きな正方形と小さな正方形の代わりに、大きな六角形と小さな六角形で円を挟んだ。多少の計算力がある人なら、十分ほどもあれば、二つの六角形の周長を求め、πの値は3・00と3・464のあいだにあることを証明できるだろう。

正六角形は正方形よりも辺の数が多いため、円の周長に対して、より良い近似値が得られる。つまり、πの上界と下界の幅を狭めることができる。それでも誤差はまだ大きい。そこでアルキメデスは、辺の数がより多く、より円に近い正多角形を次々と使っていった。

最終的にアルキメデスは、なんと九十六もの辺をもつ正多角形で円を挟み、それらの周長を求めた。それはまさしく快挙だった。彼には、現代の代数的方法は使えなかったことを思えば、その仕事の偉大さがいっそうずっしりと重く感じられるだろう。

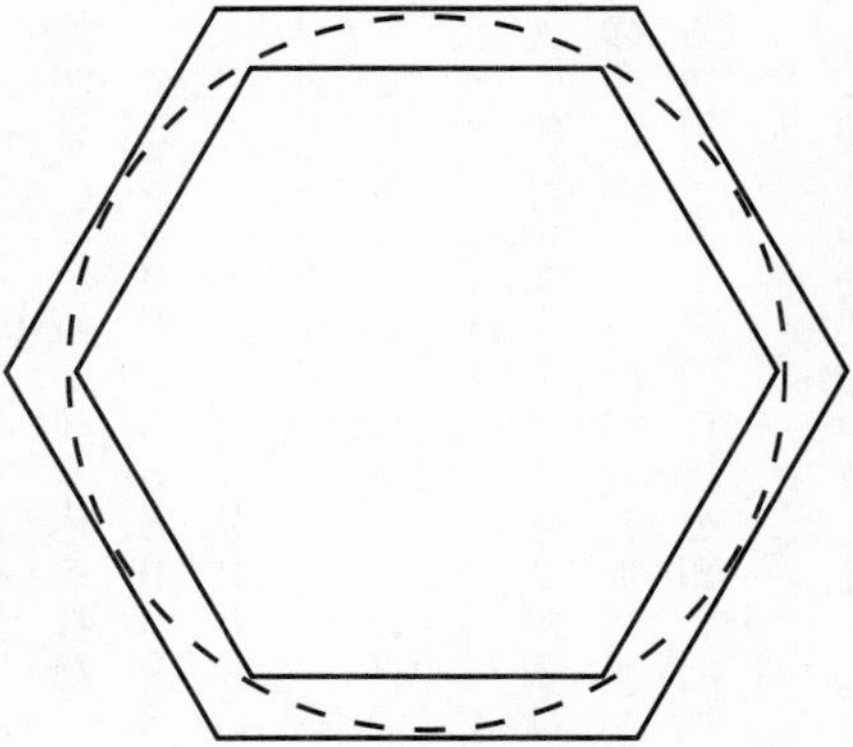

円を二つの六角形で囲む

アルキメデスは小数というものも知らなかったのに加え、筆算だけで長大な計算をやってのけたのだ。しかし、それは苦労するだけの価値のある仕事だった。なにしろ彼はπの値を、３・１４１と３・１４３のあいだにまで追い詰めたのだから。

さて、ここで一気に七世紀の時間を飛び越えて五世紀に話を進めると、中国の数学者、祖《そ》沖之《ちゅうし》〔円周率の研究のみならず、羅針盤の原型や高速艇の発明も行う〕がアルキメデスのアプローチを一歩進め――厳密には１２１９２歩進めて――二つの正１２２８８角形で円を挟み、πは３・１４１５９２６と３・１４１５９２７のあいだにあることを証明した。

多角形を用いるアプローチは、十七世紀、オランダの数学者ルドルフ・ファン・コーレン〔円周率の研究のほか、フェンシングの名手としても知られる〕らの登場とともに頂点に達する。コーレンは、なんと四十億の十億倍という途方もない数の辺をもつ正多角形で円を挟み、πを小数点以下三十五桁《けた》まで求めたのである。一六一〇年にコーレンが亡《な》くなったのち、その墓石には彼が見出《みいだ》した値が刻み込まれた。その墓石の教えるところによれば、πの値は、3・14159265358979323846264338327950288よりも大きく、3・14159265358979323846264338327950289よりも小さい。

これまでの話からすでにお気づきのように、πを求めるのは非常に難しく、どこまでやってもきりがない。そんなことになるのは、πが無理数だからだ。だとすれば、πの値の精度を上げようとすることに、どんな意味があるのだろう? この問題にはのちほどあらためて立ち返ることにしよう。当面、《オタク臭にさようなら》に現れる数学ジョークの背景を知るためには、これまでの話で十分だ。

この回の物語の中核には、「ナードいじめ」という行為がある。アメリカの教育者チャールズ・J・サイクスは一九九五年に、「ナードには親切にしよう。きみたちは将来、ナードに雇ってもらうことになる可能性が高いのだから」と先見の明のあるセリフを吐いたが、ナードいじめは今日なお、世界のいたるところで問題になっている。

リサは、いじめっ子がナードを餌食《えじき》にしたがる理由を解明すべく、ナードはいじめっ子を引き寄せるような匂《にお》いを発しているという仮説を立てた。そして、友だちの中で一番ナードっぽい連中に頼んで、一汗かいてもらうことにした。その汗を集めて成分を分析し、研究を重ねた結果、リサはついに、「ギーク〔理系オタク〕」、ドーク〔ダサい変人〕、四つ目〔メガネをかけている人〕が発するフェロモンを単離することに成功する。それが、いじめっ子たちを引き寄せる原因物質である可能性があった。彼女はこのフェロモンを、アニメの『フィリックス・ザ・キャット』〔日本ではもっぱらチューインガムのイメージが強いが、田河水泡の「のらくろ」のモデルにもなったという〕の一九五九年作品に登場した天才少年ポインデクスターを称えて、ポインデクストローゼと名づけた〔天才少年ポインデクスターは、一九六〇年より放映された日本語版では〝豆博士〟とされた〕。

リサは自説を検証するために、小学校を訪問していた堂々たる体格の元ボクサー、ドレデリック・テータムのスーツの胸元に、このフェロモンを染《し》み込ませた。すると案の定、そのフェロモンは、いじめっ子のネルソン・マンツ〔バートのクラスメート。小学生ながらすでに落第を経験している乱暴者、という設定の少年。実は家庭科が得意〕を引き寄せたのだ。ネルソンは、小学生が元ボクサーに挑むのは無茶だと知りながら、ポインデクストローゼの力に逆えず、ごめんなさいと謝りながらテータムをなぐりつけ、しまいには楔締《ウェッジー》めまでかけてしまった〔相手の背後に回り、ズボンの中に手を入れてパンツを引っ張り上げ、股間を締め付ける「技」。アメリカの青少年の下品かつ残酷かつポピュラーな悪戯のひとつ〕。こうしてリサは自説を証明することができた。

大喜びしたリサは、第十二回の科学大発見会議〔スプリングフィールドで毎年開かれている、科学上の発見や発明を競うコンペティション〕で論文を発表することにした（論文タイトルは「空媒フェロモンといじめっ子の攻撃性について」）。この会議の主催者は、スプリングフィールドのみんなに好かれる、ぼんやり型の教授ジョン・ナーデルバウム・フリンク・ジュニアである。リサを紹介するのはフリンクの仕事だったが、〔小学生の女の子にすぎないリサが、常識を覆すような発表をするとあって〕会場は騒然とし、フリンク教授は聴衆を静粛にさせることができない。切羽詰まったフリンクは、こう言い放つ。

「科学者のみなさん、どうかご静粛に！　こちらを向いて。手を下ろして。ご静聴を。……πの値は、きっかり3！」

突如として会場は静まり返った。πの正確な値を言い放てば、ギークたちの集団は電撃的ショックを受けるだろうと考えたフリンク教授の策が功を奏したのだ。信じられないような高い精度でπの値を求めようと刻苦勉励を重ねてきた幾千年もの歴史を無視して、3・141592653589793238462643383279502884197169399375105820974944592307816406286208998628034825342117067982148086

6513……をきっかり〝3〟などと言えるものだろうか？

このシーンには、コロラド・カレッジの歴史学者ハーヴィー・L・カーター教授（一九〇四-九四）〔十九世紀の西部開拓時代の研究を専門とした〕の、次の戯《ざ》れ歌《うた》がこだましている。

いつも考えていることがある
パイに新しい値を与えるんだ
わたしなら3に決めちゃうね
だってそのほうが簡単だもの
3・14159なんかよりは

'Tis a favorite project of mine,
A new value of pi to assign.
I would fix it at 3
For it's simpler, you see,
Than 3 point 14159.

しかし、フリンクの意表を突く発言の背景にあったのは、カーターの戯れ歌ではなかった。「πの値は、きっかり3！」のセリフを提案したのはアル・ジーンだが、彼はたまたまそのころ読んだ本に書かれていた歴史的事実にヒントを得たのだ。一八九七年にインディアナ州の政治家たちが、法律でπの値を決めようとしたという――それも、ひどく不正確な値に。

インディアナ州の円周率法案の正式名称は、一八九七年州議会本会議第二四六法案で、その法案を起草したのはインディアナ州の南西端に位置するソリチュードという町に住む、エドウィン・J・グッドウィンという医者だった。グッドウィンは議会に、いわゆる「円積問題」〔与えられた円と同じ面積の正方形を、定規とコンパスだけで作図できるかという問題〕の解法を考えついたと伝えた。円積問題というのは古代からあった問題で、法案が提出されるより前の一八八二年に、解決不可能であることが証明されていた。グッドウィンの解法とやらについての込み入った説明には、円の直径に関する次の一文が含まれていた。

「四番目の重要な事実は、円の直径の円周に対する比は、5／4対4だということだ」

円周に対する直径の比とは、円周率、すなわちπだから、グッドウィンは事実上、πの値は次の計算式で求められると主張したことになる。

$$\pi = \frac{\text{円周}}{\text{直径}} = \frac{4}{5/4} = 3.2$$

グッドウィンは、彼の発見したこの数学的事実を、インディアナ州の学校は無料で使うことができるが、他の州の学校がπの値として3・2を使いたい場合には使用料を申し受けること、そこから上がる収益は、インディアナ州と彼が分け合うものとすると述べた〔グッドウィンは良きインディアナ州民であり、自らの発見をインディアナ州のために生かしたいと考えたようだ〕。

この法案には数学の専門用語がぎっしり詰め込まれていたため、途方にくれた政治家たちは、議会から財務委員会へ、さらに沼沢地委員会へ、最終的には教育委員会へと、法案をたらい回しにした。そうこうするうちに、誰からも反対が出ないまま、法案は下院を通過してしまう。

こうして法案はインディアナ州の上院に回された。さいわい、インディアナ州ウエストラファイエットにあるパデュー大学〔アメリカでも有数の公立名門総合大学で、とくに理系の教育で高く評価されている。ノーベル化学賞を受賞した根岸英一はここで教鞭をとり、同じく鈴木章は研究者として在籍していた〕で数学部長を務めていたC・A・ウォルド教授が、インディアナ科学アカデミーに対する助成について議論するために、ちょうどそのころ上院を訪れていた。たまたま助成委員会のメンバーのひとりがウォルド教授にその法案を見せ、グッドウィン医師をご紹介しましょうかと持ちかけた。しかし、法案に目を通したウォルドは、紹介していただくには及びませんと答えた。頭のおかしい人には、すでにうんざりするほど会っていますから、と。

かくしてウォルド教授は、何としてでもこの法案を廃案にしなければと、議員たちに懸命に説いて回り、上院議員たちはしだいに、グッドウィンとその法案をあざける発言をするようになった。『インディアナポリス・ジャーナル』紙は、オリン・ハベル上院議員の次の談話を掲載した。「数学的真理を法律で定めようというなら、上院は、水は丘を駆け上ると法律で定めてはどうだろうか」

こうして、二度目にしてこの法案はまともな議論の対象となり、審議を無期限に延期するという動議が採択された。

πの値はきっかり3だというフリンク教授の馬鹿《ばか》げた発言は、グッドウィンの法案が審議を延期されたまま、今もインディアナ州議会のファイルキャビネットの中で、迂闊《うかつ》な政治家が復活させてくれるのを待っていることを鮮やかに思い出させるのである。

第三章　ホーマーの最終定理

ホーマー・シンプソンは、機会あるごとに発明に手を染める。たとえば《監獄ママ》（二〇〇一）〔S12／E10 マージがボランティアとして刑務所の美術クラスを担当する話〕では「ドクター・ホーマーのあちこちにへこみのできた奇跡の脊椎《せきつい》シリンダー」〔日本語版では「ミラクル整体缶」〕を発売するが、その実体は、ゴミ回収用ブリキ缶で、その円柱形が「人間の脊柱にぴったりフィットする」というものだった。彼の主張を裏づける科学的根拠は皆無であるにもかかわらず、ホーマーはそれを使って腰痛《ようつう》患者を治療しはじめる。スプリングフィールドのカイロプラクターたちは患者を横取りされて激怒し、ホーマーの発明品を壊しにやってくる。装置を壊せば、カイロプラクターがふたたび腰痛市場を独占し、そのインチキ療法でぬけぬけと商売することができるからだ。

ホーマーの発明熱がひとつの頂点に達するのは、《エバーグリーン・テラスの魔法使い》（一九九八）〔S10／E2　エバーグリーン・テラス七四二番地がシンプソン家の住所である〕の回だ。このタイトルは、トマス・エジソンのニックネームが「メンロパークの魔法使い」だったことを踏まえている。エジソンの拠点となった研究所はニュージャージー州メンロパークにあったことから、ある新聞記者が彼にこのニックネームをつけたのだ。エジソンは一九三一年に亡《な》くなるまでに一〇九三件の合衆国特許を取得し、生前から伝説的人物となっていた。

　この回の物語は、エジソンのようになりたいというホーマーの願いを軸に展開する。ホーマーは、三秒ごとにブザーが鳴って「異常なし」を知らせるやかましい警報器や、女性の顔に向けて撃つと一瞬にして化粧が完了するショットガンなど、さまざまなものを発明する。研究開発に没頭しているとき、ホーマーは黒板の前に立って数式を書く。これはそれほど驚くべきことではない。アマチュアの発明家が数学マニアだったり、数学者が発明家だったりするのは、めずらしいことではないからだ。

　たとえばサー・アイザック・ニュートンもそんな人物のひとりだ。ちなみにニュートンは、《ホーマー最後の誘惑》（一九九三）〔S5／E9　美人女優ミシェル・ファイファーが登場する〕の回にカメオ出演している。近代数学の父のひとりであるニュートンは、発明にも手を染めていた。伝えられるところでは、扉のついていないシンプルな猫の出入り口を最初に作ったのはニュートンだという。それは、部屋の扉の下のほうに開けられた穴で、猫が自由に出入

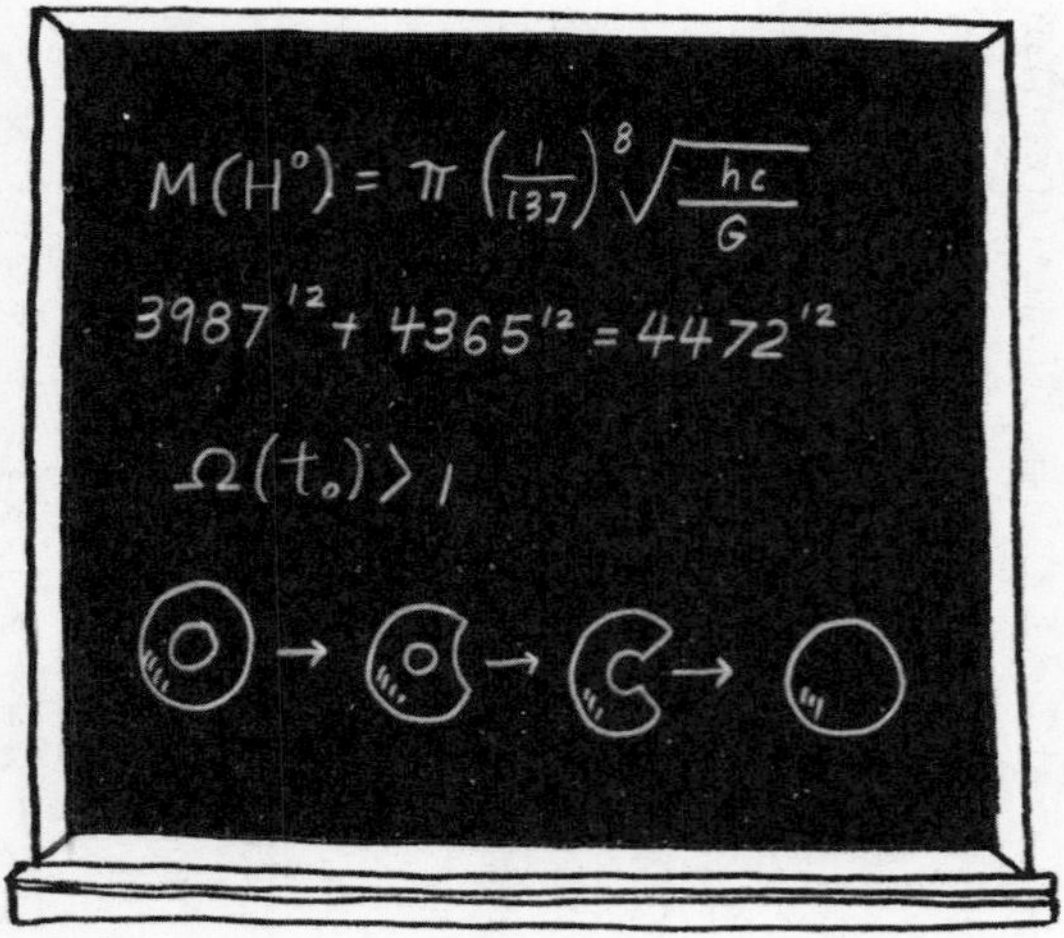

ホーマーの黒板

りできるようになっていた。しかも、その猫穴のすぐそばには、仔猫《こねこ》用の小さな穴が開けられていたというのだ！　はたしてニュートンは、そこまでマヌケな変人だったのだろうか？〔仔猫は、母猫用の大きい穴を通ればいいだけのことだから！〕　この話の真偽については議論があるが、一八二七年に書かれたＪ・Ｍ・Ｆ・ライト〔ニュートンと同じケンブリッジ大学トリニティーカレッジ出身の数学者、教育者、作家〕の回想によれば、「この逸話が事実かどうかはともかく、猫と仔猫にちょうど良さそうな穴が二つ開いた扉が存在したことは事実」らしい。

《エバーグリーン・テラスの魔法使い》の回で、ホーマーが黒板に書いた数式や図を脚本に取り入れたのは、一九九〇年代の半ばに『ザ・シンプソンズ』のチームに加わった、数学的頭脳を持つ新世代の脚本家のひとり、デーヴィッド・S・コーエンだった。アル・ジーンやマイク・レイスと同じく、コーエンもまた幼くして数学に目覚めた。家では父親の購読していた『サイエンティフィック・アメリカン』〔一八四五年創刊の世界最古の一般向け科学雑誌。論文に査読の付く学術誌『サイエンス』に名前が似るが、あくまでもこちらは一般啓蒙雑誌〕を読み、毎号、マーティン・ガードナーの数学パズルを解いていた。ニュージャージー州エングルウッドのドワイト・モロー高校時代には、一九八四年のニュージャージー州数学コンペティションの優勝チームの共同キャプテンだった。

　コーエンは、高校時代の友人デーヴィッド・シミノヴィッチとデーヴィッド・ボーデンとともに、ティーンエイジャーだけからなるコンピュータ・プログラマー集団「グリッチマスターズ」を立ち上げ、独自のコンピュータ言語FLEETを作った。それは「アップルⅡプラス」〔スティーブ・ジョブズらが開発した世界初の一般汎用型パソコン「アップルⅡ」（一九七七年）の後継機として一九七九年に発表〕上で高速グラフィックスを動かし、ゲームをするために設計された言語だった。それと同時にコーエンは、コメディー脚本と漫画への興味も持ち続けていた。高校時代に、一セントで妹に売った漫画が、プロの漫画家への第一歩だったという。

コーエンはハーバード大学で物理学を学びはじめたが、脚本を描きたいという気持ちは治まらず、『ハーバード・ランプーン』に参加し、やがてその代表になった。そうこうするうちに、アル・ジーンと同じくコーエンもまた、コメディーを書くことへの情熱が数学と物理学への愛よりも大きく膨らみ、大学に残って研究者になるという道を捨て、『ザ・シンプソンズ』の脚本チームに加わることになった。それでもコーエンは機会あるごとに、このアニメ作品にこっそり数学を持ち込むことで、自らのルーツに立ち返っている。その好例が、ホーマーの黒板に書かれた記号と図だ。

コーエンはこのとき、数学の式だけでなく科学の式も登場させたいと考えた。そこで彼は、高校時代からの友人で、天文学者を目指してコロンビア大学で勉強を続けていたデーヴィッド・シミノヴィッチに連絡を取った。

黒板の一番上の式は、シミノヴィッチが中心となって考えたもので、一九六四年に初めて提案されたヒッグス・ボソン〔ヒッグス粒子。イギリスの理論物理学者、ピーター・ヒッグスが提唱した〕という素粒子の質量$M(H^0)$を予想する式である。この式には、プランク定数や重力定数、光の速度という基本定数が、それらしく組み込まれている〔プランク定数（h）は世界の量子的性質を表す物理定数。重力定数（G）は、世界の重力相互作用の強さを特徴づける物理定数でニュートンの万有引力の法則ではじめて導入された〕。読者のみなさんは、実際にこれらの定数の値を調べて、式に代入してみてほしい（＊3）。そうすると、775ギガエレクトロンボルト（GeV）という値が得られるだろう。これは二〇一二年に発見されたヒッグス・ボソンの

デーヴィッド・S・コーエン
1984年のドワイト・モロー高校の卒業アルバムの写真。噂によれば、この数学チームのメンバーは全員が共同キャプテンだったらしい。そうすれば全員が、大学入学願書にその経歴を書くことができるからだ。

質量１２５ＧｅＶよりも、かなり大きい値だ。しかし、ホーマーはアマチュアの発明家であることや、彼がこの計算を行ったのは、ＣＥＲＮ（欧州原子核研究機構）がついにこの粒子を捕まえるより十四年も前だったことを考えれば、かなりいい線を行っていると言えよう。

第二の方程式は……しばらく棚上げしよう。数学という点からは、黒板に書かれた式の中で一番面白いのがこれなので、お楽しみを少し先延ばしするのも悪くはないだろう。

三つ目は、宇宙の密度に関係する式で、それが宇宙の運命にかかわってくる。もしも$\Omega(t_0)$が、ホーマーが最初に黒板に書いた通り、１よりも大きかったとすれば、宇宙はそれ自身の重さのために潰《つぶ》れ、激烈な爆縮〔爆発が外に向かうのに対し、内側に潰れること。〕

宇宙論では、ビッグバン（大爆発）で膨張をはじめた宇宙が、どこかの時点で収縮に転じ、最後はビッグバンの逆のように激しく一点に縮むこと。ビッグクランチとも言う）で一生を終える。脚本家たちはその宇宙の運命を、どうにかして身の回りの出来事に反映させられないものかと考えた。その努力の結果として、視聴者がこの式を目にしてまもなく、ホーマーの地下室で小さな爆縮が起こる。

ホーマーはその後、不等号を逆転させ、黒板の式は $\Omega(t_0)>1$ から $\Omega(t_0)<1$ になる。この新しい式によれば、宇宙はいつまでも膨張を続ける――いわば宇宙の爆発がいつまでも続くようなものだ。この新しい式を物語に反映させるべく、脚本家たちは、ホーマーが不等号の向きを逆転させるとまもなく、地下室で大きな爆発を起こすことにした。

黒板の一番下には、ドーナツがボールになっていくプロセスが、四つの段階に分けて示されている。これは数学の中でも「トポロジー」〔位相幾何学〕と呼ばれる領域の話題である。これらの図の意味を理解するには、トポロジーでは、正方形と円を区別しないことを知らなければならない。ゴム膜の上に、正方形がひとつ描かれているものとしよう。そのゴム膜をうまい具合に引っ張ってやれば、正方形を円にすることができるだろう。その意味において正方形と円とは、トポロジー的には区別されないのである。数学の専門用語ではそのことを、「同相」であるという。トポロジーが「ゴム膜の幾何学」とも言われるのはこのためだ。

トポロジストは、角度や長さのように、ゴム膜を引き伸ばせば変わってしまう性質には興味がない。トポロジストが興味を持つのは、もっと基本的な性質だ。たとえば、Aという文字の基本的な性質は、ひとつのループから二本の足が生えていることである。Rもまた、ひとつのループから二本の足が生えた図形だ。したがって、ゴム膜の上に書いたAをうまく引き伸ばせばRにすることができるので、AとRは同相である。

しかし、Aをどう引き伸ばしても、Hにはなりようがない。なぜなら、Aはひとつのループから二本の足が生えているのに対し、Hにはループがなく、AとHは図形として本質的に別のものだからである。AをHにするためには、Aの頂点のところで、ゴム膜に切れ目を入れ、ループを開くしかない。しかし、ゴム膜に切れ目を入れることは、トポロジーでは禁じられているのだ。

ゴム膜の幾何学の基本的な考え方は、三次元の対象にも当てはまる。そこから、「トポロジストとは、ドーナツとコーヒーカップの区別がつかない人たちだ」という、よく知られた警句が出てくる。コーヒーカップには、持ち手のところが穴のようになっている。ドーナツにも、真ん中のところに穴がひとつ開いている。したがって、伸び縮みするゴム粘土でできたコーヒーカップを、うまく変形させれば、ドーナツの形にすることができるだろう。その意味で、両者は同相なのである。

それとは対照的に、ドーナツをどう変形させても、ボールのような球形にすることはできない。球には穴がないのに対し、ドーナツをどれだけ伸ばしたり潰したりひねったりしても、真ん中の穴をなくすことはできない——穴が開いているということが、ドーナツの本質的な性質なのだ。実際、ドーナツと球がトポロジー的に別のものだということは、定理により証明されているのである。ところが、ホーマーの黒板の図を見ると、ドーナツが球になるという、ありえないことが起こっているようだ。これはいったいどうしたことだろう？

トポロジーでは、切ったり貼《は》ったりしてはいけないことになっているが、パクリと食べてしまうのはかまわないだろう、とホーマーは考えた。なにしろ出発点になる物体はドーナツなのだ。これが食べずにいられようか！　大きく口を開けてパクリとドーナツに嚙《か》み付けば、ドーナツはバナナのような形になり、トポロジーで許される伸ばしたり潰したりひねったりという変形で球にすることができる。主流のトポロジストは、大切な定理のひとつが踏みにじられて苦々しく思うかもしれないが、ホーマーだけに通用するトポロジーのルールによれば、ドーナツと球は「同じもの」なのだ——彼にとって両者の関係は、「ホメオモルフィック（homeomorphic）＝同相」ではなく「ホーマーモルフィック（Homermorphic）」というべきなのだろう。

＊　＊　＊

先に述べたように、ホーマーの黒板に書かれた式の中で、数学的に一番面白いのは二つ目のものだ。

$$3987^{12} + 4365^{12} = 4472^{12}$$

一見したところでは、とくに問題があるようには思えない。しかし数学史を多少とも知っていれば、これは途方もない式だとわかるだろう。あまりのことに、手元の計算尺をボッキリ折ってしまうかもしれない。なんとホーマーは、難問の誉れ高いフェルマーの最終定理に解を見つけるという、ありえない偉業を成し遂げたらしいのだ！

ピエール・ド・フェルマー〔フランスの数学者。本業は弁護士〕がこの定理を提唱したのは、一六三七年頃のことだった。余暇に数学をやるアマチュアだったが、フェルマーは数学史上もっとも偉大な数学者のひとりである。南フランスの自宅で、ひとり研究に取り組んだフェルマーにとって、アレクサンドリアのディオファントス〔古代ギリシャの数学者。「代数学の父」と呼ばれる〕によって西暦三世紀に書かれた『算術』〔【*Arithmetica*】全十三巻〕だけが唯一《ゆいいつ》の友だった。いにしえのギリシャ世界で書かれたこの書物を読んでいたときのこと、フェルマーは次の方程式について書かれたくだりに出くわした。

$$x^2 + y^2 = z^2$$

この方程式は、ピュタゴラスの定理と密接に関係しているが、ディオファントスの興味は、三角形の辺の長さに向けられていたわけではなかった。ディオファントスは本の読者に対して、この方程式の整数解を求めよという問題を出したのである。フェルマーは、この方程式の解を得るためのテクニックは知っていたし、解は無数にあることも知っていた。この方程式の解は、「ピュタゴラスの三つ組み数」と呼ばれている。いくつか例を挙げておこう。

$$3^2 + 4^2 = 5^2$$

$$5^2 + 12^2 = 13^2$$

$$133^2 + 156^2 = 205^2$$

ディオファントスの問いは易しすぎたので、フェルマーは少し問題の形を変えて、次の方程式の整数解を探してみることにした。

$$x^3+y^3=z^3$$

ところが、どんなに頑張っても、フェルマーに見つけることができたのは、$0^3+7^3=7^3$のように、0を含む自明な解だけだった。もう少し意味のある解を見つけようとしても、$6^3+8^3=9^3-1$のような、1だけずれたものしか見出《みいだ》せなかったのだ。フェルマーは、x、y、zのべきをさらに上げてみたが、どの場合にも解は見つからなかった。彼はしだいに、次のような形をした方程式一般について、解を見つけるのは不可能なのではないかと考えはじめた。

$$x^4+y^4=z^4$$

$$x^5+y^5=z^5$$

$$x^3+y^3=z^3$$

$$x^6 + y^6 = z^6$$

$$\vdots$$

$$x^n + y^n = z^n$$ （ただし $n > 2$）

しかしついに、彼は画期的な突破口を切り開いた。これらの方程式を満たす x、y、z の組を見つけるのではなく、そのような解は存在しないことを示す論証を作り上げたのである。そしてフェルマーは、ディオファントスの『算術』の余白に、ラテン語で驚くべき書き込みをした。彼はまず、これら無数の方程式はどれも整数解をもたないと述べたのち、自信たっぷりにこう書いたのだ。

“Cuius rei demonstrationem mirabilem sane detexi, hanc marginis exiguitas non caperet.”（わたしはこれに対する真に驚くべき証明を見出したが、余白が狭すぎるのでここに書くことはできない）

ピエール・ド・フェルマーは証明を見出したが、あえてそれを書くことはしなかった。これはおそらく数学史上、もっとも苛立《いらだ》たしいメモだろう。しかもフェルマーは、その秘密を墓場まで持っていってしまったのだ。

フェルマーの息子のクレマン＝サミュエルは、後年、父親が所蔵していた『算術』を発見し、余白に書き込まれた興味をそそるメモに気づいた。また彼は、ほかにも同様の書き込みを見出した。フェルマーは、自分は驚くべき発見をしたと書くだけで、証明は示さないことがよくあったのだ。一六七〇年、クレマン＝サミュエルは、ディオファントスの本文に父親の書き込みをすべて添え、後世に残すべく『算術』の新版として刊行した。その本に衝撃を受けた数学者たちは、フェルマーの与えた命題ひとつひとつに対して証明を見出そうとした。フェルマーの命題は次々と正しいことが証明されていったが、$x^n + y^n = z^n$（$n > 2$）には整数解が存在しないという命題だけは、誰にも証明することができなかった。唯一未証明となったこの方程式は、「フェルマーの最終定理」として知られるようになった。

証明が得られないまま時は流れ、フェルマーの最終定理の難しさはさらに広く知れわたり、この定理を証明したいという願望もまた、それにつれてふくらんでいった。十九世紀の末になる頃には、この問題は数学界の外でも知られるようになり、多くの人のイマジネーションを捉《とら》えた。たとえばドイツの実業家パウル・ヴォルフスケールは、一九〇八年に亡くなったとき、フェルマーの最終定理を証明した者には、一〇万マルク（今日の一〇〇万ドル）の賞金を与えると遺言した。一説によれば、ヴォルフスケールは妻と子どもたちを嫌っており、家族に甘い汁を吸わせたくない、そして彼がその生涯を通して愛情を注いだ数学に役立てたいという気持ちから、その遺言を書いたという。また、ヴォルフスケール賞は、フェルマーに対する彼なりの感謝の念を表しているのだろう、と言う人もいる。彼が世を儚《はかな》んで自殺の瀬戸際《せとぎわ》にあったとき、唯一、この問題に対する情熱だけが、生きる理由を与えてくれたからだ。

動機はどうであれ、ヴォルフスケール賞のおかげでフェルマーの最終定理は一般の人たちの注目を引くようになり、やがて大衆文化に浸透していった。アーサー・ポージズの短編小説『悪魔とサイモン・フラッグ』（一九五四）では主人公のフラッグが、悪魔とファウスト的な契約を交わす。フラッグが自分の魂を救うためには、悪魔には答えられない問題を出すしかない。そこで彼は悪魔に対し、フェルマーの最終定理の証明を見つけて来ることを求める。さんざん証明を探し回ったすえに負けを認めた悪魔は、こう言った。

「お前は知っているか、宇宙一の数学者たちにだって、この問題は解けなかったんだぞ。ここの数学者たちよりも、ずっと頭はいいんだがな。土星にいたある男なんぞは

――これが竹馬に乗ったキノコみたいな奴《やつ》でな――偏微分方程式を暗算で解いちまうんだが、奴でさえ、これにはお手上げだったんだ」

フェルマーの最終定理は、小説（たとえばスティーグ・ラーソンの『火と戯《たわむ》れる女』）や、映画（たとえばブレンダン・フレイザーとエリザベス・ハーレイが出演した『悪いことしましョ！』）、戯曲（たとえばトム・ストッパードの『アルカディア』）にも登場する。しかし、この定理がカメオ出演したなかで、もっとも有名なのは、一九八九年の『新スタートレック』シリーズの「ホテル・ロイヤルの謎《なぞ》」だろう。ジャン＝リュック・ピカード艦長がフェルマーの最終定理を、「われわれにはけっして解けないかもしれない謎」だと言うのだ。しかしピカード艦長は間違っているし、そもそも時代設定からしておかしいと言わなければならない。この物語の舞台は二十四世紀に設定されているが、フェルマーの最終定理は、一九九五年に、プリンストン大学のアンドリュー・ワイルズによって証明されたからだ（ちなみに、わたしはこの件には格別の思い入れがある。フェルマーの最終定理と、アンドリュー・ワイルズが証明にいたるまでのドラマを本にまとめ、BBCでドキュメンタリー番組を作ったからだ。なお、アル・ジーンは『ザ・シンプソンズ』の脚本家になる前、ハーバード時代にワイルズの講義を受けている）。

ワイルズは十歳のときに、フェルマーの挑戦を受けて立つことを夢見るようになった。それからの三十年間、彼は憑《つ》かれたようにこの問題を考えつづけ、最後の七年間は、誰にも何も言わず、たったひとりその仕事に取り組んだ。そしてついに、方程式 $x^n+y^n=z^n$ ($n>2$) には解はないという証明を発表する。その証明が一三〇ページもの密度の濃い論文になったという事実は、ワイルズが成し遂げた仕事の大きさを示すとともに、十七世紀に発見されていたとは考えられない、きわめて洗練された高度な内容であることをほのめかしている。ワイルズの証明には現代的な道具やテクニックが多数使われており、フェルマーの証明が、ワイルズのそれと同じアプローチを取ったとは考えられないのだ。

そのことに触れたのが、ＢＢＣのテレビシリーズ『ドクター・フー』〔イギリスＢＢＣが一九六三年より五十年間、断続的に放送し続ける人気ＳＦドラマ〕の、最新シリーズ第一作として二〇一〇年に放映された「十一回目の時間」である。マット・スミスが十一回目に再生したドクターとしてデビューを飾ったこの作品で、ドクターはコンピュータをハッキングし、地球の危機に際して世界中から集まった、天才的頭脳をもつ要人たちの会議に侵入する。ドクターは地球を救うために、要人たちになんとか自分の提案を受け入れさせようとする。しかしそのためにはまず、自分は信用に値する存在だということを認めさせなければならない。要人たちは、どこの馬の骨ともわからないドクターを会議から追い出そうとするが、彼は懸命にキーボードに何かを打ち込みながら、こう訴える。「ちょっとまって。これを見てくれ。フェルマーの定理だ。証明だよ。本物の証明さ。まだ誰も見たことがないやつだ」。つまりドクターは、ワイルズによる証明が存在することを承知のうえで、それを「本物」とは認めないのだ。ドクターにとって「本物の証明」とは、フェルマーその人による証明なのである。ドクターはきっと、十七世紀に行ったことがあり、その際にフェルマー当人から証明を教えてもらったのだろう。

以上の話をまとめると、十七世紀にピエール・ド・フェルマーは、方程式 $x^n + y^n = z^n$ $(n > 2)$ には整数解がないことを証明したと主張した。一九九五年にはアンドリュー・ワイルズが、フェルマーの命題は正しかったことを示す証明を発見した。二〇一〇年にはドクターが、フェルマーのオリジナルな証明が存在することを明らかにした。つまり、この方程式には解がないという点では、みんなの意見が一致しているのだ。

ところが、《エバーグリーン・テラスの魔法使い》でホーマーは、四世紀にわたる偉大な数学者たちの努力をひっくり返したようだ。フェルマー、ワイルズ、そしてドクターも、フェルマーの方程式には解はないと主張した。ところがホーマーの黒板には、その解が書いてあるのだ。

$$3987^{12} + 4365^{12} = 4472^{12}$$

この等式が成り立つかどうかを、電卓で確かめてみよう。３９８７の12乗を求め、それを４３６５の12乗に加える。そうして得られた結果の12乗根を求めると、４４７２になるだろう。

少なくとも、その電卓が十桁《けた》しか表示しないタイプなら、そうなるはずだ。しかし、もしもあなたの電卓の精度がもう少し高くて、十二桁あるいはもっと多くの桁を表示することができるなら、結果は違ってくる。三つ目の項は、次の式に現れる値に近くなるのだ。

$$3987^{12} + 4365^{12} = 4472.0000000070576171875^{12}$$

これはどうしたことだろう？　実はホーマーの式は、フェルマーの方程式に対する、いわゆる「ニアミス解」なのだ。３９８７と４３６５と４４７２は、フェルマー方程式をほぼ満たし、その食い違いに気づくのは難しい。しかし数学においては、解はあるかないかの二つにひとつだ。ニアミス解は結局のところ解ではなく、フェルマーの最終定理の正しさはゆるがないのである。

デーヴィッド・S・コーエンは、黒板に書かれたこの式に目を留めてフェルマーの最終定理との関係に気づくほど数学に通じた視聴者に、いたずらをしかけたのだ。一九九八年にこのエピソードが放映された時点で、ワイルズの証明が発表されてから三年が経《た》っており、フェルマーの最終定理が征服されたことをコーエンはよく知っていた。それどころか彼は、カリフォルニア大学バークレー校の大学院生だったとき、フェルマーの最終定理に対するワイルズの証明において重要な役割を演じる仕事をした数学者、ケン・リベット〔数論を専門とする。谷山・志村予想が証明されれば、フェルマー予想は自動的に証明されることを示し、最終定理解明の最終局面を作り出した〕の講義に出席してさえいたのである。

当然、コーエンはフェルマー方程式には解がないことを知っていた。彼は、普通の電卓をすり抜けるニアミス解を作ることにより、ピエール・ド・フェルマーとアンドリュー・ワイルズにオマージュを捧《ささ》げようとしたのだ。コーエンはその目的のために、フェルマー方程式を「ほぼ」満たす x、y、z、n の組み合わせを見つけるまで、次々と整数をチェックしていくコンピュータ・プログラムを書いた。そして結局、非

常に誤差の小さい $3987^{12}+4365^{12}=4472^{12}$ の組み合わせに落ちついた。この場合、方程式の左辺は、右辺よりもわずか0・000000002％大きいだけである。

この回が放映されてまもなく、コーエンはいたずらに気づいた視聴者はいないかと、ウェブ上の掲示板をパトロールしてみた。するとこんな書き込みがあった。「この式はフェルマーの最終定理を破っているようだ。電卓に入れてみたら、たしかに等式が成り立っている。どうなってるんだ？」

世界のあちこちで数学者の卵たちが彼の作った数学のパラドックスに心を惹《ひ》かれたかもしれないと思うと、コーエンはうれしかった。「満足だね。なにしろ、電卓を叩《たた》いたら、たしかにこの式が成り立っているという結果になるぐらいの精度を目指したんだから」。コーエンは、《エバーグリーン・テラスの魔法使い》の黒板の仕事を、とても誇らしく思っているし、長年のあいだに『ザ・シンプソンズ』に盛り込んできた数学のすべてに対して、大きな満足を感じているという。

「いい気分だよ。テレビ業界にいると、社会を腐敗させる片棒を担《かつ》いでいるような気分になることもある。だから、話のレベルを上げる機会があると――とくに数学の素晴らしさを伝えられたときは――下品なジョークを書いているときの暗い気持ちが晴れるんだ」

（＊3）実際に計算してみようという人のために、少しヒントを与えておこう。まず、$E = mc^2$ の関係を利用する。また、得られた結果をＧｅＶの単位に変換するのも忘れないようにしよう。

第四章　数学的ユーモアの謎

やはりと言うべきか、数学出身の『ザ・シンプソンズ』の脚本家には、クイズやパズルが大好きな人が多い。当然ながら、彼らのクイズへの愛は、さまざまな回に滲《にじ》み出している。

たとえば、《ホーマー辞書に載る》（一九九一）〔S3/E5〕には、おそらくは世界一有名なパズルであろうルービックキューブが登場する。この回の物語の中には、ハンガリーから初めてルービックキューブが輸出された一九八〇年のフラッシュバック・シーンがある。そのシーンでは、まだ若いホーマーが、放射性物質の取扱訓練を受けている。しかしホーマーはメルトダウンが起きたときの対処法について説明する講師の話などどこ吹く風で、買ったばかりのルービックキューブに夢中だ。彼は答えを見つけようと、いくつか組み合わせを試しているが、ルービックキューブには、全部で４３

252003274489856000〔4325京2003兆2744億8985万6000〕通りの組み合わせがあるのだ。

ルービックキューブは、《ハリケーン・ネディー》（一九九六）〔S8／E8〕と《HOMЯ》（二〇〇一）〔S12／E9〕にも登場するし、《ドニー・ファツォ》（二〇一〇）〔S22／E9　原題は、アカデミー賞脚本賞をはじめ数々の映画賞を受賞した『Donnie Brasco』（一九九七）のパロディ〕では、「モーの店」のオーナーで、バーテンダーでもあるモー・シズラック〔スプリングフィールドにあるホーマーたち行きつけのバーの店主。無愛想で短気、時に散弾銃を発砲する〕が、脅しの材料としてこのパズルに触れる。

モーはしょっちゅうバートからいたずら電話をされている。バートはおかしな名前の人物をでっち上げ、モーにその人物の呼び出しをさせようとするのだ。そのせいで、モーは客たちに向かって、

「マヤ・ノーモースブット〔Maya Normousbutt：My Enormous Butt＝わたしの巨大なお尻〕を見かけた人はいないかね？」

とか、「アマンダ・ハギンキス〔Amanda Hugginkiss：A man to hug and kiss＝ハグしてキスする相手の男〕を探してるんだが」などと言わされる羽目になる。

ところが《ドニー・ファツォ》の回でモーにかかってきたのは、バートのいたずら電話ではなかった。電話の主は、スプリングフィールドの犯罪組織として悪名高いダミコ・ファミリーのボス、マリオン・アントニー・ダミコだった。仲間（や敵）のあ

いだでは「ふとっちょトニー」の名で知られる彼は、ロシア人の友人ユーリー・ナトールが店に来ているかもしれないから、呼び出しをかけてみてくれと言う。これもきっとバートのいたずらに違いないと決め込んだモーは、電話の主を怒鳴りつけてしまう。「お前をみじん切りにして、ルービックキューブにしてやるぞ。わしには絶対に解けない、あのパズルにな！」

一部ダン・ブラウンの小説『ダ・ヴィンチ・コード』（二〇〇三）のパロディになっている、《マギーは消えてしまった》（二〇〇九）〔S20／E13　原題は、数々の賞を受賞した映画『*Gone Baby Gone*』（二〇〇七）に掛けている〕の回には、歴史あるパズルが登場する。

物語は、皆既日食が起こる話で幕を開け、「アビラの聖テレサ」の至宝〔スプリングフィールドに平和と繁栄をもたらす新たな救世主〕が見《み》出《いだ》されたところで幕が下りる。この物語は、マギーが救世主と間違われてしまったことを軸に展開するが、パズル愛好家にとって一番面白いのは、ホーマーが活躍する場面だろう。ホーマーは、赤ん坊（マギー）と犬（サンタズ・リトル・ヘルパー〔シンプソン家の愛犬。元ドッグレースの競走犬〕）を連れ、大きな瓶〔キャンディと見紛う、色とりどりのカプセルに入った殺鼠剤がどっさり入っている〕を持って、川岸にたどり着く。

ホーマーが川を渡ろうとしてあたりを見回すと、すぐ近くにボートが一艘繋《そうつな》がれているではないか。しかしそのボートは小さくて、川に漕《こ》ぎ出すとすぐに沈みそうになる。ホーマーが一度に運べるのは、赤ん坊、犬、カプセルのどれかひとつだけだ。マギーと殺鼠剤《さっそざい》を川岸に残して行くわけにはいかない。赤ん坊が殺鼠剤を飲み込んでしまうかもしれないからだ。また、サンタズ・リトル・ヘルパーとマギーを残して行くこともできない。犬は赤ん坊を噛《か》むかもしれないからだ。要するに、問題はこうだ。すべてのものを安全に渡河させるためには、ボートをどう使えばいいだろうか？

ホーマーがこの難題を考えだすと、美しい中世写本のようなものが画面に現れて、そのつど解決すべき要点が示される。写本には、次のようなラテン語の文が書かれている。

「愚か者はいかにして、三つの荷物とともに川を渡ることができるであろうか？」

この一文は、『*Propositiones ad Acuendos Juvenes*（若者の頭脳を鋭くさせるための問題集）』と題された中世の書物を彷彿《ほうふつ》とさせる。それは、荷物を安全に渡河させるという問題をもっとも初期に取り上げた書物だ。五十あまりの数学パズルを含む、その驚くべき写本は、八世紀のヨーロッパ最高の学者との呼び声も高い、ヨークのアルクイン〔カール大帝の相談役となり、フランク王国の教会制度及び教育制度の確立に尽力した〕によって書かれたものである。

アルクインは、ホーマーのジレンマと同じタイプの問題を示したが、彼の問題に登場するのは、狼《おおかみ》、ヤギ、そしてキャベツを運ぼうとしている男だ。狼にヤギを食べられてはならない。また、ヤギにキャベツを食べられてはならない。つまり、狼はサンタズ・リトル・ヘルパーに、ヤギはマギーに、そしてキャベツは殺鼠剤に対応するわけだ。

ホーマーはしばらく考えて、自力で次のような解決策を考え出した。まず、マギーを連れて向こう岸に渡り、そこでマギーをボートから降ろす。次に、最初の川岸に戻り、殺鼠剤を持ってボートを漕ぎ、向こう岸に着いたら殺鼠剤を降ろす。殺鼠剤をマギーと一緒に置くわけにはいかないので、マギーを連れてボートに乗り、最初の川岸に戻ってマギーを降ろす。次に、サンタズ・リトル・ヘルパーを連れて向こうの川岸に渡り、犬を殺鼠剤と一緒にそこに置いて最初の川岸に戻り、マギーをボートに乗せる。そしてマギーを連れてボートを漕ぎ、向こう岸に渡る。こうしてホーマーは、すべてを安全に渡河させるという課題を達成するはずだった。

残念ながら、彼はその計画を遂行することができなかった。マギーを向こう岸にある修道院の門前に座らせ、いざ出発点の川岸に戻ろうとしたとき、つまり第一段階が完了したところで、マギーを尼僧《にそう》たちにさらわれてしまったのだ。尼僧による誘拐というのは、アルクインのオリジナルな問題には含まれていない、新しい要素である。

これより十年ばかり前に放映された、《リサ・ザ・シンプソン》（一九九八）〔S9／E17〕

では、物語を貫く太い糸として、あるパズルが重要な役割を演じる。この回は、スプリングフィールド小学校のカフェテリアのシーンで幕を開ける。リサは、スプリングフィールドでもっとも数学の才能に恵まれた子どもであるマーティン・プリンスの向かいに座っている。《バート、Fを取る》（一九九〇）〔S2／E1　アメリカの一般的な成績評価はGPAと呼ばれ、A～DとFの五段階でポイント換算される。Aが四点でFは〇点〕で描かれたように、マーティンは日々の出来事のすべてを数学的に捉える。いっときマーティンと仲良くなったバートは、彼にちょっとしたアドバイスを与えた。「教室では一番後ろに座りな。バスの中だけじゃなく、学校でも教会でもだ。そうすりゃいたずらがバレないからね」

マーティンはすぐに、バートのアドバイスを数学的に言い表した。「いたずらがバレる確率は、偉い人からの距離に反比例するんだね」

マーティンはさらにそれを数式で表す（上図参照）。

$$M \propto \frac{1}{P_A}$$

Mは、いたずら（Mischief）がバレる確率、P_Aは偉い人（Authority figure）までの距離（Proximity）。

さて、スプリングフィールド小学校のカフェテリアでは、マーティンがリサのランチボックスに目を

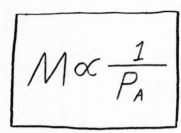

留める。それはカフェテリアで出されるランチとは異なり、真空パックされた宇宙食風のランチだった。リサはそのランチボックスを同じテーブルに座った子どもたちに見せながら、こう説明する。「これはジョン・グレン〔一九六二年にアメリカで初めて地球周回軌道に乗った宇宙飛行士〕が、宇宙に出ていないときに食べているものなの」。マーティンは、ランチの外箱の裏にクイズがひとつ印刷されていることに気づく。記号が五つ示され、六つ目を予想せよという問題だ。

マーティンはただちにそのクイズを解いたが、リサは戸惑っている。同じテーブルにいたバートたちも、まもなく答えに気づいた。みんなが解けたというのに、自分だけわからないリサはイライラしはじめる。こうしてリサはこの回の終わりまで、自分はこの先どんどん馬鹿《ばか》になっていくのではないか、と自問し続けるのである。あなたは幸運にも、リサの苛立《いらだ》ちを経験せずにすむ——一分ほどこのクイズを考えたら、106ページの注に示した答えを見よう。

ランチボックスの外箱に印刷されたこのクイズは、新たな数学者を脚本家チームに引き寄せ、『ザ・シンプソンズ』の数学的基礎を強化するのにひと役買ったという意味において特筆に値する。J・スチュワート・バーンズはハーバード大学で数学を学んだのち、カリフォルニア大学バークレー校で博士号取得を目指した。彼の博士論文は、代数的数論かトポロジーの分野のものになるはずだったが、彼はその研究を適当なところでまとめ、博士号ではなく修士号で手を打った。バーンズがバークレーを早めに去ることにしたのは、『アンハッピリー・エバー・アフター』〔一九九五～九九年放送。家族とうまくいかず、ウサギのぬいぐるみだけが心の友という破滅型の男が主人公の物語〕というシットコムの脚本家として招かれたためだった。かねてからコメディーの脚本家になることを夢見ていたバーンズだったが、この仕事を受けたことが大きな突破口になった。まもなく彼は、デーヴィッド・S・コーエンと知り合って意気投合し、コーエンから『ザ・シンプソンズ』の制作オフィスでの読み合わせを見に来ないかと誘われた。たまたまそれが、《リサ・ザ・シンプソン》の回の読み合わせだったのだ。数に関するクイズをめぐって話が進展するのを見守るうちに、バーンズは、これこそは彼がいるべき場所だと感じ、コーエンら数学を愛する脚本家たちとともに仕事をしたいと思うようになった。『アンハッピリー・エバー・アフタ

デーヴィッド・S・コーエンは、《リサ・ザ・シンプソン》の回に登場するクイズを考案したのが自分だったのかどうか、思い出せないという。しかし、最初にスケッチを描いたのが彼だったのはたしかだ。ここに示すノートの一番下の行が、放映された作品に登場するものとほぼ同じである。このクイズが解けるかどうかは、どの記号も、鏡に映したように左右対称になっていることに気づけるかどうかにかかっている。第一の記号は、右半分が１で、左側はその鏡映になっている。２番目の記号は、右半分が２で、左側はその鏡映になっている。それと同じパターンが、３、４、５と続いていく。したがって、答えとなる６番目の記号は、６と、その鏡映とを組み合わせたものになる。一番上のメモを見ると、コーエンは最初、３、６、９の数列を使うことを考えたようだ。しかしこのアイディアは採用されなかった。その理由はおそらく、数列の４番目にあたる12は２桁の数で、数字が二つ必要になるからだろう。ページの真ん中の行は、１、４、２、７という数列だが、これも採用されなかった。この数列では、５番目の数が何になるかは明らかではなく、コーエンは、自分がそのとき何を考えていたのか覚えていないという。

ー』で仕事をしていたときには、バーンズは「修士号なんか持っちゃってるギーク《数学オタク》」というレッテルを貼《は》られていた。ところが『ザ・シンプソンズ』の脚本家チームでは、数学の修士号などめずらしくもない。ギークのレッテルを貼られるどころか、バーンズはトイレ・ジョークの大黒柱として名を馳《は》せるようになった。

バーンズは、『ザ・シンプソンズ』に加わるようになった経緯を語ったのち、数学クイズとジョークの共通点について考えを聞かせてくれた。どちらも注意深く作り上げられて、意外などんでん返しがあり、事実上のオチ《パンチライン》がある。優れたクイズとジョークは人を考えさせ、答えがわかった瞬間に、人を微笑《ほほえ》ませるというのだ。おそらくはそんな共通点が、『ザ・シンプソンズ』の脚本家チームに数学者が加わることをこれほど意義あるものにしているのだろう。

脚本家チームの数学者たちは、数学クイズへの情熱だけでなく、それまでにない仕事のスタイルを制作現場に持ち込んだ。バーンズが言うには、数学系でない同僚が提案するギャグは、インスピレーションが湧《わ》いた時点で、すべて完成されていることが多いのに対し、数学系の脚本家たちが提案するジョークは未完成で荒削りであることが多い。ジョークはその後、脚本家チームのミーティングルームで揉《も》みに揉まれて完成するのだ。

数学系の脚本家たちは、新しいジョークを作るときだけでなく、物語を構成するときにもそのアプローチをとっている。『ザ・シンプソンズ』でのバーンズの同僚であり、やはり数学をやっていた脚本家のジェフ・ウェストブルックは、みんなで仕事をするというこの流儀のルーツをたどれば、数学の研究をしていたときの経験に至るという。

「わたしはコンピュータ科学の理論的な研究をやっていたんだが、仲間たちとわいわいやりながら、たくさんの定理を証明したものだった。ここに来てみて驚いたのは、脚本家チームのミーティングルームで、それとまったく同じことが行われていることだった。大きなテーブルを囲んで、みんなでいろいろなアイディアをキャッチボールする。そこにはクリエイティブな仕事に共通する要素がある――つまり、問題を解こうとしているんだ。数学研究における問題は、定理であり、脚本作りにおける問題は、ストーリーを組み立てることだ。われわれはストーリーをバラバラにして分析したいんだ。このストーリーは、要するに何なんだ？ってね」

この話を念頭におきながら、わたしは他の脚本家たちに、次のような質問をしてみた。「なぜ『ザ・シンプソンズ』の制作現場には、数学を愛する脚本家が、これほど大勢居ついているのだろうか？」

コーエンは、数学の訓練を受けたコメディー脚本家は、自分の直感だけを頼りに未知のものを探っていくことに自信があって、そういうやり方に居心地の良さを感じているのではないか、と語った。

「数学的な証明のプロセスは、コメディーの脚本を書くプロセスと似たところがある。目的地にたどり着けるという保証がないところも似ているね。何もないところからジョークをひねり出そうとしているとき（あるいは、ある特定のテーマで、ストーリーを作ろうとしているときもそうだ）、目指すことのすべてを満足する——そして面白い——ジョークが存在するという保証はどこにもない。数学で何かを証明しようとするときも、そもそもそんな証明は存在しないのかもしれない。自分に理解できるような証明が存在しないということも、十分にあり得る話だ。どちらの場合も——ジョークを探しているときも、定理を証明しようとしているときも——それが自分の時間を注ぎ込んでやるのに値することなのかどうかを教えてくれるのは、直感なんだ」

コーエンはさらに、数学の訓練を受けたことは、『ザ・シンプソンズ』のエピソードを書くために必要な、知的スタミナをつけるのに役立ったと語る。

「コメディーのエピソードを作るなんて、面白おかしい仕事だと思うかもしれないが、脳みそを壁に打ち付けるような苦しみを味わいもするよ。短い期間で複雑なストーリーを作らなければならないし、克服すべき論理的な障害も多い。物語を作るという作業は、大きなパズルを解くのに似ている。この作品を作るために、どれだけ頭を悩ませているか、わかってもらうのは難しいだろうね。なにしろ出来上がったものは、すいすいと展開するお気楽な話なんだから。脚本を書くというプロセスは、どの一瞬も楽しい。しかしそれだけでなく、くたくたに疲れ果てるような作業でもあるんだ」

これとは対照的な観点もあるかもしれないと、わたしはマット・セルマンに質問してみた。脚本家チームに加わる前は、英語学と歴史学を学んでいたというセルマンは、自らを「もっとも数学に疎《うと》い人間」だという。「『ザ・シンプソンズ』が、多項式が大好きといったタイプの脚本家を、磁石のように引き寄せているのはなぜだろうか」と尋ねると、セルマンは、この作品の脚本は本質的にパズルであって、複雑なストーリーラインが『脳みそに負荷をかける』からだろうという点で、コーエンと本質的に意見を同じくしていた。またセルマンは、数学が大好きだという脚本家たちには、ある共通の傾向が見られるとして、次のように語った。

「コメディーの脚本家は誰でも、自分は人間を取り巻く状況についての観察眼をもっていると思いたがるものだし、パトス〔情熱〕やバトス〔感傷〕、その他ありとあらゆる〃トス〃を熟知しているつもりだ。数学者の悪口を言いたい人は、連中は冷たくて心というものがないから、愛することや失うことについて、うまいジョークなど考えられるはずがないと言うんじゃないかな。しかし、それは違うと思うよ。もちろん、数学系の脚本家たちには、われわれとは違うところもある。たとえば、彼らはナンセンスなジョークを書くのがうまい。その理由は、数学の核心は、論理にあるからだろう。論理について考えれば考えるほど、それをひねったり変形させたりすることが楽しくなる。論理的な頭脳の持ち主は、非論理的なものにこそ、大きなユーモアを見出すのではないかな」

　マイク・レイスは、『ザ・シンプソンズ』の第一回作品の脚本を担当した人物だが、これについてはセルマンと同じ意見だ。

「ユーモアについては間違った説がごまんとある。ユーモアに関するフロイトの話を聞いたことがあるかい？　彼は間違っているね。間違いも間違い、大間違いだよ〔フロイトにとってのユーモアは、「苦痛により余儀なくされる精神的消耗の節減を目指す思考の一形式」〕。わたしは、おかしな論理の上に成り立っているジョークがとても多いことに気がついたんだ。例をあげよう。アヒルがドラッグストアによちよち歩いて入っていって、こう言った。

『リップクリームをください』

すると店員はこう答える。

『キャッシュでお支払いですか？』

アヒルはこう言う。

『いえ、わたしのくちばしに塗ってください』〔くちばしを示すbillという語にはツケという意味もあるため、アヒルは「現金じゃなくてツケにしてください」と言ったつもり〕

不条理がコメディーを面白くしているというなら、アヒルがドラッグストアによちよち歩いて入っていくところが面白いはずだろう？　でも面白いのはそこじゃない。面白いのは、論理っぽいものが存在しているところなんだ。それが、このジョークを構成しているバラバラな要素を、ひとつにまとめ上げているんだよ」

脚本家たちは、数学的な頭脳の持ち主たちがコメディー脚本に心引かれる理由について、いろいろな説を聞かせてくれた。しかし、大きな問題がひとつ残っている。では、なぜ彼らは、『サーティ・ロック』〔マンハッタン5番街、ロックフェラープラザ30番地にスタジオを持つ架空のテレビ局を舞台にしたシットコム。二〇〇六～一三年放送〕や『モダン・ファミリー』〔それぞれ子どものいる男女が再婚して作り上げる、現代のリアルな家族像を中心に据えた軽快で楽しいホームドラマ。数多くの賞を受賞している。二〇〇九～二〇年放送〕ではなく、『ザ・シンプソンズ』で仕事をしているのだろう？

アル・ジーンはこれについて、考えられる可能性をひとつ指摘した。十代の頃の自分が実験をやったときのことを思い出すと、その可能性が浮かび上がってくるのだという。

「わたしは実験科学が嫌いだった。実験室では何もかもうまくいかなくて、正解が得られたためしがなかった。でも数学は違った」

言い換えれば、科学者はいろいろな問題を抱えた不完全な現実に対応しなければならないのに対し、数学者は、理想化された抽象世界の中で仕事をしているということだ。数学者はジーンと同じく、扱う対象をコントロールしたいという深い願望を少なからず持っているのに対し、科学者は、現実世界を相手に奮闘することを楽しんでいるようなところがある。

数学は、アニメシリーズの脚本を書くのに似ているのに対し、科学は、実写ドラマの脚本を書くのに似ている、とジーンは言う。

「実写ドラマは実験科学に似ている。役者たちは、それぞれの考えに沿って演技する。そうやって撮影されたシーンをつなげて、どうにか作品にするしかないんだ。一方、アニメは純粋数学に似ている。あるセリフにどんなニュアンスを含めるか、セリフ回しをどうするかまで、徹底的にコントロールできる。あらゆることがコントロール可能だ。アニメは数学者の宇宙なんだ」

マイク・レイスのお気に入りのジョークは、しばしば数学的センスが前提になっている。

＊　＊　＊

「そういうジョークが好きなんだ。じっくり嚙み締めて楽しんでいるよ。ちょうど今、子どもの頃に聞いた、面白いジョークのことを考えていたところだ。男たちはトラックいっぱいのスイカを、一個一ドルで買った。そのスイカを街に運んで、一個一ドルで売りさばく。こうして一日がかりで働いたというのに、日が暮れてみれば財布は空っぽだ。そこで、ひとりの男が言った。もっと大きなトラックを買わなきゃだめだな」（＊4）

レイスが教えてくれたスケッチ風のこの話は、伝統ある数学ジョークの流れを汲《く》んでいる。数学ジョークには、トリビアルな一行ジョークから、複雑なストーリーになっているものまで、実にさまざまなものがある。そういうジョークを聞いて、何がおかしいのかわからないという人も多いだろう。なるほど数学ジョークは、お笑い芸人のレパートリーにはならないかもしれないが、数学という分野の文化にとっては必要不可欠な要素なのだ。

わたしが初めて洗練された数学ジョークに出会ったのは、十代のときにイアン・スチュアートの『現代数学の考え方』〔*Concepts of Modern Mathematics*〕を読んだときのことだった。そのジョークは次のようなものだ。

天文学者と物理学者と数学者が、休日にスコットランドに行った。窓の外に目をやると、野原の真ん中に、一匹の黒い羊が見えた。

「おや」と天文学者は言った。「スコットランドの羊は黒いのだ!」

すると物理学者はこう答えた。「いやいや、そうじゃない! スコットランドの羊の中には、黒いものがいるということだよ」

数学者は、天の助けを求めるように空を見上げ、歌うようにこう言った。「スコットランドには、少なくともひとつの平原があって、そこには少なくとも一匹、少なくとも片面の黒い羊がいるということさ」

わたしはそれからの十七年間、このジョークを心の片隅に留め、フェルマーの最終定理に関するワイルズの証明について書いた本の中で、それを取り上げた。このジョークは、数学は厳密な学問だということを示すのに、もってこいの例だからだ。わたしはこのジョークが本当に好きで、講演をするときにもたびたび紹介してきた。そうこうするうちに、講演終了後に聴衆の中にいた人がわたしに近づいてきて、πや無限大やらアーベル群〔可換群とも言う。たとえば実数の足し算はアーベル群の条件を満たしている〕やツォルンの補題〔集合論の重要な定理。定理だが補題（lemma）と呼ばれる〕について、自分で作ったというジョークを聞かせてくれるようになった。

ギーク《数学オタク》な仲間たちには、どんなジョークがウケるのだろうと興味を持ったわたしは、お気に入りの数学ジョークを電子メールで知らせてくれと頼んだ。そうしてこの十年ばかりのあいだに、簡単な言葉遊びから、豊かな内容を持つものまで、ナードっぽいネタをたくさん教えてもらった。そのなかでも、とくに気に入っているものに、数学史の研究者であるハワード・イヴズ（一九一一―二〇〇四）が最初に語ったものがある。それはサイバネティクスの創始者である数学者、ノーバート・ウィーナー〔〝サイバー〟の言葉を、自動制御学を意味する「サイバネティクス」の提唱で定着させた。哲学研究にも功績を残す〕に関するジョークだ。

ウィーナーと家族が、数ブロックほど離れた新居に引っ越すことになった。ウィーナーはいつも上の空だとわかっている妻は、新しい家までの道順を示したメモを夫に渡した。しかし、一日仕事をして研究室を出たとき、ウィーナーはそのメモをなくしており、新しい家の場所を思い出すこともできなかった。そこで彼は車を運転して、それまで住んでいた家に行った。そこにひとりの子どもがいたので、彼はこう尋ねた。

「お嬢ちゃん、ウィーナーさん一家がどこに引っ越したか知らないかね？」

するとその女の子はこう言った。

「知っているわよ、お父さん。お父さんはきっとここに来るから、家に連れてくるようにって、お母さんに言われたの」

しかし、有名な数学者の逸話や、数学者のステレオタイプ的な性格をネタにしたジョークからは、数学の本質は見えてこない。また、そういうジョークでは、似たようなネタが使い回されることになりがちだ。そんな事情を示しているのが、よく知られた次のパロディである。

エンジニアと物理学者と数学者が、どうやら自分たちは、ある逸話の中にいるらしいことに気がついた。それはありふれた逸話なので、きっとあなたも聞いたことがあるだろう。

エンジニアは、まわりのようすを少しばかり観察し、おおざっぱな計算をしてみた結果、その事実に気づいて笑い出した。数分後、物理学者もそれに気づき、論文をひとつ発表できるだけの実験的証拠が得られたこともあり、ほくほくと喜んだ。数学者だけが困ったように取り残された。なぜなら彼はすぐさま、この逸話のテーマは自分自身であることに気づき、すみやかな演繹《えんえき》をして、この手の話には数学者を笑いものにする要素があると結論づけた。しかもこの逸話はあまりにトリビアルすぎて、補題として重要なものにはなりようがなく、ましてや面白いとは言えなかったのだ。

一方、具体的な数学の専門用語や、数学で使われる道具をネタにしたジョークは実に多彩だ。たとえば、イギリスのノリッジに住むピーター・ホワイトといういたずら好きの学生が、試験中に作ったという有名なジョークがある。その試験で出た問題は、$(a+b)^n$ のカッコを開け（Expand：展開せよ）というものだった。このタイプの問題に出会ったことのない人のために簡単に説明しておくと、ここで問われているのは、学生が二項定理を理解しているか、そして二項展開したときの r 番目の項の係数は、

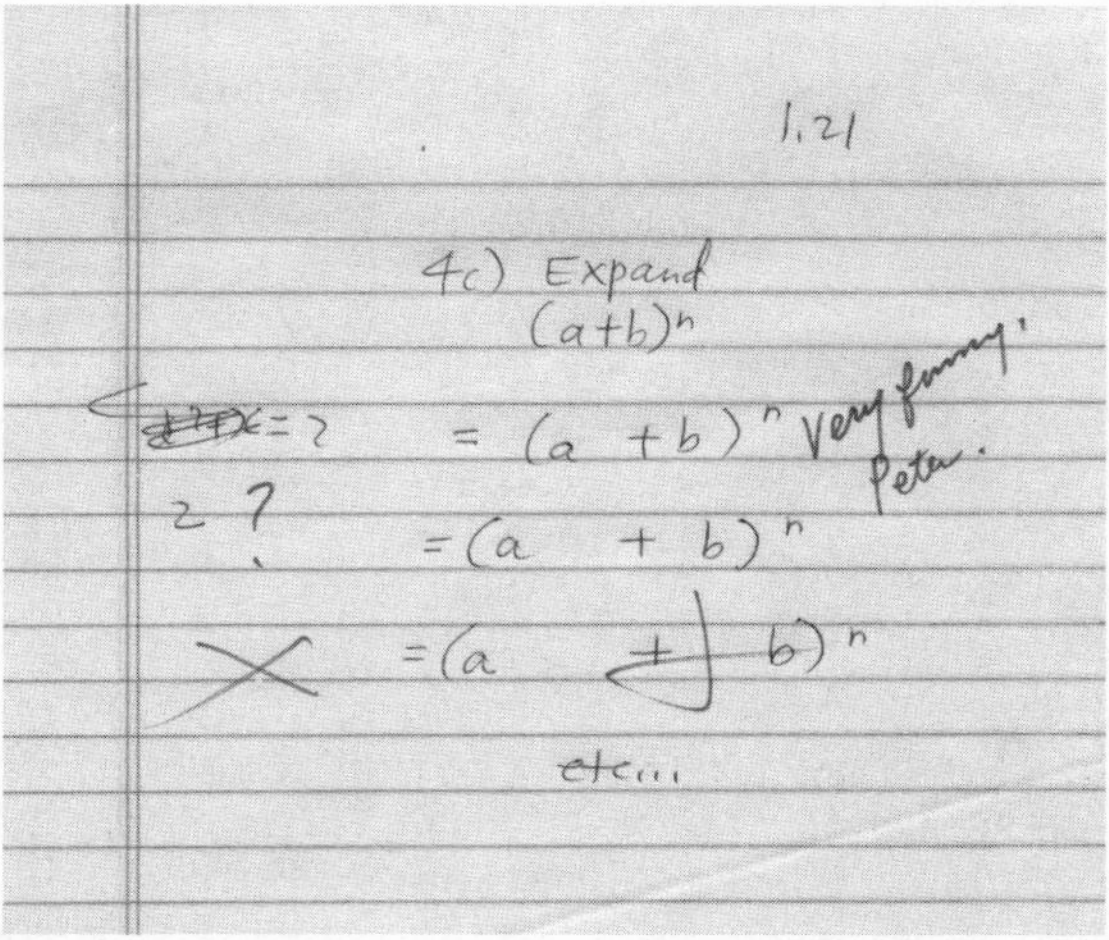

Expand を「膨らませよ」と解釈した。講評には Very funny とあるが、実際、このジョークで笑うためには正しい答えを知っている必要がある。

$n!/[(r-1)!(n-r+1)!]$

であることを知っているか、ということだ。これに答えるためにはかなり専門的な知識が必要だが、ピーターはその問題をまったく別に解釈して、上の写真のような解答をひねり出した。

ピーターの独創的な解答を見て、わたしは考え込んでしまった。数学ジョークを作るためには、数学がわかっていなければならない。そしてそのジョークを楽しむためには、作った人間と同じレベルの数学的知識が必要なのだ。つまり数学ジョークを楽しめるかどうかは、数学の知識の試金石なのである。

そう考えたわたしは、世界でもっとも面白いというレベルの数学ジョークを集めてきた。それらを難易度に応じて分類し、五つの試験の形にして、本書の節目節目に置いておいた。これから『ザ・シンプソンズ』に登場する数学的ジョークを見ていくことになるが、みなさんはその途中で、何度か試験に出くわすだろう。後になればなるほど、問題は難しくなる。それらの数学ジョークを読んで、いくつ笑えたか（あるいは唸《うな》ったか）を数えてほしい。その成績は、あなたの数学の知識とユーモアのセンスを知る目安になるだろう。

さあ、試験開始だ！

健闘を祈る。

〔IからVまでの問題は巻末（xxi頁〜）にまとめました〕（編集部注）

（＊4）このジョークを数式で表してみよう。P_rを小売価格、P_wを卸売価格、Nをトラックに積み込めるスイカの数とする。利益（$）は、$ = $N \times (P_r - P_w)$となる。つまり$P_r = P_w$なら、大きなトラックを買ってNを増やしても利益には何の関係もない。

第五章　六次の隔たり

二〇一二年十月にロサンゼルスを訪問したときのこと、わたしは幸運にも《四つの後悔と葬式》（二〇一三）〔S25／E3〕という、まもなく放映予定の『ザ・シンプソンズ』の新作の読み合わせに立ち会うことができた。読み合わせというのは、最終版の脚本を実際に声優に読んでもらい、さらに手直しをするプロセスだ。立派な大人であるイヤードリー・スミスの口から、少女リサの声でセリフが出てくるのは、なんとも奇妙な感じだった。また、長年『ザ・シンプソンズ』を視聴してきたわたしにとってはすっかりおなじみになっているホーマー、マージ、モー・シズラックの声や語り口が、ダン・カステラネータ、ジュリー・カヴナー、ハンク・アザリアという、あまりにも人間的な姿をした人たちから発せられるのには強烈な違和感を覚えた。

《四つの後悔と葬式》は見所の多い作品だが、残念ながら数学への言及はない。しかしその同じ日に、近々放映予定の下書き台本を見せてもらうことができた。それは、《カールのサガ》（二〇一三）［S24／E21　ホーマーの同僚カールが、ホーマーらと資金を出し合って買った宝くじの当選金を独り占めして、故郷のアイスランドに逃亡する話。タイトルの「サガ」は、作品中に語られる「アイスランド・サガ」にカールの先祖が登場することから］というタイトルの作品で、まるごとひとつのシーンが、確率論という数学の一分野に捧《ささ》げられていた。

《カールのサガ》は、マージが、テレビばかり見ている家族をスプリングフィールド科学博物館の確率展示室にむりやり連れて行くシーンで幕を開ける。博物館では、確率論の父であるブレーズ・パスカル（一六二三－六二）［「人間は考える葦である」の名言で知られ、「パスカルの三角形」に名を冠されるほか、「パスカルの定理」（円錐曲線論）「パスカルの原理」（流体静力学）など、数学、物理学の功績を残す］の扮装をした役者が解説者として登場する、確率論の入門ビデオを見る。またその展示室には、ゴールトン盤（イギリスの博識家、発明家のフランシス・ゴールトン（一八二二－一九一一）にちなんで名付けられた装置）という、確率論がたしかに成り立っていることを見せてくれる道具もあった。ゴールトン盤では、ビー玉が斜面を転がり落ちる途中でいく

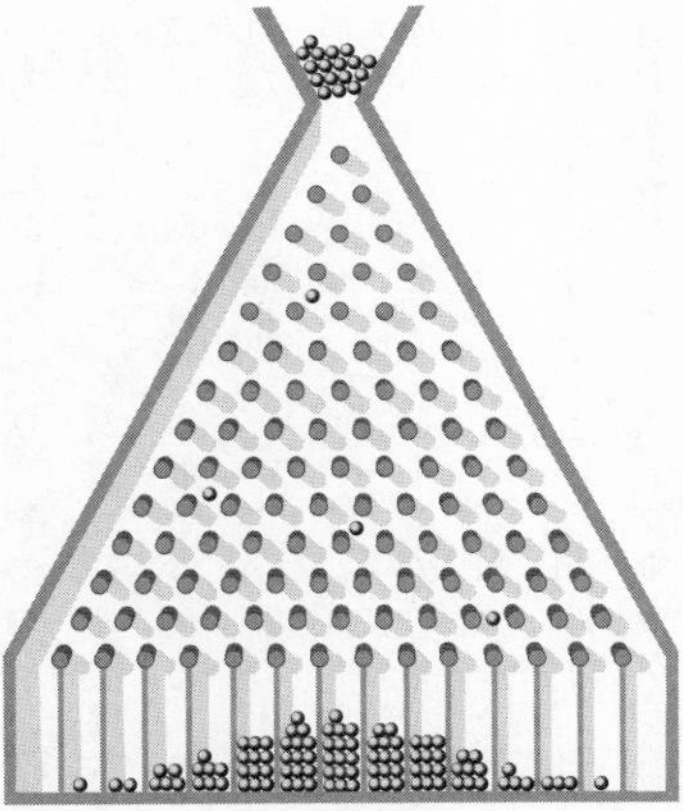

ゴールトン盤

つものピンに当たり、そのつど進路を変えさせられる。ピンに当たったビー玉は、右または左にランダムにはじき飛ばされ、さらに次のピンに当たると、また右または左にランダムにはじき飛ばされる。そうして斜面を最後まで落下したビー玉は、区分されたマスに溜《た》まり、中央が盛り上がった形に分布することになる。

台本を読んだだけでは、ゴールトン盤がどんなふうに画面に登場するのかまではわからなかったが、ビー玉の分布が数学的に正確なものになるだろうということは確信できた。というのは、脚本家のひとりが語ったところによると、ビー玉が厳密にはどんな分布になるかという問題が、台本の推敲《すいこう》段階のセッションで大いに議論されたらしいからだ。ウェストブルックが言うには、ほかの脚本家たちがじっと見守るなか、数学出身の脚本家たち――この時点では、彼を含めて三人――が、ビー玉の分布を正確に記述する確率方程式はどのようなものになるかについて論じ合ったらしい。

「ガウス型かポアソン型かが問題になったんだ」〔いずれも確率論や統計学で用いられる分布の種類。ガウス型は正規分布とも呼ばれ、平均値周辺に集積するタイプ。ポアソン型は一般的には起こる確率の低い事象における分布〕とウェストブルック。「要するに、どんな分布になるかはモデル化の仕方によるんだが、基本的には二項分布だ。ほかのメンバーはあきれ返っていたよ」

ウェストブルックはハーバード大学で物理学を専攻したのち、プリンストン大学で、コンピュータ科学に関するきわめて数学的な博士論文を完成させた。彼の論文アドバイザーは、世界的に有名な計算機科学者で、一九八六年には計算機科学のノーベル賞として知られるチューリング賞（年に一度、国際学会ＡＣＭ（計算機械学会）より贈られる権威ある賞。イギリスの数学者、暗号解読者アラン・チューリングにちなむ）を受賞したロバート・タージャンだった。博士号を取得したウエストブルックは、イエール大学の准《じゅん》教授を五年間勤めたのち、ＡＴ＆Ｔベル研究所（電気通信を中心に物理、工学等で世界を牽引し、六人のノーベル賞受賞者が輩出したが、ＡＴ＆Ｔ社の分割等により、現在は基礎物理の研究から撤退している）に移った。しかしドタバタ喜劇やダジャレをつくることが、統計学や幾何学の研究に劣らないほど大好きだったウェストブルックは、結局、研究現場を去り、西海岸のロサンゼルスに向かった。

研究者になりたいというウェストブルックの希望に理解を示し、ずっと応援してくれていた母親は、息子がコメディー作家に転職したことを、はじめのうちは「あるまじきこと」だと言っていた。数学者である父親も同じ考えだったかもしれないが、上品な人なので何も言えなかったのだろう、とウェストブルックは考えている。研究所の仲間たちも、彼のこの決断を支持してはくれなかった。ＡＴ＆Ｔベル研究所を去るときに上司が言った最後の言葉を、彼は今も忘れない。

「まあ、きみがそうしたいという理由はわかった。成功しないことを望むよ。ここに帰ってきて研究してほしいからね」

ウェストブルックの経歴を聞いたわたしは、『ザ・シンプソンズ』の脚本家の中で数学者としてのランクが一番高いのは、はたして彼なのだろうかと考えはじめた。なるほど彼は、大学の研究者としての梯子《はしご》を一番高いところまで登ったかもしれない。けれども、彼よりもたくさん論文を書いた者や、幅広くさまざまな数学者と共同研究をした者もいるのではないだろうか？　数学者としてのランクを測るうまい方法はないものだろうか、とあれこれ考えていたときに、ふと頭に浮かんだのが「六次の隔たり」だった。その考えを使えば、ある種のランク付けができるのではないだろうか？

「六次の隔たり」とは、世界中のすべての人が、たかだか六つのつながりで、他のすべての人とつながっているという考えのことだ。たとえば、わたしがある人物と知り合いで、その人物はまた別の誰かと知り合いで、その人物はさらに別の誰かと知り合いで、その人物はさらに誰かと知り合いで、その人物はさらに誰かと知り合いで、その人物はあなたを知っている、という具合に、知り合いを介したつながりがあるというのだ。この知り合いを介したつながりは、「六次の隔たり」の中でも、もっとも一般的でよく知られた例だが、特定のコミュニティー、たとえば数学者のコミュニティーにこの考え方を応用することができる。つまり「六次の隔たり」を使えば、数学者の世界にどれだけしっかりつながっているかがわかるというわけだ。つながりが太ければ太いほど、数学者として立派な身分だと言えるかもしれない。それは数学者としてのランクを測る完璧《かんぺき》な尺度ではないけれど、そこからいくつか興味深い洞察を得ることができる。

「六次の隔たり」の数学バージョンは、数学者ポール・エルデシュ（一九一三―九六）〔ハンガリー出身の数学者。数論、組合わせ論、グラフ理論、集合論、確率論など幅広い分野に業績を残した〕にちなんで、「ポール・エルデシュの六次の隔たり」と呼ばれている。与えられた任意の数学者と、エルデシュとのつながりを調べるのが、その目標だ。エルデシュとの「隔たり」が小さいほど、「隔たり」の大きい数学者よりもランクは高くなる。しかしなぜエルデシュは、数学者コミュニティーの中心と位置づけられているのだろうか？

エルデシュがこの特別な位置についているのは、発表した論文数が、二十世紀の数学者の中で一番多いからである。彼は一五二五篇の論文を発表し、共著者は五一一人にのぼる。エルデシュが信じられないようなこの偉業を成し遂げることができたのは、その変わった暮らしぶりのおかげだった。彼は大学から大学へと渡り歩き、数週間ほど滞在してはまた場所を変えて、別の数学者と共同研究を始め、そのときどきにやった仕事を論文にまとめたのである。彼は一生涯、スーツケース一個に入るだけのものしか所有しなかった。一番面白そうな問題と、もっとも実り多い共同研究を求めて旅を続ける遊牧民《ノマド》的数学者にとっては、身軽なほうが都合がよかったのだ。彼は、コーヒーとアンフェタミン〔集中力が持続することにより「スマートドラッグ（賢くなるクスリ）」とされるが、攻撃性の増加、妄想、依存症等を引き起こす。日本では覚せい剤取締法で規制されている〕を燃料として脳にインプットし、数学のアウトプットを最大化した。そして彼は、研究仲間のアルフレッド・レニー〔ハンガリーの数学者〕が言い出した、次の格言をしばしば口にしていた。「数学者とは、コーヒーを定理に変える機械である」

「ポール・エルデシュの六次の隔たり」の場合、つながりを生み出すのは、一緒に執筆したもの――典型的には数学の論文――だ。エルデシュ本人と共著論文を書いたことのある者には、1という「エルデシュ数」が与えられる。エルデシュとの共著論文がある者と共著で論文を書いた者には、2というエルデシュ数が与えられる。これを次々と続けていく。エルデシュは、世界中のほとんどすべての数学者とつながっている――しかも、それぞれの数学者の専門分野に関係なくそうなっているのだ。

たとえばグレース・ホッパー（一九〇六-九二）〔アメリカのコンピュータ科学者、海軍軍人。女性として初めて数学の博士号を取得したことでも知られる〕は、プログラミング言語ＣＯＢＯＬの開発に触発されて、コンピュータ・プログラミング言語のための最初のコンパイラを作り、コンピュータの欠陥を言い表す言葉として「バグ（虫）」を広めた人物でもある――その言葉を使ったきっかけは、ハーバード大学のMarkⅡコンピュータの中に、蛾《が》が入り込んでいるのを見つけたことだった。ホッパーは、産業界や合衆国海軍の一員として数学を研究することが多かった。実際、〝アメージング《驚異の》〟・グレース・ホッパーは、海軍准将にまで昇進し、ホッパーという名前の駆逐艦があるほどだ。要するに、ホッパーは、実務的で、応用志向で、テクノロジー主導の、産業界や軍事目的の数学研究をしていた人物であり、エルデシュの純粋な数への献身とはまったく別の世界の住人だったのである。それにもかかわらず、ホッパーは4という、きわめて小さなエルデシュ数を持っていた。なぜなら、彼女には博士論文の指導教官だったオイスティン・オーア〔ノルウェーの数学者。グラフ理論等〕と共著論文があり、オーアは、やはり教え子である優れた群論研究者マーシャル・ホール〔アメリカの数学者。群論、組合わせ論〕と共著論文があった。そしてホールは、イギリスの傑出した数学者ハロルド・R・ダヴェンポート〔専門は数論〕と共著論文があり、ダヴェンポートにはエルデシュとの共著論文があるからだ。

　では、ジェフ・ウェストブルックの場合、エルデシュ数によるランクづけはどうなるだろうか。彼が論文を発表しはじめたのは、プリンストン大学でコンピュータ科学の博士論文に取り組んでいた時期だった。一九八九年に、「動的グラフ・アルゴリズムのためのアルゴリズムとデータ構造」と題する博士論文を書いていたとき、彼は論文アドバイザーのロバート・タージャンといくつか共著論文を書いている。そのタージャンはマリア・クローヴェ〔カナダ出身のコンピュータ科学者〕と共著論文があり、クローヴェはエルデシュと共著論文がある。というわけで、ウェストブルックは、エルデシュ数がわずか3という、堂々たるランクにある。

それでも彼は、『ザ・シンプソンズ』の脚本家の中で、楽々最高位というわけではない。デーヴィッド・S・コーエンはマヌエル・ブルム〔ベネズエラ出身のコンピュータ科学者〕という、やはりチューリング賞を受賞した数学者と共著論文があり、ブルムはテルアビブ大学のノーガ・アロン〔イスラエルの数学者、コンピュータ科学者〕と共著論文があり、アロンはエルデシュその人といくつか共著論文を書いている。したがってコーエンもまた、3というエルデシュ数の持ち主なのだ。

こうしてコーエンとウェストブルックは、タイの記録を打ち立てたわけだが、わたしはその均衡を破るべく、『ザ・シンプソンズ』で成功する脚本家のもうひとつの側面、すなわち、ハリウッドのエンターテインメント産業の中心にどれだけつながっているかという面に目を向けてみた。ある人物が、ハリウッドという階層社会でどの程度のランクにあるかを測るひとつの尺度として、エルデシュ・バージョンとはまた別の「六次の隔たり」を利用する方法がある。それは「ケヴィン・ベーコンの六次の隔たり」と呼ばれているもので、ある人物が、映画での共演というつながりを介して、ケヴィン・ベーコンにどれだけ近いかを調べ、いわゆる「ベーコン数」を見出《みいだ》そうとする。たとえばシルベスター・スタローンは、『あなたのスタジオとあなた』(一九九五)でデミ・ムーアと共演しており、ムーアは『ア・フュー・グッドメン』(一九九二)でケヴィン・ベーコンと共演しているのでベーコン数2を持つ。

では、『ザ・シンプソンズ』の脚本家チームで、もっともベーコン数が小さく、それゆえハリウッド社会で高いランクに属するのは誰だろうか? その栄誉に輝くのは、驚いたことに、またしてもジェフ・ウェストブルックなのだ。

彼はたまたま、『マスター・アンド・コマンダー』(二〇〇三)に俳優として出演している。この映画の制作中、監督は、船の乗組員として、アングロ-アイリッシュ系で水夫経験のある者を募集した。人種的にもピッタリで、熱心な海の男でもあったウェストブルックは、即座にそれに応募した。そうして彼は小さな役をもらい、主演のラッセル・クロウと共演することになったのだ。クロウは『クイック&デッド』(一九九五)でゲイリー・シニーズと共演し、シニーズは『アポロ13』(一九九五)でベーコンと共演しているからウェストブルックのベーコン数は3となり、シルベスター・スタローンに次ぐ順位だ。要するに、ウェストブルックはハリウッドで立派な地位につけているのである。

このように、ウェストブルックはベーコン数3でエルデシュ数も3だ。これを合わせて「エルデシュ-ベーコン数」なるものを作れば6となり、これはハリウッドと数学者の世界を合わせた世界で、ウェストブルックはどれだけ中心につながっているかの尺度となる数となる。『ザ・シンプソンズ』の脚本家チームの他の人たちのエルデシュ-ベーコン数についてここでは論じないが、ウェストブルックのスコアを超える者がいないことは請け合おう。つまり、金ピカの街〔ハリウッドのこと〕のなかでも、ウェストブルックは非常に金ピカ度が高く、ナード《数学オタク》度も高いということだ(＊5)。

＊　＊　＊

わたしがエルデシュ-ベーコン数のことを初めて聞いたのは、コロンビア大学の数学者デイヴ・バイヤーからだった。一九九四年にノーベル経済学賞を受賞した数学者ジョン・ナッシュの生涯を描いた映画『ビューティフル・マインド』は、好評を博したシルヴィア・ナサーの同名の伝記にもとづいているが、バイヤーはこの映画のコンサルタントを務めたのだ。彼の仕事は、映画に出てくる数式をチェックすることと、ラッセル・クロウが黒板の前に立つシーンで、その手の代役を務めることだった。また彼は、映画の終盤、プリンストンの数学教授たちが、ナッシュの発見は偉大な業績であることを認めて、彼の前にペンを置くシーンでちょっとした役を演じた。バイヤーはそれを誇らしげにこう述べた。「ペンの儀式と呼ばれるあのシーンで、わたしは『光栄です、教授』と言ったんだ。ラッセル・クロウの前にペンを置く、三番目の教授がわたしだよ」。こうして『ビューティフル・マインド』に出演したバイヤーは、この映画でランス・ハワードと共演した。そしてハワードは『アポロ13』でケヴィン・ベーコンと共演しているから、バイヤーのベーコン数は2である。

バイヤーは尊敬される数学者なのだから、エルデシュ数が2だとしても驚くには当たるまい。結局、バイヤーのエルデシュ－ベーコン数は4となる。二〇〇一年に『ビューティフル・マインド』が公開されたとき、バイヤーは、自分は世界でもっとも小さなエルデシュ－ベーコン数を持つ人間だと主張した。

その後、イリノイ大学の数学者ブルース・レズニックが、自分はバイヤーよりも小さなエルデシュ－ベーコン数を持っていると主張した。レズニックは、「数列の族の漸近的《ぜんきん》振る舞い」という論文をエルデシュと共著で書いており、それゆえエルデシュ数は1である。それに勝るとも劣らない快挙は、『スタートレック』の生みの親である伝説的人物、ジーン・ロッデンベリーの脚本、製作による一九七一年公開の映画『課外教授』で、端役《はやく》を演じていることだ。これはオーシャンフロント高校で、連続殺人事件が起こり、被害者たちが犯人に追い詰められていくというスラッシャーフィルム〔残酷シーンを売り物にする映画〕である。この作品にはロディ・マクドウォール〔イギリス出身の俳優。『猿の惑星』の考古学者チンパンジー、コーネリアスで有名〕が出演しており、マクドウォールは『ケビン・ベーコンのハリウッドに挑戦!!』（一九八九）でケヴィン・ベーコンと共演している。結局、レズニックは、2というベーコン数を持つことになり、エルデシュ－ベーコン数は3という、信じられないほど小さな値になる。

こうしてエルデシュ－ベーコン数の最小記録は、演技の世界に踏み込んだ数学者によって達成されたわけだが、俳優の中には研究に手を染めて、立派なエルデシュ－ベーコン数を獲得した者がいる。そんな俳優のなかでもとくに有名なのは、コリン・ファースだろう。彼がエルデシュとつながるきっかけとなったのは、BBCラジオ4の『トゥデイ』で、客員として編集に参加したことだった。番組作りの必要から、ファースはジェレイント・リースと金井良太《かないりょうた》という二人の神経科学者に、脳の構造と政治的意見とに相関があるかどうかを調べるための実験をやってくれるように依頼した。

そうして研究が始まり、やがてリースと金井は、「ヤングアダルトの政治的傾向は脳の構造と相関している」という論文の共著者になるよう、ファースに声をかけたのだ。リースは神経科学者だが、5というエルデシュ数を持っている。論文の共著を介した入り組んだ関係によって、彼もまた数学の世界につながっているからだ。したがって、リースと共著論文を発表したファースは、エルデシュ数6を持つと主張することができる。ファースは映画『秘密のかけら』（二〇〇五）でベーコンと共演しているから、ベーコン数は1である。こうしてファースのエルデシュ－ベーコン数は7となる――立派な数ではあるが、レズニックの3という記録には遠く及ばない。

ナタリー・ポートマンも、エルデシュ－ベーコン数を持つという点で注目に値する。彼女はハーバード大学の学生だったときに行った研究で、『物の永続性獲得期における前頭葉の活動：近赤外分光データ』という論文の著者になった。とはいえ、彼女はどの研究者データベースにも、生まれたときの名前であるナタリー・ヘルシュラグとして掲載されているため、ナタリー・ポートマンという名前で調べても検索にかからないだろう。この論文の共著者のひとりがアビゲイル・A・ベアード〔ニューヨーク州ヴァッサー大学教授。二〇一二年、スーパーで買った鮭の脳波の調査でイグノーベル賞を共同受賞〕で、ベアードは数学者ともつながっているため、エルデシュ数4を持つ。このためポートマンは、エルデシュ数5を持つことになる。ポートマンのベーコン数を決めているのは、『ニューヨーク、アイラブユー』（二〇〇九）に監督のひとりとして参加したことである。この映画のいくつかの版にケヴィン・ベーコンが出演しているため、ポートマンはベーコン数1を持つ。結局、ポートマンのエルデシュ－ベーコン数は6となり、ファースより小さな値だが、レズニックの記録には遠く及ばない。

では、ポール・エルデシュその人はどうだろう？　驚くべきことに、彼はベーコン数4を持つのである。エルデシュは、自身の人生を描いたドキュメンタリー映画『Nは数である』（一九九三）に出演し、この作品に数学者トマシュ・ルチャクが出演し、ルチャクは『ブリューゲルの動く絵』（二〇一一）でルトガー・ハウアーと共演し、ハウアーは『ウェドロック』（一九九一）でプレストン・メイバンクと共演し、メイバンクは『ノボケイン　局所麻酔の罠《わな》』（二〇〇一）でケヴィン・ベーコンと共演している。エルデシュのエルデシュ数は明らかに0だから、エルデシュはエルデシュ－ベーコン数4を持つことになる。だが結局、レズニックには及ばない。

最後に、ケヴィン・ベーコンのエルデシュ－ベーコン数を見ておこう。ベーコンはベーコン本人なのだから、ベーコン数は0である。しかし彼はエルデシュ数を持たない。理屈の上では、彼が数学に興味を持って、エルデシュ数1を持つ人と共著論文を書く可能性もないわけではないだろう。もしもそれが実現すれば、彼は誰にも破ることのできないエルデシュ－ベーコン数2を持つことになる。

（＊5）もちろんわたしも自分のランクを調べてみた。わたしのエルデシュ数は4、そしてベーコン数は2なので、ジェフ・ウェストブルックとタイの位置につけている。さらにわたしは、サバス数というものを持っているらしい。これはロックバンド、ブラック・サバスのメンバーと音楽関係のコラボレーションでつながることで生じる数だ。エルデシュ－ベーコン－サバス・プロジェクト（https://rosschurchley.com の中のThe EBS project）によれば、わたしはエルデシュ－ベーコン－サバス数が10となり、世界で八番目に小さい値の持ち主となる。同点の人が何人かいるが、そのひとりは、なんとリチャード・ファインマンなのだ！

第六章　リサ・シンプソン、統計と打撃の女王

シンプソン家の面々は、『トレイシー・ウルマン・ショー』でテレビ・デビューを果たした時点で、今日のレベルにまでキャラクターが完成されていたわけではなかった。実際、バート・シンプソンの声を務めるナンシー・カートライトは、『十歳の少年としての、わたしの人生』と題する回想録の中で、リサのキャラクターにはひとつ大きな欠陥があったとして、次のように語った。「彼女は、まるで個性というもののない八歳の子どもを、ただアニメ化したというだけの存在にすぎなかった」

手厳しい意見だが、そう言われるのも仕方なかった。当初のリサに何か個性があったとして、それはただバートを水で薄めて、女の子にしたというだけのものだったからだ。バートほどいたずらっ子ではなく、バートと同じく、本を読めば退屈する子どもである。ナードヴァーナ〔サンスクリット語のニルヴァーナ（Nirvana）＝涅槃に引っ掛けた造語で、ハイテク・ガジェットによる幸福と満足が実現するナードやギークにとっての「解脱の境地」〕

になど、リサは行きたくもなかったろう。

しかし、『ザ・シンプソンズ』が独立のアニメ・シリーズとして出発する時期が近づくと、マット・グレイニングと脚本家チームは一致団結して、リサにくっきりとした個性を与えようとした。リサの頭脳は改造されて、知的なキャラクターとして生まれ変わり、他者への思いやりや、社会的責任の意識も与えられた。カートライトは、こうして改造されたリサ——作品中での自分の妹——について、次のように述べている。

「リサ・シンプソンはわたしたちが、自分の子どもはこうであってほしくないと思うと同時に、すべての子どもがこうであってほしいと思う子どもなのだ」

リサは多くの才能をもつ、ルネサンス人的な小学生である。しかし《恐怖のツリーハウスX》（一九九九）〔S11／E4〕でのスキナー校長のセリフからもわかるように、リサはとくに数学の才能に恵まれている。体育館の観覧席が倒れ掛かってきて、リサがその下敷きになったとき、スキナーはこう叫ぶのだ。「リサが潰《つぶ》された！……わが校の数学チームはもうだめだ」

その数学の才能が発揮されるのが、《デッド・パッティング・ソサエティー》（一九九〇）〔S2／E6　原題は、一九八九年公開の映画『*Dead Poets Society*』（邦題『いまを生きる』）に掛けている〕だ。この回ではホーマーとバートが、信心深くて独善的な隣人ネッド・フランダース〔シンプソン家の隣に住むフランダース家の主。敬虔な福音派のクリスチャンで、真面目なことがウリ。当然、ホーマーとは犬猿の仲。二児の父〕とその息子トッドを相手に、ミニチュアゴルフのトーナメント大会で勝敗を競うことになる。バートは大勝負に備えて練習に取り組むが、パターがうまくできずに行き詰まり、リサにアドバイスを求める。普通なら、グリップを変えるようアドバイスするところだろう。なにしろバートは左利《き》きなのに、この回ではずっと、右利きの人の握り方をしているからだ。しかしリサは、パター成功のカギは、幾何学にあるとにらんだ。数学の中でも幾何学の知識を使えば、バートが毎回確実にホールインワンするよう、ボールの軌跡をはじき出すことができるからだ。実際に練習してみると、リサはみごとバートを指導して、ボールを正しいコースに向かわせることができた。ボールが次々と障害物に当たっては跳ね返りながらホールに向かって進んでいくのを見て、バートは思わずこうつぶやく。「信じられない。幾何学が何かの役に立つなんて」

　この例だけでも、リサの力量はすでにして相当なものだが、《マネーバート》（二〇一〇）〔S22／E3　タイトルはマイケル・ルイスのノンフィクション『マネー・ボール　奇跡のチームをつくった男』（二〇〇三）による〕では、脚本家たちはリサのキャラクターを使って、いくつかの数学的概念をさらに深く掘り下げている。この回は、魅力的なダリア・ブリンクリーが、スプリングフィールド小学校からアイビーリーグ〔ブラウン大学、コロンビア大学、コーネル大学、ダートマス大学、ハーバード大学、ペンシルベニア大学、プリンストン大学、イェール大学からなるアメリカ東海岸のエリート私立大学群〕に進んだ唯一《ゆいいつ》の卒業生として、晴れがましく母校を訪問するシーンで始まる。スキナー校長とチェルマーズ教育長はもちろんミズ・ブリンクリーをちやほやするが、生徒の中にも彼女にすり寄ろうとする者たちがいた。そのひとりが、普段はあまりパッとしないネルソン・マンツだ。マンツは、輝かしい人生航路を歩むダリアに取り入ろうと、リサと友だちであるかのように振る舞う。リサには数学の才能があることをダリアに示そうと、彼はリサを促して、ミズ・ブリンクリーの前で実力のほどを披露させようとする。

ネルソン「リサは文字を使う数学ができるんです。ほら！　xはいくらだい、リサ」

リサ　「それは場合によるわ」

ネルソン「すいません。昨日はできたんですが」

ダリアはリサに、名門大学に入るためには試験の成績だけでは十分ではなく、自分がうまくいったのは、スプリングフィールド小学校時代に幅広い課外活動に取り組んだおかげだと話して聞かせた。そこでリサは、自分はジャズクラブの会計係をしているし、学校のリサイクル協会でも活動を始めたと説明したが、ダリアは感心しない。

「クラブを二つ……。ブリッジ・ビッドならいいでしょうけど、アイビーリーグの願書に書くようなことじゃないわね〔課外活動のクラブとトランプのクラブをかけている。ゲームのブリッジのビッド（賭け）なら two clubs でもいいだろうけど、という意味〕」

ちょうどそのころ、バートが参加しているリトルリーグの野球チーム、アイソトッツ〔スプリングフィールドの野球チーム〈スプリングフィールド・アイソトープス〉のリトルチーム。tots は「子どもたち」の意。「アイソトープス（同位体たち）」のオーナー企業はダフビールだが、名前は原発の町スプリングフィールドにちなむ。ちなみに実在のマイナーリーグ球団に、「アルバカーキ・アイソトープス」が存在するが、これはS12／E15にちなんで、一般投票で決められた〕のコーチが辞めてしまう。そこでリサは、アイビーリーグに入学できる可能性を高めようとコーチを引き受ける。こうして課外活動をひとつ手に入れたリサだったが、いまさらながら、自分は野球の基本のキも知らないことに気づき、「モーの店」に行って、そこにいるホーマーにアドバイスを求めた。ホーマーは自ら野球の極意を教えるのではなく、バーの片隅にいる四人のギーク《理系オタク》たちに教えてもらえと言う。リサが驚いたことに、その四人——スプリングフィールド大学の学生、ベンジャミン、ダグ、グレイの三人と、フリンク教授——は、野球について議論していたのだ。なぜスポーツの話をしているのか、とリサが尋ねると、フリンク教授はこう答えた。

「野球は器用な者（the dexterous：文字通りには右利きの人たち）がやるものだが、このゲームはインテリ（the Poindexterous：ポインデクスターのような人たち〔67頁参照〕）にしか理解できないんだよ」

つまりフリンクは、野球を理解したければ、数学を使ってしっかり解析するしかないと言うのだ。そして彼はリサに、家で勉強するようにと、どっさりと本をくれた。リサが店を出ようとすると、モーがギークたちのほうにやってきて、あんたたちはちっともビールを飲んでくれない、と文句を言う。「うちのスペシャル・ドリンクの広告を、『サイエンティフィック・アメリカン』なんかに載せるんじゃなかったよ」

リサはフリンクの助言に従った。アイソトッツのコーチに就任して最初のゲームを控えて、リサが山のような専門書を読み込んでいるのを目にしたレポーターは、その異様な光景にこうつぶやく。

「こんなにたくさんの本をダッグアウトで見たのは、アルベルト・アインシュタインがカヌーをしに出かけたとき以来だよ」

リサの本のタイトルには「$e^{i\pi}+1=0$」〔オイラーの等式→269頁〕「$F=MA$」〔ニュートンの第二法則〕「シュレーディンガーのバット」〔catとbatをかけている。シュレーディンガーの猫→334頁〕などがある。これらは架空のタイトルだが、リサのラップトップのすぐ下にある『ビル・ジェームズ・ヒストリカル・ベースボール・アブストラクト』は、野球の世界ではもっとも重要な統計総覧として実

本に囲まれたリサ。ラップトップのすぐ下に、『BILL JAMES : HISTORICAL BASEBALL ABSTRACT』が見える。

在する。それは、野球をもっとも深く思索した人物のひとり、ビル・ジェームズ〔アメリカのスポーツライター。徹底的にデータ重視で野球を分析し、ゲンかつぎや迷信の横行する野球界に合理的精神を持ち込んだ〕のデータ集なのだ。

今日では、野球と統計、両方の分野で高く評価されているビル・ジェームズだが、その研究に取りかかったときには、スポーツ界の主流派に属していたわけでも、象牙《ぞうげ》の塔の住人だったわけでもない。ジェームズは、アメリカの老舗《しにせ》缶詰食品会社のひとつであるストークリー・ヴァンキャンプのポークビーンズ〔一般的には白インゲンと豚肉をトマトで煮込んだ料理。アメリカの代表的な家庭料理〕工場で、夜警として働いていたのだ。彼が最初の偉大な洞察を得たのは、夜間に警備をして過ごす長くて孤独な夜のことだった。

アメリカ各地に送り出すポークビーンズを警備しながら、ジェームズはそれまで何世代もの野球マニアが見逃してきた真実を見つけ出していった。そしてしだいに、個々の選手の力を評価するために利用されている統計データは、的外れな使われ方をされたり、意味がよく理解されないまま使われていたり、何より悪いことに、しばしば誤った判断を引き出す原因になっていると考えるようになった。たとえば、外野手の成績を評価するときに、もっとも重視される統計データは、犯したエラーの数だった。これは一見すると当然のことのように思えるが、ジェームズはこの数値の有効性に疑問を持ったのだ。

ジェームズが何を懸念《けねん》していたかを知るために、バッターが、どの外野手からも遠く離れた方角に、ボールを高く打ち上げた場合を考えてみよう。ある俊足の外野手がダッシュして五十メートルほど走り、ちょうどいいタイミングでボールの下に到達したが、ボールを取り損なってしまう。これはエラーとして記録される。ゲームがさらに進んだところで、今度は足の遅い外野手が、それと同様の局面に遭遇するが、走ってはみたものの、ボールが落下する地点の半分までもたどり着くことができず、ボールを取れる見込みはない。ここで決定的に重要なのは、その外野手はボールを取り損なうことも、いったん取ったボールを落とすこともないから、エラーにはならないということだ。

この状況から判断して、どちらの選手がよりチームに貢献できそうだろうか？　一番目の選手のほうが貢献できるのは明らかだろう。この選手なら、次の機会にはうまくボールを取るかもしれないが、足の遅い選手は、こういう局面でチームに貢献できる可能性はないからだ。

ところが、エラーに関する統計データによれば、俊足の選手はエラーを犯し、足の遅い選手はエラーを犯さない。もしもエラーの統計だけに頼るなら、間違った選手を選んでしまうだろう。ジェームズが夜中頭を悩ませていたのは、統計に関するこうした問題だった。統計データは、選手の成績について間違った印象を与える恐れがあるのだ。

もちろん、統計の乱用や誤用を懸念したのは、ジェームズが最初ではない。マーク・トウェイン〔アメリカの作家。代表作に『ハックルベリー・フィンの冒険』、『トム・ソーヤの冒険』〕は、次の格言を広めたことで知られている。

「嘘《うそ》には三つの種類がある。嘘と、真っ赤な嘘、そして統計だ」

同様に化学者のフレッド・メンガーはこう述べた。

「必要なだけ拷問《ごうもん》にかければ、データは何でも白状する」

しかしジェームズは、統計はきっと役に立ってくれると信じていた。考慮すべきはいかなる統計データかを明らかにし、それらを適切に解釈すれば、統計はきっと野球について深い洞察をもたらしてくれるに違いないと確信していたのだ。

ジェームズは夜毎《よごと》データを詳しく吟味して、方程式を作ってみたり、仮説を立ててみたりした。そしてついに、野球に役立つ統計の体系を作り上げ、自ら立てた理論を盛り込んだ小冊子、『1977ベースボール・アブストラクト：他のどこでも見つけることのできない十八の統計情報のカテゴリを含む』を作った。彼は『スポーティング・ニュース』にその冊子の広告を打ち、七十五部を売ることができた。

その続編となる『1978ベースボール・アブストラクト』には、四万の統計的数値を盛り込み、二百五十部売れた。続く『1979ベースボール・アブストラクト』では、こうしたデータを刊行する理由について、ジェームズは次のように述べた。

「わたしは数を扱う機械工なのだ。試合の記録をあれこれいじりまわして、野球における攻撃という機械が、どんな仕組みで動いているのかを知ろうとする。機械工がいきなりモンキーレンチをひっつかんだりしないように、わたしもいきなり数から始め列車で会議に向かう途中、３人の統計学者が３人の生物学者に出会った。生物学者たちが旅費が高いと愚痴を言うので、統計学者たちは旅費節約のテクニックを披露した。車掌の声が聞こえてくると、統計学者は３人してひとつのトイレに入った。車掌はトイレのドアを叩いて大声を上げる。「切符を拝見します！」統計学者たちは、１枚の切符をドアの下から差し出し、車掌はそれにスタンプを押して戻す。生物学者たちはそれを見てたいそう感心した。

２日後、帰りの列車の中で、生物学者は統計学者に、切符は１枚しか買わなかったと話した。すると統計学者はこう言った。「われわれは１枚も持っていませんよ」。どうして１枚もないのかと生物学者が尋ねるまもなく、遠くから車掌の声が聞こえてきた。そこで生物学者は３人してひとつのトイレに入った。統計学者のひとりが、こっそり３人の後をつけて、こう言った。

「切符を拝見します！」生物学者たちは１枚の切符をドアの下から差し出した。統計学者はそれを受け取ると、別のトイレに３人して入り、本物の車掌が来るのを待った。この話の教訓はごく簡単なことである――理解していない統計のテクニックを使ってはならない。

匿名作者

統計という、胡散臭い世界に関するさまざまな意見

彼は、酔っ払いが街灯を使うように統計を使う——明るくするためではなく、支えにするために。

アンドルー・ラング／童話収集家

統計の42.7%は、その場その場のでっちあげだ。

スティーヴン・ライト／コメディアン、俳優、作家

学校教師にわずかな、あるいは生半可な統計の知識を与えることは、赤ん坊の手にカミソリを握らせるようなものだ。　カーター・アレクサンダー／教育行政学者

平均の深さが6インチの川を渡ろうとして溺れた人間がいる。　W・I・E・ゲイツ／ドイツ語 wie geht's（出来はどう？）のもじり

わたしは統計というものが理解できたためしがなく、納得するなんて到底無理だと思っています。これまでに覚えることのできた唯一の統計は、教会で居眠りを始めた人たち全員を横にさせて、頭と足をつなげるように並べたら、ずっと快適だろうということです。

マーサ・タフト／ロバート・タフト上院議員の妻

平均的人間には、乳房がひとつと、睾丸がひとつある。

デズモンド・マクヘイル／アイルランドの数学者でユーモア作家

るわけではない。わたしが出発点とするのは、実際の試合である。野球場で、みんなが言っていることを知ろうとする。そしてこう自問するのだ。それは本当だろうか？ それを証明することはできるのだろうか？ 測定することは？」

ジェームズの『ベースボール・アブストラクト』は、年々読者を増やしていった。彼と同じく数が大好きな人たちは、ジェームズの中に指導者を見出《みいだ》した。小説家でジャーナリストのノーマン・メイラーや、熱烈な野球ファンである俳優のデーヴィッド・ランダー〔エンジェルズやマリナーズでスカウトとして働いた実績を持つ〕らが、ジェームズのファンになった。ランダーは人気の高いシットコム、『ラバーン＆シャーリー』で、スクイギーという役を演じた役者である。そうしたジェームズ・ファンの中でも、とくに若い層に属していたのが、のちに『ザ・シンプソンズ』の脚本家チームに加わり、《マネーバート》の脚本を書き、リサ・シンプソンと一緒のシーンにジェームズの本を登場させたティム・ロングである。

自分にとってジェームズは、十代の頃からヒーローだった、とロングは言う。

「高校時代は微積分が大好きで、野球のファンでもあった。野球は父とわたしの絆《きずな》だった。ところがその当時、マネージングの観点から言うと、野球は俗説のかたまりみたいなものだったから、数を武器にして次々と俗説を打ち砕いていくという、ビル・

ジェームズの考えが気に入ったんだ。十四歳のときにはもう、ジェームズの大ファンだったよ」

ジェームズの熱心なフォロワーの中には、数学者やコンピュータ・プログラマーもいた。そういう人たちは、単にジェームズが発見したことの意味を理解するだけにとどまらず、そこに自分自身の洞察を付け加え、さらに発展させていった。そんなフォロワーのひとりに、ロシアを監視するアリューシャン列島のレーダー基地で、コンピュータ・プログラマーやシステム・エンジニアとして働いていたピート・パーマーがいた。パーマーの仕事は、ポークビーンズ工場の夜警という仕事のハイテクバージョンで、ジェームズと同じくパーマーも、夜遅くまで働きながら、野球の統計について考えた。パーマーはもともとそういうことが大好きで、子どもの頃は母親のタイプライターを使って、野球のデータベース作りにのめり込んでいたという。彼がこの分野になした最大の貢献は、「OPS」という新しい統計的指標を作り出したことだ。OPSは、打者を評価する指標のひとつで、そこには打者が持つ二つの重要な資質が盛り込まれている。その二つとは、長打率（長打を打つ能力の指標）と、出塁率（野球場から飛び出すほどの長打はできなくても、出塁できるだけのヒットを飛ばす能力の指標）である。

OPS の計算式が広く知られるようになったのは、パーマーが野球史家のジョン・ソーンと共著で書いた『野球の隠されたゲーム』のおかげである。このコラムは数学と野球の専門用語だらけなので、読み飛ばしてもかまわない。

$$\mathrm{OPS} = \mathrm{SLG} + \mathrm{OBP}$$

$$\mathrm{SLG} = \frac{\mathrm{TB}}{\mathrm{AB}} \qquad \mathrm{OBP} = \frac{\mathrm{H} + \mathrm{BB} + \mathrm{HBP}}{\mathrm{AB} + \mathrm{BB} + \mathrm{SF} + \mathrm{HBP}}$$

したがって、

$$\mathrm{OPS} = \frac{\mathrm{AB} \times (\mathrm{H} + \mathrm{BB} + \mathrm{HBP}) + \mathrm{TB} \times (\mathrm{AB} + \mathrm{BB} + \mathrm{SF} + \mathrm{HBP})}{\mathrm{AB} \times (\mathrm{AB} + \mathrm{BB} + \mathrm{SF} + \mathrm{HBP})}$$

OPS ＝ on-base plus slugging
OBP ＝出塁率
SLG ＝長打率
H ＝ヒット数
BB ＝四球（出塁）
HBP ＝死球
AB ＝打数
SF ＝犠牲フライ
TB ＝塁打数

打者の能力を評価するためにパーマーがどんな数学を使ったかを知るために、上にＯＰＳの数式を示した。ＯＰＳは二つの要素からなる。第一の要素は長打率（ＳＬＧ）で、これは単に、選手の塁打数（ＴＢ）を、打数（ＡＢ）で割ったものである。第二の要素は、出塁率（ＯＢＰ）である。これについては、《マネーバート》の話に戻ったときに説明することにしよう。リサ・シンプソンは、このＯＢＰを使って、チームを叱咤《しった》激励するのだ。

パーマーやジェームズと同じく、リチャード・クレーマーも仕事のかたわら統計に手を染め、数学を使って野球を知ろうとしていた。製薬会社スミスクラインの研究者だったクレーマーは、新薬の開発に用いられる多数のコンピュータを利用することができた。彼は野球の問題を解くために、それらのコンピュータを一晩中走らせることもあった。たとえば、クラッチヒッターなるものは、本当に存在するのだろうか、という問題もそのひとつである。クラッチヒッターとは、強いプレッシャーがかかっている状況下で力を発揮できる選手のことである。チームが負けそうになっているとき――しかもチームにとって重要な試合で――大きなヒットを飛ばすような選手がそれだ。コメンテーターや評論家たちは、何十年ものあいだ、そういう選手はたしかに存在すると言い張っていた。クレーマーはそれが事実かどうか確かめてみることにした。クラッチヒッターは本当に存在するのだろうか？　それともそれが存在するように見えるのは、単なる選択的記憶〔自分の説にとって都合のよい出来事だけを、記憶として脳にインプットすること〕の結果にすぎないのだろうか？

それを調べるためにクレーマーが使ったのは、シンプルかつエレガントで、実に数学的な方法だった。平常の試合で選手が出す成績と、大きなプレッシャーがかかった状況での成績を比較してみたのである――クレーマーがこのとき調べたのは、一九六九年のシーズンだった。たしかに、重要な局面で力を発揮しているように見える選手が何人かいるにはいた。しかしその能力は、その選手に本来的にそなわる何らかの力なのだろうか？　あるいは、単なる「まぐれ」にすぎないのだろうか？　クレーマーはそれを明らかにするために、次の段階として、一九七〇年のシーズンについても同じ計算をしてみた。もしもクラッチヒッターという現象が、特別な選手がもっている現実の能力ならば、一九六九年のクラッチヒッターは、一九七〇年にもクラッチヒッターであるはずだ。それに対して、もしもクラッチヒッターという現象が単なる「まぐれ」なら、一九六九年に幸運にもクラッチヒッターだった選手と、一九七〇年に幸運にもクラッチヒッターだった選手とは、別人になるはずだ。クレーマーが計算してみたところ、これら二つのシーズンのクラッチヒッターのあいだに、とくに関係はないことが判明した。つまり、あるシーズンにクラッチヒッターとされた選手は、別のシーズンにはその力を発揮できなかったのだ。そういう選手たちは特別な力があったのではなく、単にラッキーだったのである。

ジェームズは一九八四年の『ベースボール・アブストラクト』で、自分にとってこの結果はとくに意外ではないとして、次のように述べた。「ある状況で、二割六分二厘《りん》（.262）の打率を出せる程度の反射神経とバッティング技術、そして知識と経験を持つ選手が、負けそうになっている局面で、あたかも魔法のように、突如として三割（.300）打者になったりできるものだろうか？　もしできるなら、なぜそんなことが起こるのだろうか？　そのプロセスは？　その影響は？　こうした問いに答えることができるまでは、クラッチヒッターという特殊能力を想定することには何の意味も見いだせない」

デレク・ジーターは、ニューヨーク・ヤンキースでの打撃の成績から、「キャプテン・クラッチ」の異名をとる選手だが、統計学者のこうした意見に敢然と異議を唱えた。『スポーツ・イラストレイテッド』誌のインタビューで、ジーターは「そんな統計野郎どもは、窓から放り出してやれ」と言った。しかし残念ながら、ジーターの成績そのものが、ジェームズの結論を支持していた。十三シーズンの平均値を見ると、ジーターの平均打率／出塁率／長打率は、レギュラーシーズンでは.317／.388／.462、重要なプレーオフでは.309／.377／.469（わずかに悪い）だったのだ。

数学に新しい分野が生まれたのなら、当然、その分野には名前をつけてやらなければならない。野球を、経験的、客観的、そして解析的に理解しようという数学的アプローチは、「セイバーメトリクス」として知られるようになった。ジェームズが考案したこの名前は、アメリカ野球研究会（the Society for American Baseball Research）を略したＳＡＢＲ《セイバー》に由来する。この団体は、歴史上の試合、芸術と野球、野球における女性など、野球に関するありとあらゆる研究を奨励するために設立された団体である。二十年ものあいだ、野球界の主流派は、ジェームズと、しだいに増えていくセイバーメトリクスの仲間たちを、だいたいにおいて無視するか、あるいは揶揄《やゆ》していた。しかし最終的に、セイバーメトリクスは正しいことが示された。あるチームが勇敢にも、この方法を積極的に使い、セイバーメトリクスこそは試合に勝つための鍵《かぎ》であることを証明してみせたのだ。

一九九五年のこと、オークランド・アスレチックスは、スティーヴ・ショットとケン・ホフマンという、二人の不動産開発業者に買収された。二人はさっそく、チームに予算削減を言い渡した。一九九七年、ビリー・ビーン〔名ＧＭとして名高いが、もとはＭＬＢ選手。現役時代、自分が活躍できなかった理由を求めてセイバーメトリクスにたどり着く〕がジェネラルマネジャーに就任したときには、アスレチックスはメジャーリーグで最低の給料しか払わない球団として悪名をはせていた。それほどの資金不足で勝率を上げるには統計に頼るしかない、とビーンは覚悟を決めた。数学を武器として、資金の潤沢なライバル球団を打ち負かそうというのだ。

ビル・ジェームズのファンだったビーンは、その仕事に協力してもらうために、ハーバード大学で経済を学んだ統計マニアのポール・デポデスタを雇い、デポデスタはさらに数名の統計マニアを雇った。そうして雇われたメンバーの中に、ウォールストリートを去り、野球データ分析会社ＡＶＭ（Advanced Value Matrix Systems）を設立した、ケン・モーリエロとジャック・アームブラスターの二人組もいた。モーリエロとアームブラスターは、球界の投手、野手、打者が、正確にはどれだけチームの勝利に貢献しているかを知るために、過去数百件の試合のデータを分析した。彼らのアルゴリズムは、ランダムな運の要素をできるかぎり排除するようになっていて、事実上、各チームにおける各選手の価値を、ドルではじき出そうというものだった。こうしてビーンは、実際よりも低く評価されている選手を獲得するために必要な情報を手に入れた。

まもなくビーンは、選手市場で良い取引ができるのは、シーズン半ばになって、リーグ戦で優勝できないことが明らかになったチームが、選手を売りに出して損失を減らそうとするタイミングであることに気がついた。そういう局面では、需要と供給の法則から、選手の価格は低くならざるをえないからだ。ビーンは統計を使うことで、苦戦しているチームの中で、あまり目立たずにいる優秀な選手を拾い出していった。デポデスタはときどき、伝統的手法から脱却できない者の目には、馬鹿《ばか》げて見えるトレードを提案することがあったが、ビーンがデポデスタの判断を疑うことはまずなかった。実際、馬鹿げて見えるトレードほど、低く評価されている選手を獲得できるチャンスは大きいのだ。デポデスタの数学と、そこから導き出された「シーズン半ばのトレード」という戦法の威力は、早くも二〇〇一年のうちに明らかになった。オークランド・アスレチックスは、シーズン前半には八十一試合のうち五十%でしか勝利できなかったが、シーズン後半には、勝率を七十七%にまで上げたのだ。最終的に、彼らはアメリカンリーグ西地区の二位につけた。

統計にもとづく勝率の劇的な向上は、後年、セイバーメトリクスを使ったビーンの大活躍を、数シーズンにわたって追跡したジャーナリスト、マイケル・ルイスの著書『マネー・ボール』に詳細に描かれた。『ザ・シンプソンズ』でリサが野球のコーチを引き受ける回のタイトル、《マネーバート》は、このルイスの本からとったものだ。さらに146ページの画像では、リサのラップトップ・コンピュータの下、三冊目に『マネー・ボール』が見える。つまりリサは、ビリー・ビーンと、セイバーメトリクスを、もっとも純粋な形で生かそうという彼の信念のことはよく知っていたはずなのだ。

残念ながら二〇〇一年のシーズンの終わりに、ビーンは重要な選手三人を、ニューヨーク・ヤンキースに引き抜かれてしまった。ヤンキースは才能を金で買うだけで、ライバルを妨害することができたのだ。ヤンキースの給与総額は一億二千五百万ドルなのに、貧乏なオークランド・アスレチックスは四千万ドルでやりくりしなければならない。ルイスはこの状況を次のように述べた。「大きいというだけで有利なゴリアテは、それだけでは満足せず、ダビデの投石器までも買ったのだ〔ゴリアテは旧約聖書に登場する巨人。ダビデの投石器はゴリアテを倒すために少年ダビデが使った〕」

二〇〇二年のシーズン、アスレチックスは芳《かんば》しくないスタートを切った。しかしデポデスタのコンピュータは、ヤンキースに奪われた選手たちを補って余りある数名の選手たちを、シーズン半ばのトレードで獲得するプランをはじき出した。アスレチックスはそのおかげで、シーズン後半に注目すべき二十連勝というアメリカンリーグの記録破りの成績を挙げ、アメリカンリーグ西地区のトップに立った。これは教条主義に対する、論理のみごとな大勝利だった。セイバーメトリクスは近代野球における最大の発見と言えるだろう。

その翌年に『マネー・ボール』を刊行したルイスは、ビーンが数学に頼ることに対して、自分はときに疑いの目を向けることもあったと、次のように率直に述べた。

「わたしの疑念をひとことで言えば、次のようになるだろう。選手はひとりひとり違う。どの選手も特殊ケースと見るべきだ。サンプルのサイズは、つねに一なのである。

この疑問に対する（ビーンの）答えは、わたしの疑問と同じぐらいシンプルだった。野球選手は、同じようなパターンに従い、そのパターンは記録帳に刻み込まれている。もちろん、選手の中には統計が示す運命に従わない者もいる。しかし、二十五人のプレーヤーからなるチームともなれば、統計からのズレは互いに打ち消しあう、と」

『マネー・ボール』は、セイバーメトリクスを信頼し、野球界の権威主義に挑戦した一匹狼《おおかみ》のヒーローとしてビーンを描き出し、彼を一躍時の人にした。ビーンは野球だけでなく、サッカーなどのスポーツ分野にも崇拝者を得た。サッカーの場合については付録1（viii頁）に紹介した。とくにスポーツ・ファンではない人たちも、ルイスの本を原作とする映画『マネー・ボール』が劇場にかかり、ビリー・ビーンをブラッド・ピットが演じてアカデミー賞にノミネートされると、ビーンの活躍を知るようになった。

ビーンが成功すると、当然ながら、ライバルチームもオークランド・アスレチックスの方法を採用し、セイバーメトリクスの専門家を雇うようになった。ボストン・レッドソックスは、二〇〇三年のシーズン前にビル・ジェームズを雇い、一年後には、八十六年間の球団の歴史で初めて、いわゆる「バンビーノの呪《のろ》い」を破って優勝した

〔ベーブ・ルース（バンビーノがニックネーム）を一九二〇年に金銭トレードでニューヨーク・ヤンキースに売り渡して以来、ボストン・レッドソックスがワールドシリーズのチャンピオンから遠ざかったこと。一方のヤンキースはルース獲得以来、十年間

で八度のワールドシリーズ優勝を果たした〕。最終的には、ロサンゼルス・ドジャース、ニューヨーク・ヤンキース、ニューヨーク・メッツ、サンディエゴ・パドレス、セントルイス・カージナルス、ワシントン・ナショナルズ、アリゾナ・ダイヤモンドバックス、クリーブランド・インディアンズも、フルタイムのセイバーメトリクス専門家を雇うことになった。とはいえ、数学の威力を証明するという点において、これらすべてのチームの上をいったのが、リサ・シンプソンに率いられたスプリングフィールド・アイソトッツである。

《マネーバート》で、数学の本を抱えて「モーの店」を出るとき、リサは統計の力でアイソトッツを勝たせようと堅く心に決めていた（ちなみにリサがモーの店でフリンク教授に話しかけたとき、フリンクは自分のラップトップで彼女にビル・ジェームズの動画を見せた。その声を演じたのは、本物のビル・ジェームズだった）。そして彼女は、スプレッドシートやコンピュータ・シミュレーションを駆使し、万年最下位のアイソトッツをキャピタル・シティに次ぐリーグ第二位のチームに変貌《へんぼう》させる。ところが、リサがシェルビービルの球に手を出すなという指示をバートに与えたとき、バートはそれを無視してホームランを打ち、チームは勝利した。しかしリサにとってみれば、バートのホームランは単なる「まぐれ」にすぎない。そういう勝手な振る舞いは、統計にもとづくリサの戦略を台無しにし、チームの未来を打ち砕く恐れがあったのだ。そのため彼女は、バートをチームから追い出した——バートは「確率法則よりも自分のほうが優れていると考えている」からだ。

ネルソン・マンツの出塁率が一番高いことに着目したリサは、セイバーメトリクスの基本にのっとり、彼を一番打者にした。マンツの最大の任務は、出塁することである。リサが、セイバーメトリクス専門家エリック・ウォーカーと同じ考えを持っているのは明らかだろう。ウォーカーは、出塁率の重要性を次のように捉《とら》えていた。「簡単に、しかし厳密に言えば、出塁率とは、打者がアウトにならない確率である。こう言えば、攻撃側にとって一番重要な統計的データは出塁率であることは明らかだろう——というより、明らかであるべきなのだ。出塁率は、その打者が、チームをイニングの終わりに近づけない確率なのである」

もちろんリサは出塁率の意味を理解しており、アイソトッツは勝利の流れに乗った。あるコメンテーターは、彼女がこの試合に勝ったことは、「人間の頭脳に対するコンピュータの勝利」だと述べた。

アイソトッツは順当にリトルリーグの秋のチャンピオンとなり、キャピタル・シティと対戦することになった。あいにく、リサのチームの選手ラルフ・ウィガムがジュースを飲み過ぎて体調を崩し、リサはやむなく、バートにチームに戻ってくれるよう頼んだ。バートはその要請に応《こた》えたが、心は重かった。なぜなら、チームに戻れば、またジレンマに直面するであろうことはわかっていたからだ。彼は自分の直感に従うべきだろうか？　それとも数学にもとづくリサの戦術に従うべきだろうか？　最終回、キャピタル・シティがアイソトッツに十一対十で優位に立っていたとき、バートはふたたびリサの指示を無視するという決断を下した。このとき彼はアウトになり、アイソトッツは負けた。この負けは、ひとえに、バートがリサの指示に従わなかったせいだ。

この回は、リサとバートが仲直りして終わるが、この兄妹の考え方がまったく異なるのは明らかだろう。リサは、野球には分析と理解が必要だと考えているのに対し、バートは、スポーツとは直感と感情だと信じている。二人の考え方の違いには、数学と科学の役割をめぐる、より大きな論争が反映されている。周囲の世界を分析すれば、本来の美しさは壊れてしまうのだろうか？　それとも、分析することで、世界はいっそう美しくなるのだろうか？　バートの態度は、イギリスのロマン派の詩人ジョン・キーツ〔医学生だったが、詩ではニュートンを非難するなど科学に否定的。結核により夭逝〕の考えを支持している。

あらゆる魅力が、消え去ってしまわないだろうか、
冷ややかな哲学が、さっと触れた、そのとたんに。
かつて天空には、神々《こうごう》しい虹《にじ》があった。けれども、
われわれがその成分、その組織を知るなり、虹は、
平凡なものたちの、退屈な目録に収まってしまう。
哲学は、天使の羽を切り取り、
厳密に測定し、あらゆる神秘を征服して、
空から幽霊を、地から精霊を、退散させるだろう——
そして虹をばらばらに解きほどく。しばらく前に、
か弱き人となったレイミアを、闇《やみ》に追い払ったように。

これは「レイミア」と題された作品からの引用である。レイミアとは、ギリシャ神話に現れる、子どもを食べる悪霊《あくりょう》の名前だ。十九世紀の文脈でキーツが使う「哲学」という言葉には、数学と科学も含まれている。キーツは、数学と科学は、優美な自然界を織りなす糸を抜き去り、ばらばらに解きほどいてしまうと言う。合理的な分析は、

「虹をばらばらに解きほどき」、虹の美しさを壊してしまう、とキーツは考えたのだ。一方、リサ・シンプソンならば、分析することにより、虹を見るというわれわれの経験は、いっそう胸のすくようなすばらしいものになると論じるだろう。リサのそんな世界観をもっとも的確に説明するのは、物理学者でノーベル賞受賞者であるリチャード・ファインマンの次の言葉だ。

わたしにはアーティストの友人がいて、ときどき、それはちょっと違うんじゃないかと思うような考え方をする。彼は一輪の花を取り上げて、こう言う。

「ごらん、なんときれいな花だろう」

わたしもそれに異存はない。そして彼は、こう続けるのだ。

「わたしはアーティストだから、この花の美しさがわかるけれど、きみは科学者だから、やれやれ、これをバラバラに解体する。花をただの物体にしてしまうんだ」

何を馬鹿なことを言っているんだろう、とわたしは思う。まず第一に、彼にわかる美しさは、ほかの人たちにもわかるし、わたしだってわかるつもりだ。彼ほど洗練された審美眼はないかもしれないけれど、わたしはその花を美しいと思う。

そしてそれと同時にわたしは、彼がその目で見ている以上に、その花についてたくさんのことを見ている。花を構成している細胞がそこにあるのをイメージすることができるし、それら細胞の中で起こっている複雑な作用にも、ある種の美しさがある。わたしが言いたいのは、花は一センチメートルのスケールで見たときにだけ美しいのではないということだ——もっと小さなスケールで見えてくる花の内部構造もまた、美しい。そこで起こっている反応も面白い——花の色は、昆虫を引き寄せて、受粉させてもらうために進化した。つまり、昆虫には花の色が見えるということだ。そこからこんな疑問が新たに生じる。美しいという感覚は、下等動物にもあるのだろうか？　なぜ美しいという感覚が呼び覚まされるのだろう？

こんな面白い疑問がたくさん生まれてくる。そのことからもわかるように、科学的知識は、新たに付け加えるものなのだ。一輪の花を見るときの喜びや、花にまつわる謎《なぞ》、そして花に対する畏敬《いけい》の念に、新しい何かを付け加えるのである。科学は、付け加えるものなのだ。なぜ科学は減らすということになってしまうのか、わたしにはわからない。

第七章　ギャルジェブラとギャルゴリズム

《彼らはリサの頭脳を救った》（一九九九）〔S10／E22　タイトルは一九六八年に映画化された『*They Saved Hitler's Brain*』（彼らはヒトラーの脳を救った）に掛けている〕では、頭脳明晰《めいせき》で数学の才能に恵まれたリサが、IQの高い人たちの団体であるメンサ〔人口上位二%の高いIQの人たちで作る実在のクラブ。世界に十万人の会員がいるとされ日本人も多い〕のスプリングフィールド支部に誘われる。ちょうどそのころ、汚職の発覚したクインビー市長〔スプリングフィールドの市長、民主党。ケネディ家をイメージしたといわれるが、利に敏く、賄賂疑惑や女性問題を抱え、市民からは軽蔑されている〕が逃亡したため、スプリングフィールドの市政はメンサの会員の手に委ねられることに。聡明《そうめい》な男女、そしてひとりの子どもを指導者に迎え、スプリングフィールドの発展と繁栄が期待できそうだった。

しかし残念ながら、IQが高いからといって賢明な指導者になれるというものではない。スプリングフィールドの新たな指導者たちはいろいろと愚かな判断を下すが、そのなかでもとくに馬《ば》鹿《か》げたもののひとつが、時間の記述体系に十進法を採用したことだ。それと同様の試みが、一七九三年のフランスでも行われた――フランス人たちは、一日を十時間、一時間を一〇〇分、一分を一〇〇秒とするのが数学的には合理的だと考えたのだ。フランスでは一八〇五年にその十進法体系は廃止されたが、スキナー校長はこの回の中で、誇らしげにこう述べる。

「今後、列車はただ単に時間通りに走るというだけではありません。十進法の時刻に従って運行するのです。みなさん、今このときを記憶に残そうではありませんか。四月四十七日二時八〇分です」

『スタートレック』のファンであるコミックブックガイ〔太めでロン毛で無精ヒゲ。コレクターショップ〈アンドロイズ・ダンジョン＆ベースボール・カード・ショップ〉のオーナーだが、民俗・神話学の修士号をもつ（修士論文では『指輪物語』をクリンゴン語に訳した）。本名ジェフ・アルバートソン〕は、銀河一優秀なバルカン人〔『スタートレック』に登場する異星人〕にならって、生殖活動は七年に一度に制限しようと言い出した。七年に一度バルカン人に訪れる発情期、「ポンファー」をまねようというのだ。そのほかにも、ブロッコリ・ジュース計画や、影絵劇場の建設（バリ島のものとタイのもの）などが提案され、結局、スプリングフィールドの実直な市民は、知的エリートに反旗を翻《ひるがえ》す。この回の終幕では、集会場となった公園に集まった市民が暴徒となって押し寄せ、リサのいる東屋《あずまや》が今にも倒壊しそうになる。そのとき間一髪で、スティーヴン・ホーキング教授がリサを救出する。ホーキングといえば宇宙論を連想するが、彼は三十年の長きにわたり、ケンブリッジ大学のルーカス数学教授職にあるので、『ザ・シンプソンズ』にこれまで登場した中で、もっとも有名な数学者といえる。とはいえ、車椅子《くるまいす》の彼が現れたとき、誰もがすぐにホーキングだと気づいたわけではなかった。ホーキングが、メンサの会員は権力を握って腐敗したと批判すると、ホーマーはこう言う。「ラリー・フリント（アメリカのポルノ雑誌『ハスラー』を創刊した人物。一九七八年、拳銃による暗殺未遂事件で腰から下が麻痺。以来、車椅子の生活）の言う通りだ！　あんたら腐ってる！」

脚本家たちは、なんとかホーキング教授を説得して、この回にゲスト出演してもらえないだろうかと考えていた。というのもストーリーの都合上、メンサのスプリングフィールド支部会員を全員合わせたよりも、もっと賢い人物が必要だったからだ。前々からこの番組のファンだったホーキングは、たまたまアメリカを訪問する予定があったため、さっそくスケジュールを調整し、スタジオを訪れて録音セッションに臨むことになった。ホーキングのゲスト出演に向けて、すべてが順調に進んでいた。ところが、カリフォルニア州北部のモントレーからロサンゼルス行きの飛行機に搭乗する予定時刻の四十八時間前になって、まるで舞台負けでもしたかのように、ホーキングの車椅子が調子を崩した。当時ホーキングの助手を務めていた大学院生のクリス・

ボーゴインが、三十六時間ぶっ続けに修理に取り組んだおかげで、翌日、車椅子はどうにか調子を取り戻した。

ホーキングがレコーディング・スタジオに到着すると、脚本家たちが辛抱強く待つなかで、台本のセリフがひとことずつ、ホーキングのコンピュータに入力されていった。残る問題はただひとつ。「スプリングフィールドの市政には落胆した」とホーキングが語るところで、彼の音声合成システムが、次のセリフを作れなかったのだ。「あなたたちにはユートピアを期待していたが、今わたしが目にしているこの街は、むしろフルートピアのようだ」

彼のコンピュータの辞書には、「フルートピア」という、アメリカのフルーツ味清涼飲料水〔一九九三年に米コカコーラ社が発売した果汁入り飲料〕の名前が入っていなかったのである。そのためホーキングと彼のチームは、Ｆｒｕｉｔｏｐｉａという言葉を、一音節ずつ合成していくしかなかった。後年、この回についてコメントした脚本家のマット・セルマンは、フルートピアの一件を振り返ってこう語った。「われわれは世界一頭のいい人物をつかまえて、Ｆｒｕｉｔｏｐｉａという言葉を一音節ずつ作るために、彼の時間を費やしたんだ。すごいだろう?」

《彼らはリサの頭脳を救った》にホーキングが登場した場面で、とりわけ忘れがたいのは、彼が市民の暴動からリサを救い出すシーンだろう。ホーキングの車椅子からヘリコプターのようなプロペラが出て、上空からマジックハンドでリサをつかみ上げ、荒れ狂う市民から救い出すのだ。ホーキングは、リサが将来大きなことを成し遂げるに違いないと考え、学者としての可能性を開花させようとしたのだろう。実際われわれは、リサは大学で優秀な成績を収めることを知っている。というのは、《未来のドラマ》(二〇〇五)〔S16/E15〕の中で、われわれはリサの未来を垣間見《かいまみ》るからだ。この回のストーリーは、フリンク教授が発明した、未来を見ることができるという装置を軸に展開する。リサはその装置のおかげで、自分が二年飛び級をして高校を卒業し、奨学金を得てイェール大学に進むことを知る。さらにその装置によれば、十年後には、むしろ女性たちのほうが科学と数学の分野で活躍しており、それに応じていくつかの分野の名前が変更されている。大学に入ったリサは、ギャルジェブラ〔〝代数〟(algebra)と〝女の子〟(gal)を合せて作った造語〕とフェミストリー〔〝化学〟(chemistry)と〝女性の〟(feminine)を合せて作った造語〕のどちらを専攻するか悩むことになる。《未来のドラマ》は明らかに、数学と科学の分野で女性が活躍することを支持している。

実はその背景には、この脚本が書かれている時期に現実に起こった事件があった。二〇〇五年一月、ハーバード大学学長のローレンス・サマーズが、「科学および工学の労働人口における多様化」と題された専門家会議で、いくつか問題含みの発言をしたのだ。とくに問題視されたのは、学問の世界で活躍する女性が少ないのは、「科学や工学の分野においては、生まれつきの適性、とりわけ特性のばらつきが問題になってくるためである。この考察は、重要性の低い要因、すなわち、社会化〔子どもがその社会の価値や規範を身につけていくこと。親の養育態度や教師の言動などが大きく関わってくる〕や、継続的な差別という要因についての研究からも裏づけられている」という部分だった。

サマーズは、統計上みられる能力のばらつきは、女性よりも男性のほうが大きく、科学と工学の分野でずば抜けた業績を上げる研究者には、女性よりも男性のほうが多いのはそのためだろう、と述べたのだ。彼の意見は多くの人たちに強く批判されたが、それも無理はないだろう。ひとつには、学問の世界の著名人がそんなことを言えば、数学と科学の分野に進もうとする若い女性の熱意に水を差すことになると考えた人が多かったからだ。論争は収まらず、結局、サマーズは翌年にハーバード大学学長を辞任した。

『ザ・シンプソンズ』の脚本家たちは、《未来のドラマ》でサマーズの一件に触れることができたのを喜んだが、それと同時に、数学と科学における女性という問題を、もう少し掘り下げてみたくなった。そこで彼らはその翌年に、《女の子たちは足し算をしたいの》（二〇〇六）〔S17／E19　原題はシンディ・ローパーのヒット曲、『Girls Just Want to Have Fun』のパロディ〕で、ふたたびこのテーマを取り上げた。

この回は、ミュージカル『スタブ-アー-ロット：イッチー&スクラッチー』（＊6）の上演シーンで幕を開ける〔『ザ・シンプソンズ』の中で展開する劇中劇〕。タイトルから予想される通り〔スタブ（stab）はぐさっと刺すの意〕、血みどろの展開で盛り上がったのち、観客はスタンディングオベーションで監督のジュリアナ・クレルナーを舞台に迎える。彼女に贈る花束をもって現れたスキナー校長は、彼女はスプリングフィールド小学校の卒業生だと、誇らしげに紹介する。

スキナー「ジュリアナ、きみはきっと成功すると思っていたよ。いつもオールAだったからね」

ジュリアナ「あら、数学では一度か二度、Bをとったことがあると思うわ」

スキナー「まあ、それはそうだろうね。女の子なんだから」

（その発言に客席は騒然とする）

スキナー「いやいや、そういう意味じゃなくて。あくまでもわたしの見るかぎり、数学や理科のような実際的な教科は、男子のほうが成績が良いというだけのことです」

ジュリアナ（観客に向かって）「みなさん、落ち着いて、落ち着いてください。スキナー校長は、女子は生まれつき劣っていると主張しているわけではないと思いますよ」

スキナー「そうですとも。そんなことは言いませんよ。女子のほうが成績が悪い理由なんて、わたしにはわからないのですから」

スキナー校長は、なんとか言い繕おうとして、火に油を注ぐ結果となった。結局、スキナーは校長を辞めさせられ、過激な進歩的教育者であるメラニー・アップフットが新校長に着任する。アップフットは、スプリングフィールドの少女たちを偏見から守るため、小学校を二つに区分して、男女別学にした。最初リサは、女子がのびのび力を発揮できる教育システムに好感をもったが、蓋《ふた》を開けてみれば、アップフット先生が女子に教えようとする数学は、フェミニズムの思想に適《かな》うという、女らしい数学なのだった。

アップフット先生によれば、女子に数学を教えるときには、情緒に訴えるようにしなければならない。「数はあなたをどんな気持ちにさせる？　＋記号はどんな匂《にお》いがするかしら？　7という数は、奇数なのかしら、それとも単にちょっと変わっているだけかしら？」〔奇数の英語（odd）には「変わっている」という意味がある〕。基本的な計算力を身に付けるべきときに、新しい先生のこういうやり方にイライラしはじめたリサは、女子の授業ではまともな数学の問題はやらないのですか？　と尋ねた。するとアップフット先生はこう答えた。
「問題ですって？　それが男のものの見方なのよ。彼らは数学をそんなふうにしか見られないの。数学のことを、挑むべきもの、そう、何かを〝解き明かすべきもの〟と考えているのよ」

女らしい数学、男らしい数学、などというものが実際にあるわけではないが、ここ数十年来、男女どちらに数学を教える場合にも、感性を重視しようとする動きがあり、このシーンにはその傾向が反映されている。上の世代の人たちの中には、昨今の生徒は、伝統的な数学の問題をほとんどやらず、内容の薄いカリキュラムを、おかゆのように歯ごたえのない状態で与えられていると懸念《けねん》する人たちが多い。そこから「数学における問題の進化」という数学教育史のジョークが生まれた。

一九六〇年：材木の伐《き》り出し人が、トラックいっぱいの材木を一〇〇ドルで売るものとする。材木を生産するコストは、価格の五分の四である。利益を求めよ。

一九七〇年：材木の伐り出し人が、トラックいっぱいの材木を一〇〇ドルで売る。コストはこの値段の五分の四、つまり八〇ドルである。利益を求めよ。

一九八〇年：材木の伐り出し人が、トラックいっぱいの材木を一〇〇ドルで売る。コストは八〇ドルで、利益は二〇ドルである。二〇のところに下線を引きなさい。

一九九〇年：美しい森林の樹木を伐採して、材木伐採人は二〇ドルの儲《もう》けを得ています。こういう暮らしの立て方を、あなたはどう思いますか？　森の小鳥たちやリスたちがどんな気持ちか、グループごとに話し合いましょう。話し合いの結果を小論文にまとめなさい。

歯応《はごた》えのある数学を学びたいリサは、クラスを抜け出して男子区域に行き、窓から教室を覗《のぞ》き込む。黒板には昔ながらの幾何学の問題が書かれていた。しかしすぐに覗いているところを見咎《みとが》められ、リサは女子区域に連れ戻されて、薄いお粥《かゆ》のような数学をやらされるのだった。

もう我慢の限界だった。その日家に帰ったリサは、変装して男子校に通うことを認めてほしいと母親に頼み込む。リサは、ジェイク・ボイマン（boy + man）という偽名を使って男の子になりすました。この展開の背景には、『イエントル』の物語がある。正統派ユダヤ教の少女が、タルムードを勉強したいがために髪を切り、男の子に変装するのだ〔『イエントル（*Yentl*）』は、ポーランド生まれのアメリカ人ノーベル賞作家アイザック・バシェヴィス・シンガーが書いた短編小説とそれを原作に制作されたミュージカル映画。男性しか学ぶことが許されなかったユダヤ教の経典「タルムード」を学ぶために女性イエントルが男装して学校に潜り込むことから展開する物語〕。

残念ながら、身なりを男子風にするだけではすまなかった。まもなくリサは、新しいクラスメイトたちに仲間として認めてもらうためには、男子らしく振る舞う必要があることを知る。それは彼女にとって、あらゆる価値観に反することだった〔たとえばバーガーショップで床に落としたフライドポテトを拾って食べたりすること〕。結局リサは、悪名高いいじめっ子のネルソン・マンツに認められようと、クラスの中で一番純朴な生徒のひとりである、ラルフ・ウィガム〔リサの同級生で、ぽっちゃり体型のおっとり不思議男子。たまにクレヨンや糊を食べて怒られる。父親は町の警察署長クランシー・ウィガム→310頁〕をいじめることまでしてしまう。

リサは、男の子のように振る舞わなければ普通の教育を受けられないことに怒りを感じるが、女子も男子と同じように数学ができることを証明するために、計画を続行する。固い決意はついに報われ、リサは立派な成績を収めて、「数学優等賞」で表彰されることになる。授賞式は男子と女子が全員集まった場で行われ、リサはその機会に正体を明かし、こう言い放つ。

「みなさん！　学校で数学が一番の生徒は、女子なのです！」

ドルフ・スタービームという、いじめっ子のカーニー・ジズウィッチ、ジンボ・ジョーンズ、ネルソン・マンツといつもつるんでいる少年が、リサの言葉を聞いてこう言った。

「おれたち、イエントルに騙《だま》されていたんだ！」

バートは立ち上がって、こう言った。

「リサが優等賞をもらったのは、男子のように考えるようになったからさ。おれはリサを、お下劣でいじめっ子の数学マシンにしたんだ」

クライマックス・シーンで、リサはスピーチを続ける。

「こうしてわたしは数学は学べるようになりましたが、そのためには自分の信念をすべて犠牲にしなければなりませんでした。数学と理科の分野で女性があまり活躍していない本当の理由は、おそらく……」

そのとき、スプリングフィールド小学校の音楽の先生が、マーティン・プリンスのフルート演奏を紹介するためにリサのスピーチを中断させる。脚本家たちはこうして、厄介なテーマを巧妙に避けたのだ。

わたしが脚本家のマット・セルマンとジェフ・ウェストブルックに会ったとき、二人は当時を振り返って、数学と科学の多くの領域で活躍する女性が今も少ないことを説明するのは容易ではなく、納得できるような結論は見出《みいだ》せそうになかった、と語った。二人は、単純すぎる結論で妥協したり、間に合わせの理由を示したくはなかった。セルマンの言葉を借りるなら、「スキナーが被《こうむ》ったようなトラブル」に巻き込まれたくはなかったのだ。

＊　＊　＊

《女の子たちは足し算をしたいの》のストーリーには、『イエントル』だけでなく、有名なフランスの数学者、ソフィー・ジェルマン〔物理学の研究も行い、晩年、ガウスによって独ゲッティンゲン大学の名誉学位を与えられた〕の生涯も映し出されている。信じ難いことだが、ジェルマンの性差別に対する現実の戦いは、リサやイエントルの架空の物語よりも、いっそう奇想天外なのである。

一七七六年にパリに生まれたジェルマンは、ジャン＝エティエンヌ・モンテュクラによる『数学史』という本に出会って以来、数学のことが頭を離れなくなった。とくに彼女が胸を打たれたのは、アルキメデスの驚くべき生涯と悲劇的な死に関する話だった。伝えられるところでは、紀元前二一二年、シラクサの街でアルキメデスが砂の上に図形を描いていたときに、ローマ軍が城内に攻め入ってきた。アルキメデスは、砂に描かれた図形の性質を調べることに夢中になっていたため、近づいてくるローマ兵に気づかなかった。この無礼を咎めた兵士が、槍《やり》を高く掲げ、アルキメデスを突き殺したというのだ。ジェルマンはこの物語を読んで、命を危険にさらすほど人を夢中にさせる数学は、もっとも魅力的な学問に違いないと考えた。

こうしてジェルマンは、数学の勉強に夜昼なく没頭するようになった。家族の友人の話では、眠る時間さえ削って勉強するのをやめさせようと、父親は彼女のろうそくを取り上げたという。しかし結局、両親はそんな彼女を受け入れてくれた。それどころか、娘は結婚などする気はなく、数学と科学に生涯を捧《ささ》げるつもりであることを認めてからは、彼女の相談に乗ってくれる数学者に引き合わせ、経済的に支援してくれるほどだった。

二十八歳のときにジェルマンは、パリに新たに創設された理工科学校《エコール・ポリテクニク》に通おうと心に決めた。しかしそこにひとつ問題があった。この名門大学は、男子にしか入学を許さなかったのだ。しかしジェルマンは、この障害を切り抜ける方策を見出した。大学は講義録を公開し、学生以外にも、その内容に意見を述べる機会を積極的に作っていた。この寛大な制度はあくまでも男性のためのものだったので、ジェルマンはムシュウ・ルブランという偽名を名乗り、講義録を手に入れ、洞察に満ちた意見を講師に書き送るようになった。

　リサ・シンプソン同様、ジェルマンは数学を学ぶために男になりすましたのだから、ドルフ・スタービームは、「おれたち、イエントルに騙されていたんだ！」ではなく、「ジェルマンに騙されていたんだ！」と叫んだほうが、よりふさわしかったろう。

　ジェルマンが自分の意見を書き送った相手は、エコール・ポリテクニクの一員であるだけでなく、世界でもっとも尊敬される数学者のひとりである、ジョゼフ＝ルイ・ラグランジュ〔イタリア出身の数学者、天文学者。「解析力学」という分野を切り開き後世の物理学に絶大な影響を及ぼした。エコール・ポリテクニクの初代校長。マリー＝アントワネットの数学教師も務めた〕だった。ムシュウ・ルブランの優秀さに興味を引かれたラグランジュは、並外れた頭脳を持つこの学生に会ってみたいと言い出した。しかし面会すれば、ジェルマンは自分の素性を明かさざるをえなくなる。ラグランジュは怒るのではないかと心配したジェルマンだったが、彼はムシュウ・ルブランがマドモアゼルだったことを驚きつつもむしろ愉快がり、それまで通りに学ぶことを認めてくれた。

　こうして、パリの女性数学者として評判を得はじめたジェルマンだったが、面識のない数学者と文通をするときにはルブランを名乗ることもあった。女性と知れば、相手にしてもらえないのではないかと心配したのだ。ドイツの数学者カール・フリードリヒ・ガウス〔数論の他、電磁気学、測量、物理等、数多くの分野で功績を残し、旧十マルク紙幣ほか、ユーロ紙幣にも肖像画が描かれた。「数学者の王」とも言われる〕と文通したときも、ジェルマンはムシュウ・ルブランを名乗った。ガウスは、おそらくは千年以上の数学の歴史の中でもっとも重要かつ幅広いテーマを扱った書物であろう『算術論考』の著者である。ガウスは新しい文通相手の才能を認めたが――「算術がこれほど能力ある友人を得たことを喜ばしく思います」と彼は書いている――ムシュウ・ルブランが女性だとは思いもよらなかった。

ジェルマンの正体が露見したのは、一八〇六年に、ナポレオンの率いるフランス軍がプロイセンに侵入したときのことである。ガウスがアルキメデスと同じく軍事侵攻の犠牲になるのではと心配したジェルマンは、家族の知り合いで、進軍の指揮をとっていたジョゼフ＝マリー・ペルネティ将軍に手紙を書き送った。将軍はガウスの身の安全を請け合ってくれた。そしてガウスに、あなたの命が救われたのは、マドモアゼル・ジェルマンのおかげですと伝えたのだ。ジェルマンとルブランが同一人物であることに気づいたガウスは、彼女への手紙にこう書いた。

しかし目を見張るようなこの驚きをどう説明すればよいでしょうか。わたしの高く評価する文通相手であるルブラン氏が変身を遂げたその人物は、信じがたい事実を身をもって示されたのです。抽象性の高い学問一般、わけても数の不思議に対するセンスの持ち主はめったにいるものではありませんが、それも驚くにはあたらないでしょう。この崇高な学問は、その中に深く没入する勇気を持つ者にのみ、その魅力を現わすからです。習慣と偏見とに従うなら、女性がこの苦難に満ちた研究に集中しようとすれば、男性よりも無限に多くの困難に遭遇しなければならないでしょう。それにもかかわらず、幾多の困難を克服し、そのもっとも難解な領域に踏み入ることができたとすれば、その女性は、崇高な志と優れた天分を持っているに違いないのです。

純粋数学という観点から見たとき、ジェルマンの貢献の中でもっとも有名なのは、フェルマーの最終定理に関係するものだ。彼女は完全な証明を作り上げることはできなかったが、その世代の中では、他の誰よりも大きな進展を遂げた。それもひとつの理由となって、フランス学士院は、ジェルマンの業績を称《たた》えてメダルを授与した。

彼女は、1とそれ自身以外では割り切れない数、素数にも興味を持っていた。素数はいくつかのタイプに分類することができるが、そのうちのひとつにはジェルマンの名前がついている。pを素数として、$2p+1$がやはり素数であるとき、pを「ジェルマン素数」と呼ぶ。7は、$2\times7+1=15$であり、15は素数ではないので、ジェルマン素数ではない。しかし11は、2×11＋1＝23で、23は素数だから、ジェルマン素数である。

素数の研究は、ほぼいつの時代も重視されていたが、それは素数が、いわば数学における基本構成要素だからだ。あらゆる分子は、原子を構成要素として組み立てられているのと同じように、すべての自然数は、素数であるか、または素数を掛け合わせることによって組み立てられている。素数は、数に関するいっさいの中心にあるのだ。そうだとすれば、二〇〇六年に放映された『ザ・シンプソンズ』の一作に、ある素数がゲスト出演したのも驚くにはあたらないだろう。次章では、それを見ていくことにしよう。

（＊6）作品中に登場するのは、バートとリサが普段見ているテレビアニメ『イッチー&スクラッチー・ショー』のスピンオフ・ミュージカル。少年時代のマット・グレイニングが、ディズニーの『一〇一匹わんちゃん』を見ていて、仔犬たちがテレビを見ているシーンから、アニメ中のアニメという着想を得た。それから数十年を経て、グレイニングはこの作品でそれを実現した。

第八章　プライムタイム・ショー

《マージとホーマーが、カップルの仲を取り持つ》（二〇〇六）〔S17／E22〕の回は、スプリングフィールド・アイソトープスが新たに獲得したスター選手、バック・〝ホームランキング〟・ミッチェルをめぐって物語が展開する。彼とその妻、タビサ・ヴィックスの仲がぎくしゃくしたせいで、ミッチェルの試合成績が下がり、二人はホーマーとマージに助言を求める。すったもんだの末に、スプリングフィールド・スタジアムでのクライマックスでは、タビサが球場のジャンボ・スクリーンを使って、大勢の観客の前でバックへの愛を宣言する。

この回には、歌手で女優のマンディ・ムーアが声の出演をしていることや、J・D・サリンジャーの名前がテレビ画面上に一瞬映し出されたり、ミケランジェロの「ピエタ」を思わせる映像があったりと、見どころはいろいろあるが、数学好きな視聴者にとって一番のお楽しみは、特殊な素数が登場することだろう。それがどんな素数なのか、そしてその数がストーリーにどう絡《から》んでくるのかについて話す前に、ちょっとわき道にそれて、その素数が登場するきっかけを作った二人の数学者、アパラチアン州立大学教授のサラ・グリーンウォルドと、サンタモニカ・カレッジ教授のアンドルー・ネスラーを紹介しておこう。

グリーンウォルドとネスラーが『ザ・シンプソンズ』に興味を持つようになったのは、一九九一年のことだった。この年、二人はペンシルベニア大学数学部で出会って友だちになった。二人は博士号のための研究を始めており、週に一度、他の大学院生たちとともに、『ザ・シンプソンズ』を見ながら夕食をとっていた。このアニメ・シリーズが彼らにウケた理由ははっきりしている、とネスラーは語る。

「脚本家たちは二人のナード《理系オタク》をたびたび作品に登場させています——科学者のフリンク教授と、英才児マーティン・プリンスです。ほかにも、メインキャラクターのリサ・シンプソンがいます。彼女はとても頭が良くて、知りたがり屋だ。こういうキャラクターのおかげで、この作品はインテリ好みになっているんです。ある意味、インテリたちは自分自身を笑うために見るんですよ」

そのうちにグリーンウォルドとネスラーは、『ザ・シンプソンズ』で数学が登場するシーンを拾い集めだした。高等数学に関するジョークは楽しいが、教育の観点から数学が扱われるシーンも面白かった。ネスラーは当時を振り返り、《ウィギーちゃん》（一九九八）〔S9/E18　マザーグースの『This Little Piggy』のパロディ。ウィギーはリサのクラスメイト、ウィガムのこと〕の中で、スプリングフィールドで一番辛辣《しんらつ》な教師であるエドナ・クラバッペル先生〔バートの担任。離婚歴ありで、スキナー校長とただならぬ仲〕が生徒たちのほうを振り返って、こういうのがとくにおかしかったという。「さあ、7×8の答えを教えてくれるのは、誰の電卓かしら？」

やがて、集まった数学ジョークが増えてきたので、ネスラーは数学者が興味を持ちそうなシーンをデータベース化することにした。ネスラーにとってそれはごく自然なことだった。「わたしは根っからのコレクターで、カタログを作るのが大好きなんです。子どもの頃は、名刺を集めていました。今はマドンナの作品を集めるのが主な趣味になっています。わたしのマドンナ・コレクションには、二三〇〇以上のレコードやCDがあるんですよ」

それから数年が過ぎ、博士号を取得して大学で教鞭《きょうべん》をとるようになった二人は、『ザ・シンプソンズ』のシーンを講義で使うようになる。代数的数論の分野で博士論文を書いたネスラーは、このアニメ・シリーズから微積分、プレ微積分〔微分積分をやるために必要な、代数、指数関数、対数関数、三角関数など〕、線形代数、有限数学〔経営学の学生にむけた初歩の確率論、行列演算など〕に関する題材を取り上げた。

一方のグリーンウォルドは、幾何学分野の「オービフォルド」〔代数幾何学、微分幾何学、トポロジー、ひも理論などの交わる領域に出てくる概念で、もともと日本の佐武一郎により「V多様体」として導入された〕という対象に一貫して興味があるため、担当する「数学一〇一〇」（一般教養課程の数学）で扱う『ザ・シンプソンズ』の数学ジョークは、幾何学に関するものが多い。たとえば、《偉大なる指導者ホーマー》（一九九五）〔S6/E12〕のオープニング・シーケンスでの、カウチ・ギャグもそのひとつだ。各回のオープニング・シーケンスは、シンプソン家のみんなが帰宅してリビングに集まり、カウチ〔ソファー〕に座ってテレビを見るシーンで終わるが、そこにかならず笑いの種が含まれている――それがカウチ・ギャグだ。この回のカウチ・ギャグでは、家族のみんなが、互いに直交する三つの方向に働く重力のもと、ありえない向きに取付けられた階段を降りてきて、全員ぴたりとそろってカウチに座る。このシーンは、二十世紀のオランダの画家M・C・エッシャー〔いわゆる〝だまし絵〟の巨匠で、建築不能の構造物などを描いた〕の、「相対性」と題された、有名なリトグラフ作品へのトリビュートになっている。エッシャーは、数学ならどんな分野にも深い思い入れを持っていたが、なかでも幾何学は格別だった。

『ザ・シンプソンズ』を講義で使うようになって数年ほどした頃、グリーンウォルドとネスラーの一味変わった教育方法が、地元のメディアの目を引いた。それがきっかけで、二人はナショナルパブリックラジオ〔非営利ラジオ放送局のために番組を制作・配給する組織〕が制作する『サイエンス・フライデー』という番組のインタビューを受けることになった。たまたまその放送を、『ザ・シンプソンズ』の脚本家のうちの数名が聞いていたのだ。脚本家たちは驚いた。ナードっぽい内輪ネタが、大学の数学の講義で使われているとは。そこで彼らは、グリーンウォルドとネスラーに会って、数学と『ザ・シンプソンズ』両方のための尽力にお礼を言いたいと考え、近作の読み合わせセッションに二人を招待した。その作品がたまたま、《マージとホーマーが、カップルの仲を取り持つ》だったのだ。

二〇〇五年八月二十五日、グリーンウォルドとネスラーは、バック・ミッチェルとタビサ・ヴィックスをめぐる騒動を描くこの作品の読み合わせに出席した。二人の教授はストーリーを楽しみ、脚本家たちはセリフの一行一行を吟味し、採用はするが改良の余地のあるギャグと、カットするギャグを選り分けた。読み合わせが終わって教授たちが帰ってから、脚本家たちは議論のメモをもとに、脚本の仕上げにかかった。これは非常に良い作品だということで、みんなの意見は一致した。ところがひとつ驚くべき欠陥が見つかった――なんと、この回には数学が出てこなかったのだ！

グリーンウォルドとネスラーは、『ザ・シンプソンズ』の数学的な部分に興味をもってくれているというのに、二人を招いた読み合わせで扱った作品に、講義で使えるような新しい素材がないというのは、ずいぶん失礼だったのではあるまいか？　そう考えた脚本家たちは、場面ごとに徹底的に台本を洗い直し、数学を盛り込めそうなところを探した。そしてとうとう脚本家のひとりが、この回のクライマックスで、面白い数を使えることに気づいたのだ。

球場のジャンボ・スクリーンでタビサが愛を告白する直前に、スクリーンにクイズが表示される。本日の観客数を当ててくださいというのだ。スクリーン上にはクイズの答えが選択式で示されている。読み合わせ段階の台本では、答えはほんの一瞬現れただけで、すぐに消えることになっていた。脚本家たちはそのシーンで、特別に興味深いいくつかの数を使うことにした。台本の書き換えを終えると、ジェフ・ウェストブルックはサラ・グリーンウォルドに次のような電子メールを送った。「先日はご来訪ありがとうございました。おかげでわれわれの士気も上がりました。お二人の訪問に感謝し、本日、少し興味深い数を作品に盛り込みました」

ジャンボ・スクリーンに現れる三つの数は、普通の視聴者にはデタラメに選ばれただけの数に見えるだろう。しかし数学マニアなら、それぞれ別の意味で興味深い数で

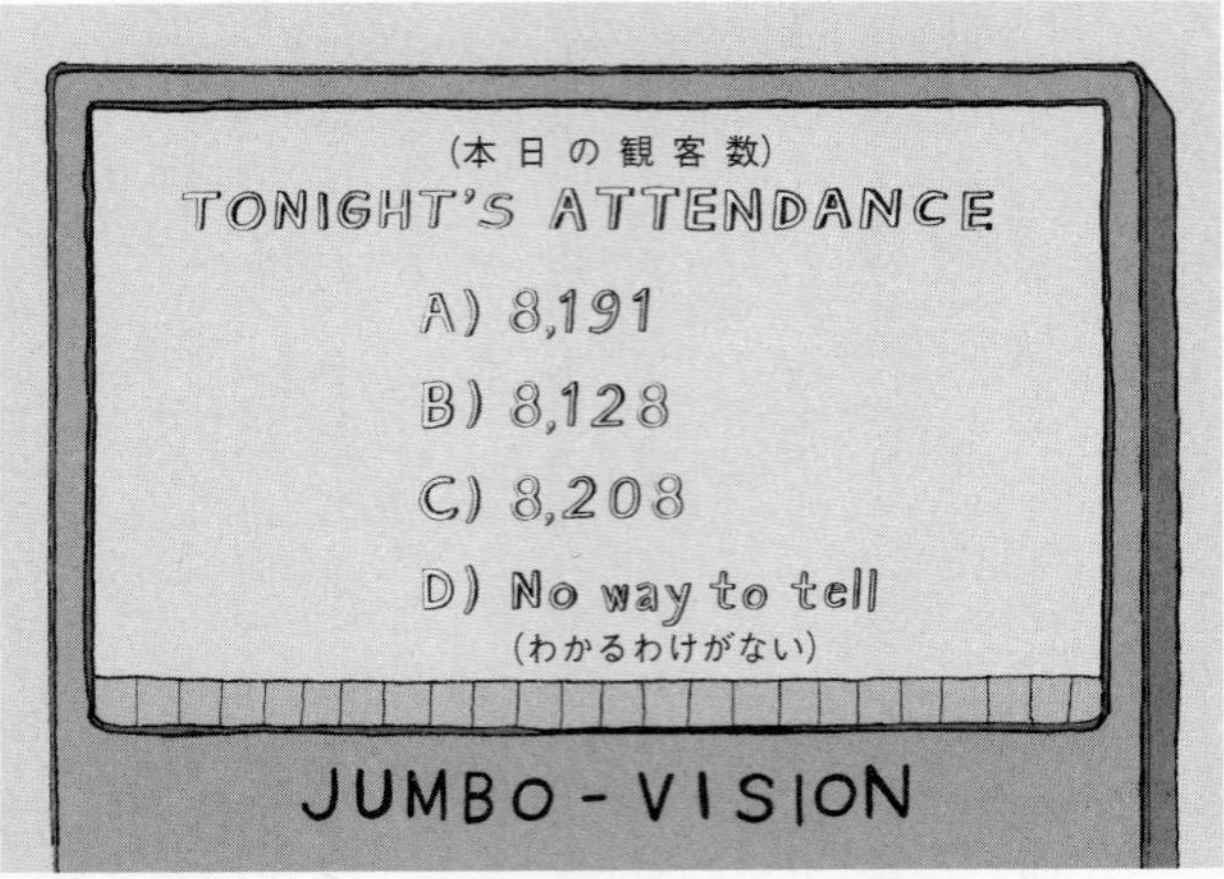

ジャンボ・スクリーンの画面

あることに気づくはずだ。

最初の８１９１は、素数、それも「メルセンヌ素数」として知られる特殊な素数である。この素数の名前は、マラン・メルセンヌ〔フランスの神学者、数学者。数学の研究を音楽の解析に援用して音律の理論も確立した〕という人物を称えて付けられたものだ。メルセンヌは一六一一年に、パリのミニム修道会に入り、それ以降は、神に祈ることと数学を崇《あが》めることに、持てる時間のすべてをつぎ込んだ。メルセンヌがとくに興味を持ったのは、pを任意の素数として、2^p-1と表される数だった。次のページの表に示すのは、20未満の素数を、2^p-1に代入した結果である。

素数(p)	2^p-1		素数？
2	$2^2-1=$	3	✓
3	$2^3-1=$	7	✓
5	$2^5-1=$	31	✓
7	$2^7-1=$	127	✓
11	$2^{11}-1=$	2047	✘
13	$2^{13}-1=$	8191	✓
17	$2^{17}-1=$	131071	✓
19	$2^{19}-1=$	524287	✓

驚くべきことに、2^p-1という式は、素数の候補となる新しい数をはじき出すらしい。実際、$2047=(23\times89)$を別とすれば、このリストにある数は、すべて素数である。言い換えれば、2^p-1は、素数を材料として新しい素数を作るレシピなのだ。そうして得られた素数のことを、メルセンヌ素数と呼ぶ。たとえば$p=13$なら、$2^{13}-1=8191$だ。これが、《マージとホーマーが、カップルの仲を取り持つ》に現れるメルセンヌ素数である。

メルセンヌ素数は、非常に大きなものになりうるため、数の世界のセレブとなっている。そのなかには、タイタニック素数（千桁《けた》より大きいもの）、巨大素数（一万桁より大きいもの）、最大級のものはメガ素数（百万桁よりも大きいもの）という名前で呼ばれるものもある。既知のメルセンヌ素数のうち大きいほうから十個は、これまで見つかった中でもっとも大きな十個の素数に等しい。最大のメルセンヌ素数は二〇一三年一月に発見された$2^{57885161}-1$であり、これは一七〇〇万桁の数である（*7）。

スタジアムの巨大スクリーンに映し出された二番目の数、8128は、完全数として知られている数のひとつである。ある数が完全数であるかどうかは、その数がどんな因数を持つかによって決まる。たとえば10の因数は、1、2、5、10である。因数とは、もとの数を、余りを出さずに割り切る数である。因数をすべて（その数自身を除いて）足し上げると、もとの数になるものを完全数という。最小の完全数は6である。実際、6の因数1、2、3を足し算すると、$1+2+3=6$となる。二番目に小さい完全数は28である。28の因数、1、2、4、7、14を足し算すると、$1+2+4+7+14=28$となる。三番目の完全数は496、四番目の完全数は8128だ。この四番目の完全数が、《マージとホーマーが、カップルの仲を取り持つ》に登場する数である。

今挙げた四つの完全数はいずれも、すでに古代ギリシャ人には知られていたが、それに続く三つの完全数が発見されるまでには、千年以上の時が流れることになった。３３５５０３３６が発見されたのは一四六〇年頃、８５８９８６９０５６と１３７４３８６９１３２８は、ともに一五八八年に発見されている。十七世紀のフランスの数学者ルネ・デカルト〔『方法序説』は哲学においてあまりに有名だが、同著では平面上の座標（直交座標）の概念も示し、後に「デカルト座標」と呼ばれる。メルセンヌとは終生の親友〕が述べたように、「完全数は完全な人間と同様、きわめて稀」なのだ。

稀《まれ》にしか存在せず、相互に大きく離れていることから、完全数は有限個しか存在しないのだろうと思いたくなる。しかし、完全数は有限個しか存在しないことを、数学者たちはまだ証明できていない。これまでに見つかった完全数はすべて偶数なので、今後発見されるすべての完全数もやはり偶数なのかもしれない。しかしこれも未証明である。

　完全数に関する知識はこのように穴だらけだが、わかっていることもある。たとえば、偶数の完全数は（すべての完全数がそうなのかもしれないが）、「三角数」でもある〔次ページの図のように三角形の形に点を並べた際、並ぶ点の総数に一致する自然数。n番目の三角数は１からnまでの自然数の和に等しい〕。

$$6=1+2+3$$

$$28=1+2+3+4+5+6+7$$

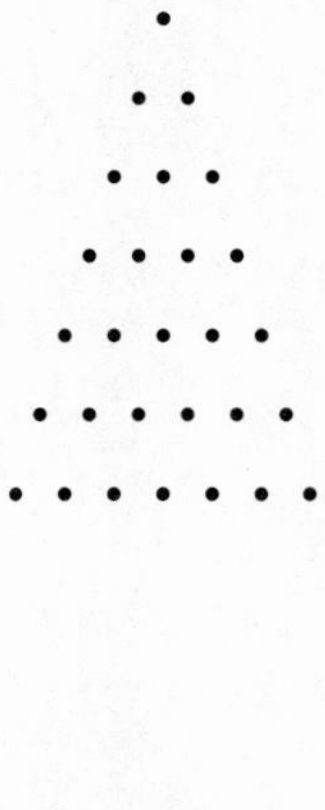

さらに、（6を別にすると）偶数の完全数は、連続する奇数の3乗の和になっている。

$$28=1^3+3^3$$

$$496=1^3+3^3+5^3+7^3$$

$$8128=1^3+3^3+5^3+7^3+9^3+11^3+13^3+15^3$$

最後に大切なことをひとつ。偶数の完全数とメルセンヌ素数とのあいだには、密接な関係があることが知られている。実際、完全数とメルセンヌ素数とは、同数存在することが証明されているのだ。また、メルセンヌ素数から、完全数を作れることも示されている。メルセンヌ素数は四十八個しか知られていないから、知られている完全数は全部で四十八個である。

スタジアムの巨大スクリーンに現れる三つ目の数、８２０８は、「ナルシシスト数」だという意味において特別な数だ。ナルシシスト数は、各桁の数を、もとの数の桁数に等しいべきにしたものの和に等しい。

$$8208 = 8^4 + 2^4 + 0^4 + 8^4 = 4096 + 16 + 0 + 4096$$

この数がナルシシスト的だと言われるのは、自分自身に含まれる数字から、自分自身を生成するためである。この数は自分のことで頭がいっぱいで、自分自身を愛しているかのようだ。

ナルシシスト数は他にもたくさんある。たとえば $153 = 1^3 + 5^3 + 3^3$ もそのひとつだ。ただし、ナルシシスト数は有限個しか存在しないことがすでに証明されている。数学者が示すところによれば、ナルシシスト数は全部で八十八個しか存在せず、最大

のものは、

115132219018763992565095597973971522401

である。

しかし、少し条件を緩めれば、「かなりワイルドなナルシシスト数」を生成することができる。かなりワイルドだというのは、その数に含まれる数字をどうにでも好きなように使って、その数自身を作れるからである。いくつか例を挙げておこう。

$$6859 = (6+8+5)^{\sqrt{9}}$$

$$24739 = 2^4 + 7! + 3^9$$

$$23328 = 2 \times 3^{3!} \times 2 \times 8$$

こうして、グリーンウォルドとネスラーのおかげで、《マージとホーマーが、カップルの仲を取り持つ》は、メルセンヌ素数、完全数、ナルシシスト数をゲストに迎えることになった。『ザ・シンプソンズ』は長年にわたり二人の教授の講義に影響を及ぼしてきたが、今や状況は逆転し、教授たちが『ザ・シンプソンズ』に影響を及ぼしたというわけだ。

しかし脚本家たちはなぜ、ジャンボ・スクリーンに映し出す数として、これら三つを選んだのだろうか？　興味深い数は何百とあり、どれがカメオ出演してもよかっただろう。たとえば「ヴァンパイア数」もなかなか興味深い数である。ヴァンパイア数は、その数を構成する数字の組を二つに分けて、「牙《きば》」と呼ばれる数を二つ作り、それらを掛け算するとはじめの数に戻るという性質を持つ。136948は、146×938＝136948だから、ヴァンパイア数である。16758243290880はさらに良い例だ。この数はとりわけコウモリっぽい性質を持ち、ヴァンパイア的である。なぜなら牙の作り方が四通りもあるからだ。

16758243290880＝1982736×8452080
＝2123856×7890480
＝2751840×6089832
＝2817360×5948208

脚本家たちが、興味深いというよりも、むしろ特殊な数を求めていたのなら、「サブライム数」はどうだろう？　サブライム数は、非常に厳しい二つの条件――その二つの条件はどちらも完全性と関係がある——を満たさなければならず、たった二つしか存在しない。第一の条件は、約数の個数が完全数になっていること。そして第二の条件は、約数をすべて足し上げると、別の完全数になることだ。二つのうち小さいほうのサブライム数は、12である。この数の約数は1、2、3、4、6、12で、6個であり、約数の和は28であって、どちらも完全数である。大きいほうのサブライム数は、6086555670238378989670371734243169622657830773351885970528324860512791691264である。

　脚本家たちによれば、《マージとホーマーが、カップルの仲を取り持つ》にゲスト出演する数として、メルセンヌ素数〔Mersenne prime〕、完全数、ナルシシスト数が選ばれたのは、単に現実的な観客の数に近かったためだという。また、まず最初に頭に浮かんだのが、たまたまこれらの数だったという事情もある。これらの数が持ち込まれたのが、台本の最終版の締め切りギリギリだったため、それほど深く考えている時間はなかったのだという。

　しかし今から考えれば、脚本家たちが選んだ数は、実に適切だったのではないだろうか。タビサ・ヴィックスがそのシーンに登場したとき、ジャンボ・スクリーンに映し出されていたこれらの数は、どれも彼女の性格をよく表しているように思えるからだ。タビサは、『ザ・シンプソンズ』に登場するキャラクターの中でも、とびきり魅力的で、自分は完璧《かんぺき》で、ノリにノッている〔英語ではin her prime〕と思っているし、ナルシシストでもあるからだ。彼女はこの回の冒頭で、下着姿のようなコスチュームを身につけて、夫を崇める野球ファンを前に挑発的に歌い踊ったのだから、スクリーンに現れる数のひとつが「かなりワイルドなナルシシスト数」であれば、さらにぴったりだったといえよう。

＊　＊　＊

グリーンウォルドとネスラーのようなケースは珍しいのだろうと思うかもしれないが、数学の講義で『ザ・シンプソンズ』を扱っている大学教授は、この二人だけではない。ジョージア工科大学のジョエル・ソコルは、「敵対者を相手に判断を下す――数学的最適化の応用」と題する講義で、『ザ・シンプソンズ』のキャラクターが登場するスライドを使って、ジャンケンについて説明している。ソコルの講義は、対立と協力がある状況で、関係者がどのように行動するかをモデル化する数学の一分野、ゲーム理論がテーマだ。ゲーム理論は、ドミノから戦争まで、動物の利他主義から労働組合の交渉まで、じつに多様な問題を考えるのに役立っている。ペンシルベニア州立大学の経済学者であるダーク・マティアーも数学に強い関心を寄せており、やはりゲーム理論の講義で『ザ・シンプソンズ』のジャンケンに関するシーンを利用している。ジャンケンは、ゲームとしてはごく単純なので、数学として面白みがあるとは思えないかもしれない。しかしゲーム理論の研究者の手にかかれば、単純なジャンケンも、二人のプレイヤーが互いに相手を出し抜こうとする複雑な戦いになるのだ。実際、数学的に見れば、ジャンケンには何層にもなった複雑な構造があることがわかる。

それを説明する前に、ジャンケンのルールをざっとおさらいしておこう。このゲームは二人のプレイヤーによって争われ、ルールそのものは簡単だ。プレイヤーは、「1……2……3……ゴー!」の合図で、一方の手で、石(グー)、ハサミ(チョキ)、紙(パー)のいずれかの形を作る。勝負は、次の三すくみの構造で決定される。石はハサミをなまらせる(グーはチョキに勝つ)、ハサミは紙を切る(チョキはパーに勝つ)、紙は石を包む(パーはグーに勝つ)。二人が同じ手を出せば、その勝負は引き分けとなる。

何世紀にもわたり、さまざまな文化ごとに独自のジャンケンが生み出されてきた。インドネシアでは「象―人間―ハサミムシ」、SFファンには「UFO―微生物―ウシ」のジャンケンがある。UFOはウシを切り刻み、ウシは微生物を食べ、微生物はUFOを汚染する。

文化ごとに「手」は違うが、ゲームのルールはどれも基本的に同じだ。数学的なゲーム理論を使えば、ルールの枠の中で、どんな戦略をとるのが一番有利かを知ることができる。『ザ・シンプソンズ』の《貸し名義》（一九九三）〔S4／E19 原題の【*The Front*】は、一九七六年の同名の映画による。邦題は『ウディ・アレンのザ・フロント』〕の回には、その話題が登場する。バートとリサが「イッチー&スクラッチー」の脚本を共同で書くが、その原稿に署名をする際、どちらの名前を先に書くかを決めるためにジャンケンをする。リサの観点からジャンケンを見れば、出すべき手は、いくつかの要因によって変わる。たとえば、相手がジャンケンの初心者なのか、それともベテランなのか。相手がリサについてどれぐらい情報を得ているのか。ジャンケンの勝負の目標を、勝つことに置くのか、それとも負けないことに置くのか。こうした情報や目標の設定が、リサのとるべき戦略に関係してくるのだ。

もしもリサの相手がジャンケンの世界チャンピオンなら、彼女は自分の手をランダムに決めるという戦略をとってもいいだろう。なぜならその場合、たとえ世界チャンピオンでも、リサがグー・チョキ・パーのどれを出すかを予想することはできないからだ。リサが勝つ、負ける、相手と引き分けになる、という三つの結果の確率はどれも同じになる。しかし今の場合、リサの相手は世界チャンピオンではなく、兄のバートだ。そこで彼女は、これまでの経験を踏まえて戦略を決める。彼女の知るかぎり、バートはグーを出しやすい。そこで彼女は、兄はおそらくグーを出すと踏んで、パーを出す。そして思惑通り、彼女はジャンケンに勝つのだ。グーを出しやすいというバートの悪い癖は、「世界ジャンケン協会」〔一八四二年にロンドンで創設され、一九一八年以降カナダ・トロントに本部を持つ実在する団体〕が行った調査の結果とも合致する。その調査によると、一般に、グーが出されることが多く、とくに男の子はグーを出しやすいという。

このゲーム理論的アプローチは、二〇〇五年に、日本の電子機器メーカーであるマスプロ電工が、所有する美術品のコレクションをオークションにかけた際にも大きな役割を演じた。何百万ドルもかけたオークションを、サザビーズに任せるか、クリスティーズに任せるかを決めるために、マスプロ電工は両者にジャンケンで勝負するよう求めたのだ。クリスティーズの印象派および現代美術部門の国際責任者であるニコラス・マクリーンはこの状況を重く受け止め、十一歳の双子の娘たちに相談をもちかけた。娘たちの経験則は、世界ジャンケン協会の調査結果と同じだった。娘たちは、一番出やすいのはグーだと言ったのだ。さらに二人は、頭の良い選手ならこのぐらいのことは調査するだろうから、その結果を踏まえてパーを出すはずだ、と主張した。

マクリーンは直感的に、サザビーズはその戦略をとるだろうと思い、クリスティーズの上司に、敵の上手を取るという戦略に従ってチョキを出すよう進言した。はたせるかな、サザビーズはパーを出し、クリスティーズがオークションの権利を獲得した。

さてここで、ジャンケンの手をひとつ増やすことを考えよう。そうすると、数学の別の層が姿を現すのである。はじめに、どんなジャンケンも、手の数（N）は奇数でなければならないという点に注意しよう。ゲームの均衡上、どの手を選んでも、（N−1）／2人の相手に対して勝ち、同数の相手に負けるようになっていなければならないからだ。したがって、手が四つのジャンケンは存在しない。しかし、手が五つのジャンケンならある。石—紙—鋏《はさみ》—トカゲ—スポック〔『スタートレック』に登場するバルカン人。挨拶の際に薬指と中指の間と親指を開いて相手に掲げるバルカン式挨拶を行う〕と呼ばれているものがそれだ。コンピュータ・プログラマーのサム・カスによって発明されたこのバージョンは、ナード《理系オタク》に優しいシットコム『ビッグバン・セオリー』の《トカゲ・スポック膨張》（二〇〇八）の回に取り上げられて有名になった。このバージョンの五すくみ構造と手の形を、次ページの図に示す。

手の数（N）が増えるにつれ、引き分けになる確率は、1／Nのように減少する。したがって、引き分けになる確率は、普通のジャンケンでは1／3、このバージョンでは1／5となる。引き分けになるリスクをできるだけ小さくするために、今ある中

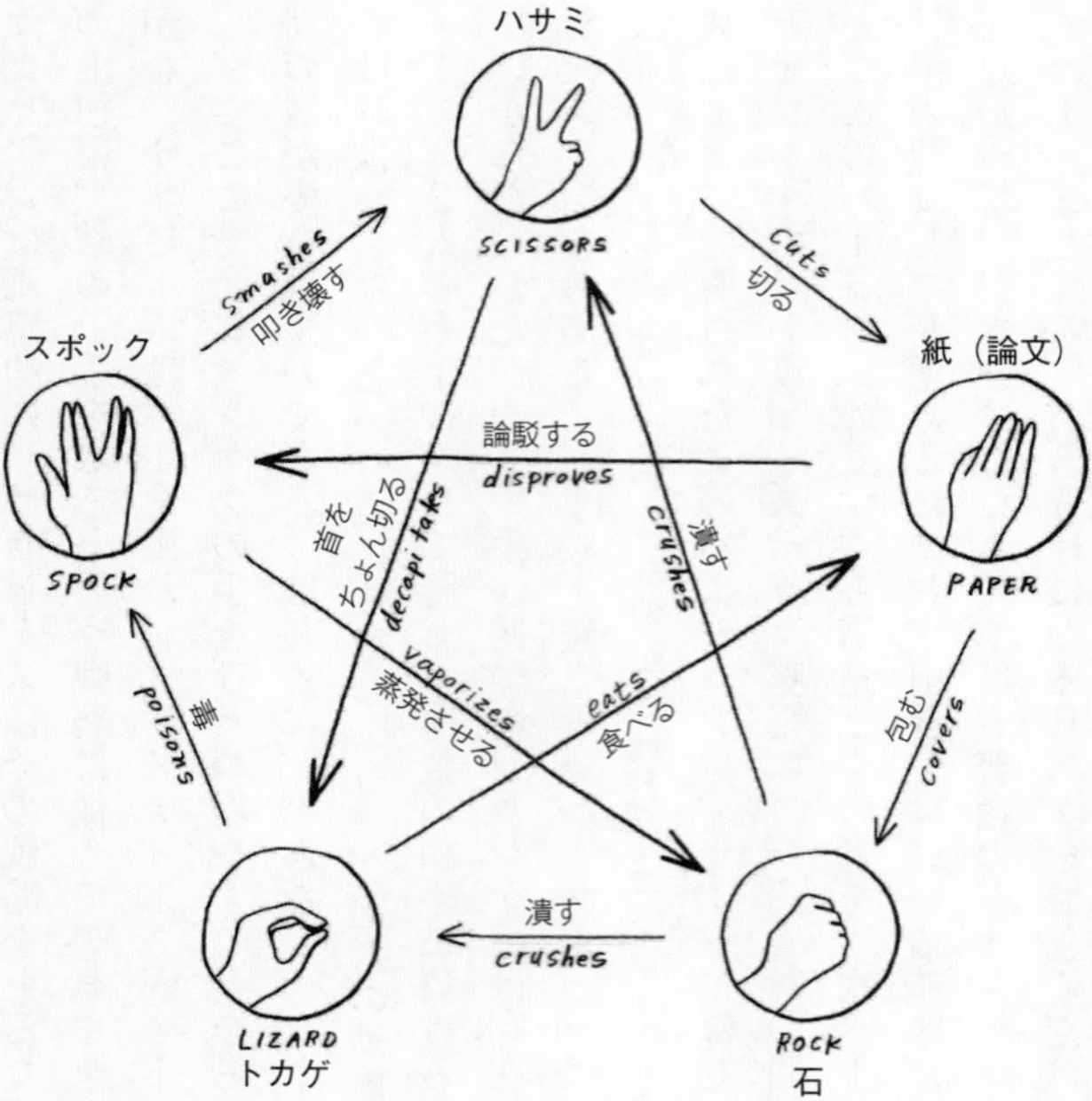

『ビッグバン・セオリー』のジャンケン

サイコロ A　　サイコロ B　　サイコロ C

3, 3, 5, 5, 7, 7　　2, 2, 4, 4, 9, 9　　1, 1, 6, 6, 8, 8

で最大かつ最善のジャンケンは、「ジャンケン-一〇一」である。アニメーターのデーヴィッド・ラヴレースが考案したこのジャンケンでは、手の形は一〇一種類、勝負がつくケースは五〇五〇パターンに及ぶ。たとえば、流《りゅう》沙《さ》はコンドルを飲み込み、コンドルは姫を食べ、姫はドラゴンを従え、ドラゴンはロボットを焼き尽くし……といった具合だ。引き分けになる確率は１／１０１で、一%よりも小さい。

ジャンケンの研究から生まれた数学の中でもとくに興味深いのが、「非推移的サイコロ」だろう。各サイコロの面に書かれている数の組み合わせが、ひとつひとつ異なるため、ひと目見て興味を引かれる（上図参照）。

あなたとわたしがこれらのサイコロで遊ぶためには、各自ひとつのサイコロを選んで振り、大きな目の出たほうが勝ちとなる。では、勝つためには、どのサイコロを選ぶのがベストだろうか？

次のページに示した三つの表は、起こりうる三つの組み合わせ（A対B）（B対C）（C対A）でゲームをした結果を一覧表にしたものである。一番左の表を見ると、サイコロAのほうが、サイコロBよりも良いことがわかる。なぜならサイコロAは、三十六通りの組み合わせのうち、二十の組み合わせで勝つからだ。言い換えれば、サイコロAの勝率は五十六％である。

ではサイコロB対サイコロCの場合はどうだろうか？　真ん中の表を見ると、Bの勝率は五十六％なので、Cよりも高い。

実生活の中で、われわれは推移的関係に親しんでいる。つまり、もしもAのほうがBよりも勝率が高く、BのほうがCよりも勝率が高ければ、AはCよりも【勝率が高いはず】なのだ。ところが、サイコロAをサイコロCと対決させてみると、一番右の表から、Cの勝率は五十六％となり、Aよりも高いことがわかる。これらのサイコロが、非推移的であると呼ばれるのはそのためだ。これらはジャンケンと同じように、推移性という、ごく普通に置かれる前提を裏切るのである。前に述べたように、ジャンケンのルールは、単純なトップダウン式のヒエラルキーではなく、普通とはちがう巡回型のヒエラルキーに支配されている。

非推移的関係は、不条理で常識に反している。しかしだからこそ、『ザ・シンプソ

サイコロ A

サイコロB＼サイコロA	3	3	5	5	7	7
2	A	A	A	A	A	A
2	A	A	A	A	A	A
4	B	B	A	A	A	A
4	B	B	A	A	A	A
9	B	B	B	B	B	B
9	B	B	B	B	B	B

サイコロ B

サイコロC＼サイコロB	2	2	4	4	9	9
1	B	B	B	B	B	B
1	B	B	B	B	B	B
6	C	C	C	C	B	B
6	C	C	C	C	B	B
8	C	C	C	C	B	B
8	C	C	C	C	B	B

サイコロ C

サイコロA＼サイコロC	1	1	6	6	8	8
3	A	A	C	C	C	C
3	A	A	C	C	C	C
5	A	A	C	C	C	C
5	A	A	C	C	C	C
7	A	A	A	A	C	C
7	A	A	A	A	C	C

これらの表は、それぞれ二つのサイコロで勝負したときの結果を網羅している。左の表は、サイコロＡ対サイコロＢで、最上段左端のマスにはＡと書かれている、これはサイコロＡの出目が３、サイコロＢの出目が２のとき、サイコロＡが勝つことを示している。しかし右下隅のマスには、Ｂと書かれており、これは濃いグレーで色づけられている。サイコロＢの出目が９、サイコロＡの出目が７で、サイコロＢが勝つからだ。すべての組み合わせを考慮すると、56％の確率でＡがＢに勝つ。

ンズ』の脚本家たちも、大学教授であっても、さらには世界でもっとも成功した投資家さえも、数学的頭脳の持ち主たちはこの関係に心を惹《ひ》かれるのだろう。実質五百億ドルの資産を持つとみられるウォーレン・バフェット〔世界最大の投資持株会社バークシャー・ハサウェイのCEOで世界的大富豪〕の、一九四七年、ウッドロー・ウィルソン高校三年生のときの集合写真には、鋭いキャプションがついていた。

「数学が得意。未来の株式仲買人」

バフェットは、非推移的な現象が大好きで、折に触れてサイコロゲームをしようと誘うことで知られている。彼は、何の説明もなく三種類の非推移的サイコロを相手に渡し、どうぞお先に好きなサイコロをひとつ選んでくださいと言う。相手は、先に選んだほうが有利だろうと考えて、どれかひとつを選ぶ。そのほうが、「最善の」サイコロを選ぶ可能性が高いと思ってのことだ。しかしもちろん、「最善の」サイコロというものは存在せず、バフェットは熟慮の上、相手が選んだものより強いサイコロを選ぶ特権を手に入れるというわけだ。これによりバフェットが勝つことが保証されるわけではないが、確率論的には優位に立つことができる。

バフェットはあるとき、マイクロソフトの創設者ビル・ゲイツ〔S9／E14、S22／E2に登場〕をこのサイコロゲームに誘った。ゲイツはすぐに、これは何か裏があるとにらんだ。しばらくサイコロを調べたゲイツは、どうぞあなたがお先に選んでください、とバフェットに言った。

（＊7）さらに大きなメルセンヌ素数を発見するための、大衆参加のプロジェクトがある。The Great Internet Mersenne Prime Search（GIMPS）は参加者がフリーソフトをダウンロードして、各自のコンピュータの余剰処理能力を利用して解析を行う。その後、各コンピュータが、記録破りの大きな素数を探すため、与えられた数をふるいにかけていく。このプロジェクトに参加すれば、記録を更新する新たなメルセンヌ素数を発見できるかもしれない。

第九章　無限とその向こう

《デッド・パッティング・ソサエティー》（一九九〇）〔141頁参照〕は、バート・シンプソンがお隣のネッド・フランダースの息子トッドと、ミニチュアゴルフで勝負する話だ。その勝負にはなんとしても勝たねばならない。なぜなら敗《ま》けた者の父親には悲惨な運命が待ち受けているからだ。妻のよそ行きドレスを着て、勝者の庭の芝生を刈らなければならないのである。

父親同士の険悪な口論の最中、ホーマーとネッドは互いを言い負かそうとして、無限を持ち出す。

ホーマー「明日、ハイヒールを履くのはおまえだからな！」

ネッド「おあいにくさま、それはあんたのほうだ」

ホーマー「おまえだ」
ネッド「あんただ！」
ホーマー「おまえだ」
ネッド「あんた！」
ホーマー「おまえだ、無限回！」
ネッド「あんただ、無限回＋1」
ホーマー「ドォ！」〔ホーマーが、苛立ったときなどに発する言葉で、英語圏に広く普及し、オックスフォード英語辞典にも載っている〕

このやりとりを提案した脚本家は誰だったのかと尋ねてみたが、誰も覚えていなかった。それも無理はないだろう。なにしろこれが書かれたのは、二十年以上も前のことなのだから。しかし、ホーマーとネッドのケチな口論をめぐって、脚本を書く作業が大きく脱線することになっただろうという点では、みんなの意見が一致した。この口論をきっかけに、無限とは何かというテーマで突っ込んだ議論が始まったはずだからだ。無限回＋1は無限回よりも多いのだろうか――つまり、無限大＋1は、無限よりも大きいのだろうか？　そもそも、これは意味のある発言なのか、それとも単なる口から出まかせなのだろうか？　いずれにせよ、それを証明することができるのだろうか？

こうした疑問に答えようとするなかで、脚本を書くためにテーブルを取り囲んでいた数学出身の脚本家たちの口から、ゲオルク・カントールの名前が出たに違いない。一八四五年にロシアのサンクトペテルブルグに生まれたカントールは、無限大とは何なのかという問題に、初めて本格的に取り組んだ数学者だった。しかしカントールの著作はすべてきわめて専門性が高かったので、その仕事を広く世に伝えるという役目は、傑出したドイツの数学者であるダーフィト・ヒルベルト（一八六二－一九四三）〔ロシア生まれ、ドイツの数学者。一九〇〇年に学会等で発表されまとめられた「ヒルベルトの23の問題」は二十世紀の数学の発展を促した〕が担《にな》うことになった。ヒルベルトは、巧みなたとえ話を見つけ出してきて、無限大に関するカントールの考えをわかりやすく説明するのがとてもうまかった。

無限大を説明するためにヒルベルトが考え出したたとえ話の中で、人口に膾炙《かいしゃ》したもののひとつが、「ヒルベルトのホテル」という架空の建物を使ったものだ。広大なそのホテルには無限にたくさんの部屋があり、それぞれの部屋の扉には、1、2、3……と番号がついている。繁忙をきわめたある晩のこと、満室になったホテルに、予約のない客がひとりやってきた。さいわい、ホテルのオーナーであるヒルベルト博士にはうまい考えがあった。彼はすべての客に、今いる部屋から隣の部屋に移ってくれるよう頼んだ——一号室の客には二号室に移ってもらい、二号室の客には三号室に移ってもらう、という具合に。すると、すべての客に部屋を提供したうえで、一号室が空くから、そこに新しい客を案内できるというわけだ。このシナリオからわかるように、無限大＋1は、やはり無限大である（このことはもっと厳密に証明することもできる）。おかしな話に思われるかもしれないが、この結論は否定しようがない。

つまり、ホーマーが「無限回」と言ったとき、「無限回＋1」と言えばその上をいけると考えたネッド・フランダースは、間違っていたということだ。実は、たとえネッドがホーマーをやり込めようとして、「無限回＋無限回」と言ったとしてもだめなのだ。それを証明するのが、ヒルベルトのホテルに関するもうひとつのエピソードである。

ホテルがまたも満室になっているとき、無限に長い長距離バスがやってきた。そのバスの運転手は、乗客は無限に大勢いるのだが、その全員をこちらのホテルに宿泊させてもらえないだろうか、とヒルベルト博士に尋ねた。ヒルベルトは慌《あわ》てずさわがず、ホテルに宿泊しているすべての客に、今の部屋番号の二倍の番号の部屋に移ってくれるように頼んだ。一号室の客は二号室に、二号室の客は四号室へ、という具合だ。こうすれば、すでに宿泊している無限に大勢の客全員が、偶数番号の部屋に移り、奇数番号の部屋はすべて空室になる――そして奇数はやはり無限にたくさんあるのだ。こうしてヒルベルトのホテルは、バスでやってきた無限に大勢の客に部屋を提供することができる。

この結論もまた、ありえない話だと思うかもしれない。こんなことを考えても意味がない、と思う人もいるだろう。こういう議論をする連中は、象牙《ぞうげ》の塔の中で空理空論を弄《もてあそ》んでいるのでは？　だが、こうして導かれた結論は、無意味な屁理屈《へりくつ》などではない。数学者たちは、無限大についてであれ、ほかの何についてであれ、堅固な基礎の上に厳密な論証をひとつずつ積み上げることによって、ゆるぎない結論を導き出しているのである。

それに関してこんな逸話がある。ある大学の副総長が、物理学部の部長に苦情を言う。

「物理学者はどうしていつもいつも、実験室や装置にあれほど金がいるんだ？　数学部のようにやればいいではないか。数学者は、鉛筆と紙と屑籠《くずかご》がありさえすれば研究できるんだぞ。いっそ哲学者のようにやってみてはどうだね。彼らは鉛筆と紙しかいらないんだからな」

この逸話は、数学のような厳密性のない哲学への皮肉になっている。数学は細心の注意を払って真理を追究する学問である。なぜなら数学においては、新たに提唱されたものすべてを、徹底的に検証することが可能だからだ。そうして検証された結果として、既存の知識の体系に組み入れられるか、屑籠に放り込まれるかが決まる。数学の概念は、ときに抽象的で理解しがたいものにもなるが、それでもなお、すべては徹底的な検証のプロセスをくぐり抜けなければならないのである。

かくして、ヒルベルトのホテルから次のことが明らかになった。

無限大＝無限大＋1
無限大＝無限大＋無限大

ヒルベルトの説明には高度な数学は使われていないが、無限大に関するこうした逆理的結論を摑《つか》み取るために、カントールは、数という数学的構造物の内部へと深く沈潜することを強いられた。そうして彼は、頭脳に多大な負担をかけたことのツケを払わされることになる。重い抑うつ状態に陥り、たびたびサナトリウムに入っては、滞在も長引くようになっていったのだ。やがてカントールは、自分は神と直接対話していると信じるようになった。それどころか、自分は神の力を借りることによって数学上のアイディアを得ているのだと信じ、無限大と神とを同一視するに至った。彼はこう述べている。

「無限大は、もっとも完全な形態として、また、世俗の世界とは独立したものとして、天上に実現されているのである。わたしはそれを、絶対無限、ないしは絶対者と呼ぶ」

カントールの精神は、無限大について自ら導き出した途方もない結論を受け止めることができなかった。保守的な数学者に批判されたり、揶揄《やゆ》されたりしたことも、こうした精神状態に陥る一因となった。悲しいかな、一九一八年に、カントールは栄養不良と貧困のなかで死亡した。

カントールの死後、ヒルベルトは無限大の数学に取り組むべしと、仲間の数学者たちに呼びかけた。

「無限！　人間の精神をかくも深く揺さぶる問題はほかにない。人間の知性をかくも実り豊かに刺激する考えはほかにない。しかしまた無限という概念ほど、さらなる明《めい》晰《せき》化を必要とするものもないのである」

無限を解明するための戦いにおいて、ヒルベルトはカントールの側に立つことを言明した。

「なんぴとたりとも、カントールが創造してくれた楽園から、われわれを追放することはできない」

＊　＊　＊

『ザ・シンプソンズ』の脚本家チームには、数学出身者だけでなく、数学に関心を持つ科学畑の人たちもいる。そのひとり、ジョエル・H・コーエン（デーヴィッド・S・コーエンとは別人）は、カナダのアルバータ大学時代は科学を学んだ。エリック・カプランは、コロンビア大学とカリフォルニア大学バークレー校で学び、履修した教科には科学哲学も含まれている。電子工学を専攻したデーヴィッド・マーキンは、『ザ・シンプソンズ』のチームに参加するまでは、フィラデルフィアのドレクセル大学〔一九八〇年代前半より先駆的なコンピュータ教育を始めるなど、理科系を重視する〕と全米航空施設実験センターにいた。ジョージ・メイヤーは生化学の学士号を得て大学を卒業したのち、ドッグレース〔イギリスやアメリカで盛んな犬の競走〕の賭《か》けの必勝法を発明するために数学に目を向けたが、結局、うまい方法が見つからなかった。しかしそのおかげでメイヤーは、ドッグレースに愛想をつかし、ロサンゼルスでもっとも尊敬されるコメディー作家のひとりになるという道に向かったのだから、コメディー界にとっては、必勝法開発の失敗はもっけのさいわいだったろう。

こういうメンバーたちのおかげで、脚本を練りあげるプロセスで数学の議論をしたがる人間につねに不足はなかった。とはいえ、さすがの『ザ・シンプソンズ』の脚本家たちも、仕事中に無限大やカントールやヒルベルトのホテルについて延々と議論するのはやりすぎだと感じていた。しかし幸運にも、うまい解決策が見つかった。脚本執筆の妨げにならずに、たっぷり数学の議論をするためには――数学クラブを作ればいいのだ。

数学クラブというアイディアが生まれたのは、マット・ウォーバートンとロニ・ブランが、ロサンゼルスのとあるバーで飲んでいたときのことだ。ウォーバートンはハーバード大学で認知神経科学を学んだのち、『ザ・シンプソンズ』が始まるとまもなくチームに参加して、かれこれ十年以上になっていた。一方のブランは、ハーバード在学中にコメディーの世界に飛び込み、『ハーバード・ランプーン』の編集に携わったが、卒業後は主にファッションと音楽の分野で仕事をしていた。

「大学を出てから、頭が鈍っているという悲しい現実に気づいたの。それが数学クラブを始めるきっかけだった」とブラン。

「ブック・クラブがうらやましかったわ。わたしは小説はあまり読まないけれど、頭を使って議論できる場がほしかった。ある晩、バーでマット・ウォーバートンと飲んでいるときに、ブック・クラブしかないなんて不公平だ。数学クラブがあったっていいじゃない、と言ったの。ウォーバートンは、そうだねぇ、と適当に相槌《あいづち》を打ちながらビールを飲んでいた。その後、シンプソンズの脚本家チームには数学出身者がたくさんいると彼から聞いて、これはいけると思ったのよ」

『ファイト・クラブ』のブラッド・ピットの意見は違うかもしれないが、数学クラブの第一のルールは、数学クラブのことを口外せよ、というものだ。むしろ、この福音は広められなければならないとされた。数学クラブの中核メンバーは『ザ・シンプソンズ』の脚本家たちだが、学校教師や研究者はもちろん、数学に興味のあるロサンゼルスの住人なら誰でも数学クラブに参加することができた。

数学クラブの第一回会合は、二〇〇二年九月に、ブランの家で開かれた。開会記念講演は、「超現実数」と題され、『ザ・シンプソンズ』の脚本家チームに参加する前は、数学で博士号を取得するための研究をしていたJ・スチュワート・バーンズが行った。第二回以降は、バーンズの仲間たちが順番に「グラフ理論入門」とか「確率における問題の無作為抽出」といった演題で講演を行った。

数学クラブは、共通の関心を持つ友人たちや仕事仲間のくだけた集まりではあったが、講演の内容は、学問的にもしっかりとした、信頼の置けるものだった。「正方形の細分割」という演題で話をしたケン・キーラーは、『ザ・シンプソンズ』の脚本家の中でも、もっとも数学の才能に恵まれた者のひとりだ。彼は、一九八三年にハーバード大学を最優等で卒業した。つまり彼は、同期の学部卒業生の中でももっとも優秀な応用数学の学生のひとりだったということだ。その後、スタンフォード大学で電子工学の修士号を取得するための研究をしたのちに、ハーバード大学に戻って応用数学の博士号を取得している。博士論文のタイトルは、「画像セグメンテーションのためのマップ表現と最適コード化」というクールなものだ。その後キーラーは、ニュージャージー州のAT&Tベル研究所で研究を始めた。ベル研究所はそれまでに七人のノーベル賞受賞者を生んでいた。ちょうどそのころ、キーラーとジェフ・ウェストブルックの人生航路が交わった。同じ分野で研究していた二人は、「平面グラフおよび平面マップの短いコード化」という論文を共著で書いている（*Discrete Applied Mathematics* 58, no. 3 (1995) : 239-52)。またSFテレビシリーズ『スタートレック：ディープ・スペース・ナイン』の脚本を一本共作した。その作品は、舞台に立っているときに、観客の中にいたエイリアン全員を侮辱したせいで宇宙戦争の火蓋《ひぶた》を切ってしまう、二人組のお笑い芸人の話である。

数学クラブの規模はしだいに大きくなっていった。参加者全員が講演を聞けるように屋外で集会を行ったり、シーツを吊《つ》り下げて、間に合わせのプロジェクタ・スクリーンを作ったりしたこともあった。カリフォルニア通信情報機構（$\mathrm{Cal(IT)}^2$）の主任科学者ロナルド・グレアム博士のような著名な数学者の話を聞くために、多いときには百人もの聴衆が集まった。ちなみに、グレアムはポール・エルデシュとの共著論文が二十本以上あることで知られ、エルデシュ数を世に広めるために大きな役割を果たした。またグレアムは、「グレアム数」という、非常に大きな数に名を冠された人物でもある〔グレアム数の功績に加え、日本のタレントとしても有名なハンガリーの数学者ピーター・フランクルにジャグリングを教えたことでも知られる〕。グレアム数は一九七七年に、数学論文に出てきた最大の数という記録を達成した数である。その途方もない大きさの感じをつかむために、物理学に現れるもっとも小さな体積である「プランク体積」を考えよう。水素原子一個の内部には、プランク体積の空間を10^{73}個も押し込むことができる。さて、グレアム数を、各桁《けた》の数がちょうど一個のプランク体積を占めるようにしながら宇宙空間に書き込んでいったとすると、観測可能な宇宙全体を埋め尽くしてさえ、グレアム数は書ききれないのだ。ここでは、グレアム数の最後の10桁を知るだけで満足することにしよう。

……2464195387

数学クラブの講演のなかでも、とくに忘れがたいのは、《ホーマーの最終定理》を作ったデーヴィッド・S・コーエンによるものだろう。コーエンの話は、コメディー作家になる前に彼自身が取り組んでいた研究に関するもので、その意味でも特別だ。ハーバード大学を卒業したコーエンは、ハーバード大学ロボット研究所で一年間研究したのち、カリフォルニア大学バークレー校でコンピュータ科学の修士号のための研究を仕上げる予定だった。バークレー時代にコーエンが研究していたのが、いわゆる「パンケーキ・ソート問題」で、それが数学クラブでの講演のもとになった。

パンケーキ・ソート問題は、一九七五年に、ジェイコブ・E・グッドマンにより提出された問題である。ニューヨーク市立大学シティカレッジの幾何学者であるグッドマンは、ハリー・ドウェイター〈Harry Dweighter ＝ harried waiter（大忙しのウェイター）〉の偽名を使っていた。彼はこう書いている。

うちのレストランのシェフは仕事が雑で、重ねるパンケーキのサイズが揃《そろ》わない。そこでわたしはその皿を客のテーブルに運びながら、上から何枚かすくってひっくり返すということを必要なだけ繰り返し（そのつどひっくり返す枚数は異なる）、パンケーキを並べ替える（一番小さいものが一番上に、一番大きなものが一番下に来るようにする）。n枚のパンケーキがあるとき、並べ替えを完成させるためには、最大で何回（nの関数として）ひっくり返す必要があるか？

言い換えれば、ホーマーがスプリングフィールドの市営パンケーキハウス――《マージ・シンプソンのねじれた世界》（一九九七）〔S8/E11〕に登場する店――を訪れたとして、ウェイターが、サイズの異なるn枚のパンケーキがランダムに積み上げられた皿を彼のテーブルに運ぶとき、パンケーキをサイズ順に並べ替えるためには、最悪何回ひっくり返さなければならないだろうか？　ひっくり返す回数のことを、パンケーキ数P_nという。問題は、P_nを予測する式を見出《みいだ》すことだ。

パンケーキ・ソート問題は、提案されるとすぐに数学者の興味を引いた。それには二つほど理由がある。第一に、パンケーキの並べ替えは、データの並べ替えに相当するため、コンピュータ科学のさまざまな問題を解くカギになりそうだったこと。第二に、この問題は一見すると簡単そうだが、実は難しいということだ。数学者という人たちは、解決できるかどうかギリギリの問題が大好きなのだ。

いくつか簡単なケースを考えてみると、この問題の本質がわかってくる。まずパン

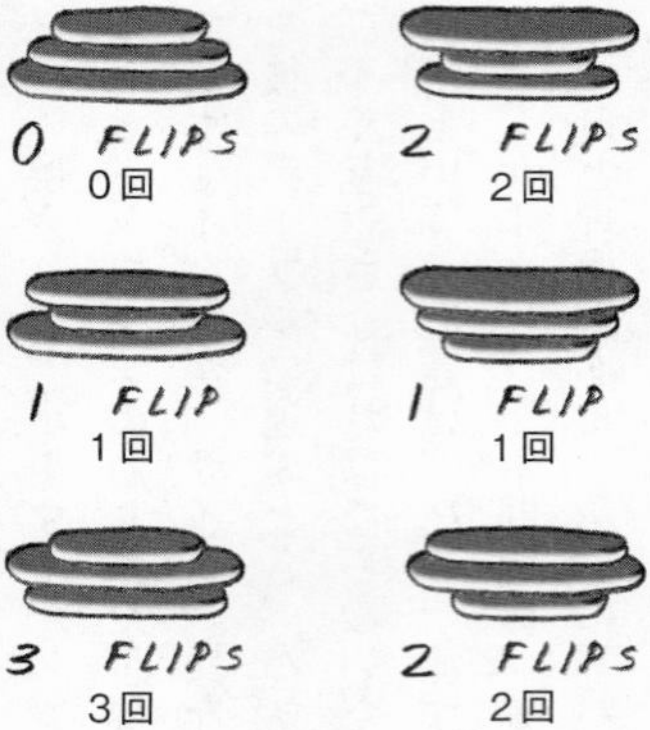

ケーキが一枚の場合、パンケーキ数はいくつになるだろうか？　答えはゼロである。パンケーキが1枚なら、重ね方はひと通りしかないからだ。したがってP_1＝0である。

　では、パンケーキが二枚重なっているとき、パンケーキ数はいくつになるだろうか？　この場合、パンケーキは正しい順番に重なっているか、間違った順番に重なっているか、二つにひとつである。最悪の場合がどちらかは、すぐにわかるだろう。そして二枚のパンケーキをまとめて一度ひっくり返せば、正しい順番に直すことができる。したがって、P_2＝1である。

　パンケーキが三枚のとき、パンケーキ数はいくつになるだろうか？　これはちょっと注意が必要だ。というのも、出発点となる配置は六つあり、それに応じて正しい順番にするための操

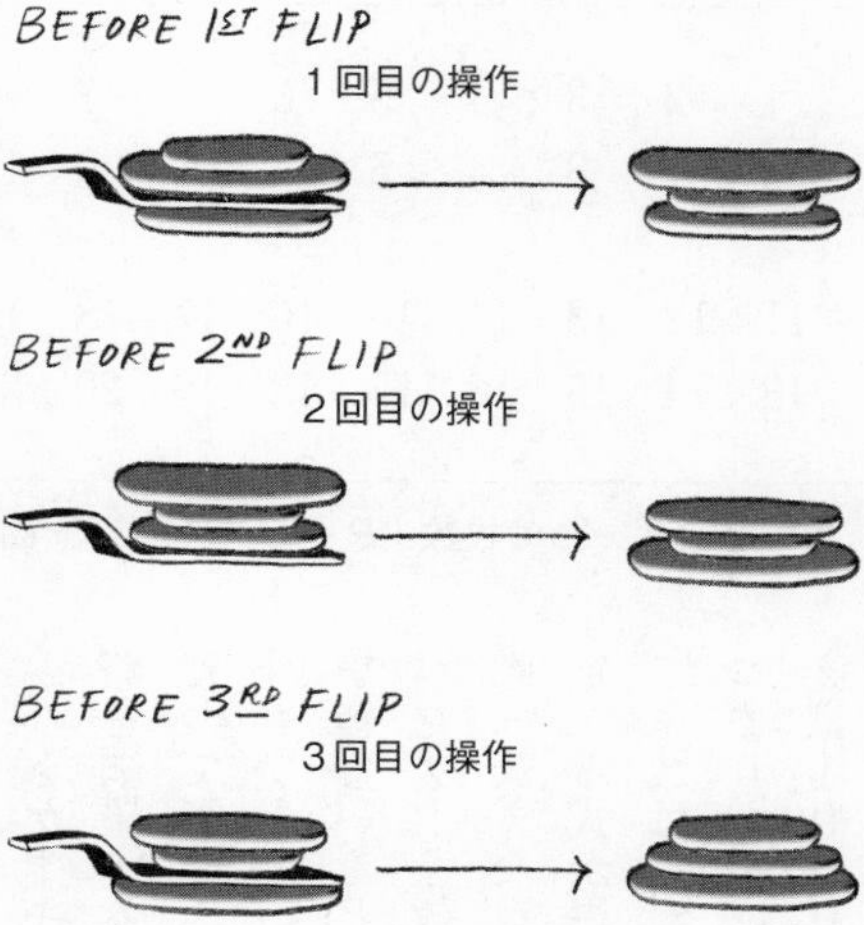

作回数は、0から最悪3までの可能性があるからだ。つまり、$P_3=3$である。

六つの場合について、各図に付された回数で正しい順番に並べ替えるにはどうすればよいかは、みなさん自身が考えてみてほしい。しかし、最悪のケース〔三回の場合〕は、操作が少々複雑なので、そのプロセスを上の図に示しておこう。それぞれのステップが、一回の操作である。左側は、パンケーキのある階層にフライ返しを差し込んだところ。右側は、ひっくり返した後のパンケーキの配置である。

パンケーキの山が高くなるにつれて、出発点となる配列も増える。ひっくり返す操作のやりかたも増え、問題はど

n	1	2	3	4	5	6	7	8	9	10
P	0	1	3	4	5	7	8	9	10	11
n	11	12	13	14	15	16	17	18	19	20
P	13	14	15	16	17	18	19	20	22	?

n＝パンケーキの枚数、P＝ひっくり返す回数

んどん難しくなる。さらに悪いことに、パンケーキ数（P_n）の数列には、何のパターンもなさそうなのだ。最初の十九のパンケーキ数を示そう。

　パンケーキの積み上げ方と、それらをひっくり返す戦略を網羅するのは非常に難しく、強力なコンピュータを使ってさえ、二十番目のパンケーキ数を計算することは今もできていない。この問題が誕生してから三十年以上を経ているというのに、力ずくの計算をせずにすむよう、パンケーキ数を予想する式を見出した者はいないのだ。唯一《ゆいいつ》大きな進展といえるのは、パンケーキ数の上限を設定する式が得られたことだろう。一九七九年に、パンケーキ数は$(5n+5)/3$よりも小さいことが示されたのだ。つまり、馬鹿馬鹿《ばかばか》しいほどたくさんのパンケーキ（たとえば１０００個）を考えても、パンケーキ数（すなわち最悪のケースについてパンケーキを大きさ順に重ねるための操作回数）は、

$$\frac{(5\times1000+5)}{3}=1668\ 1/3$$

より小さいということはわかるのである。

3分の1回という操作はありえないことを考えると、P_{100}は1668以下となる。この結果は有名なのだが、それはウィリアム・H・ゲイツとクリストス（フリストス）・H・パパディミトリウ〔ギリシャ出身の計算機科学者〕との共著論文に発表されたからである。ウィリアム・H・ゲイツは、マイクロソフトの共同設立者であるビル・ゲイツと言ったほうが通りがいいだろう。この論文は、彼がこれまでに発表した唯一の学術論文とみなされている。

ゲイツの論文は、彼がハーバード大学の学部時代に行った研究にもとづいており、この問題が紆余《うよ》曲折のすえにさまざまなバリエーションを生んだことにも言及している。たとえば「焦《こ》げたパンケーキ問題」は、片面が焦げたパンケーキに関するもので、サイズを正しく並べ替えるだけでなく、それぞれのパンケーキを正しい向きにひっくり返さなければならない（焦げた面を下にする）。デーヴィッド・S・コーエンがバークレー時代に取り組んだのは、この問題だった(*8)。

コーエンは一九九五年に、焦げたパンケーキをひっくり返す最大の回数は、〈$3n/2$〉と〈$2n-2$〉のあいだにあることを示す論文を書いた。ここでもまた、パンケーキが千枚の場合を考え、すべて片面が焦げているとすると、最悪の場合に正しく並べ替えるための操作回数は、1500と1998のあいだであるということだ。

こういうところが、『ザ・シンプソンズ』の脚本家たちをユニークなものにしているのである。彼らは数学クラブの会合に出席するだけでなく、厳密な講演を行い、真《ま》面目《じめ》な数学の学術論文までも書いているのだ。

デーヴィッド・S・コーエンは、このチームの数学力の高さに、脚本家たち自身が驚くこともあるという例として、こんな逸話を語った。

「わたしはパンケーキ数に関するこの論文を、指導教授で著名なコンピュータ科学者であるマヌエル・ブルムの指導のもとで書き、『離散応用数学』(*Discrete Applied Mathematics*)という専門誌に投稿した。その後、わたしは大学院を去り、『ザ・シンプソンズ』の脚本を書くようになった。その論文が受理されてから世に出るまでのあいだには、とてつもなく長い時間がかかった。受理されてから改訂作業があって、ようやく掲載にこぎつけたんだ。だから論文が世に出たときには、わたしはもうずいぶん長いこと『ザ・シンプソンズ』の仕事をしていたし、ケン・キーラーもこのチームに雇われていた。そんなわけで研究論文がついに出たときは、抜き刷りを手にわたしはこう言った。〝見てくれ、『離散応用数学』に論文が載ったよ〟。みんなずいぶんビックリしてくれたが、ケン・キーラーは別だった。彼はこう言ったんだ。〝そうかい、わたしは二カ月ほど前に、その雑誌に論文が載ったよ〟」

コーエンは苦笑いをしながら、嘆くように言った。

「『ザ・シンプソンズ』の脚本を書くようになってみたら、『離散応用数学』に論文が載った唯一の脚本家にもなれないとはね」

（＊8）出典："On the Problem of Sorting Burnt Pancakes," *Discrete Applied Mathematics* 61, no.2 (1995) : 105–20.

第十章　案山子《かかし》の定理

ホーマー・シンプソンは、頭脳派のキレ者で通っているわけではない。むしろスプリングフィールド市民の中でも、気どりのない凡俗の人という評判をもらっている。《ホーマーvs.修正十八条》（一九九七）〔S8／E18　アメリカ合衆国憲法修正第十八条は一九一七年十二月に議会を通過した、いわゆる「禁酒法」〕では、ホーマーが乾杯の音頭《おんど》をとるが、そこには彼の飾らない人生哲学が披瀝されている。

「酒に乾杯！　人生のあらゆる問題の原因であるとともに、それらすべてを解決してもくれる、酒に！」

　しかし脚本家たちは折に触れて、ホーマーのナードな一面をのびのびと発揮させている。一九九八年の《エバーグリーン・テラスの魔法使い》はすでに取り上げたが、それ以外にもいくつかの回で、ホーマーは、ギークの矜持《きょうじ》を世に示す、いわば広告塔の役割を演じている。たとえば、世界でももっとも名望ある科学雑誌『ネイチャー』は、

《PTAが解散する》（一九九五）〔S6／E21〕でのホーマーのセリフを賞賛した。永久機関を作ろうとする娘に向かって、ホーマーはこう言うのだ。

「リサ、熱力学の法則に従うのが、我が家のルールだぞ！」

ホーマーは、科学の基本法則を唱えるだけでなく、自ら科学的探究に乗り出すこともある。《イー・イー・アイ・ドォ》（一九九九）〔S11／E5　原題は「マクドナルド爺さん農場を持っていた」というマザーグースの歌にちなむ〕では農業に手を染め、痩《や》せた土地になんとか作物を実らせようとして、プルトニウムを散布する。案の定、できた作物はミュータントだった。見た目はトマトだが中身はタバコのその作物を、ホーマーはトマコと呼んだ。

この回を見たオレゴン在住のシンプソンズ・ファン、ロブ・バウアーは、ホーマーがやったことを追試してみようと思い立った。ただしバウアーは放射性物質を撒《ま》くのではなく、タバコの根にトマトを接《つ》いでみた。これはそれほどおかしなアイディアではない。トマトとタバコはどちらもナス科の植物で、こうした近縁の植物を接いだ場合、一方の性質を他方に移せる可能性があるのだ。実際、バウアーの育てたトマトの葉っぱには、たしかにニコチンが含まれており、科学的事実はSFと同じぐらい奇妙であることが証明された。

第七章で取り上げた《彼らはリサの頭脳を救った》にも、ホーマーの頭脳が活躍の場を与えられている。スティーヴン・ホーキングが、荒れ狂う市民たちからリサを救出したのち、エンディングのシーンで、教授はリサの父親と「モーの店」で語り合う。そして宇宙論に関するホーマーのアイディアに感心して、こう言うのだ。

「宇宙はドーナツ型をしているというあなたの理論はなかなか興味深い……そのアイディアを拝借しようかな」

ドーナツ型の宇宙なんて馬鹿《ばか》げていると思うかもしれないが、数学を使って宇宙を調べている研究者たちは、この宇宙は実際にそうなっている可能性があるという。なぜそんなことが可能なのかを理解するために、三次元の宇宙空間全体が二次元に潰《つぶ》れて平たくなり、宇宙のあらゆるものが、一枚のシート上に乗っているものとイメージしてみよう。

常識的に考えれば、そんなシート状の宇宙は、あらゆる向きに無限に広がった平面になりそうだ。しかし宇宙論という分野で常識が通用することはまずめったにない。アインシュタインは、空間は曲がることを教えてくれた。いったんそれを受け入れてしまえば、ありとあらゆるシナリオが飛び出してくる。たとえば、シート状の宇宙は無限に広がっているのではなく、ゴム膜でできた大きなシートのような長方形だと考えてみよう。その長方形の長辺を貼《は》り合わせて円筒形にする。その円筒の両端を貼り合わせれば、中身のないドーナツ状になる。それがホーキングとホーマーが論じていた宇宙だ。

　もしもあなたがドーナツ型をした宇宙の表面で暮らしているとすると、色の薄い矢印に沿って旅を続けていけば、いずれは出発点に戻るだろう。色の濃い矢印に沿って進んでも、やはり出発点に戻ることになる。ドーナツ宇宙の光景は、ビデオゲームの歴史上、空前絶後のベストセラーである、アタリの「アステロイド」〔アタリは世界で初めてビデオゲーム専門に作られたアメリカの会社。「アステロイド」は一九七九年発表。ちなみにアタリは日本の囲碁の「当たり」に拠るもので社章は富士山を象る〕のそれに似ている。全方位から飛来する岩石や敵を迎撃するプレイヤーが迎撃機を東に向かって進めると、迎撃機は画面の右端から出て行き、左端から画面に戻ってくる。同様に、迎撃機を北に向かって進めると、迎撃機は画面の上端から出て行き、下端から画面に戻ってくる。

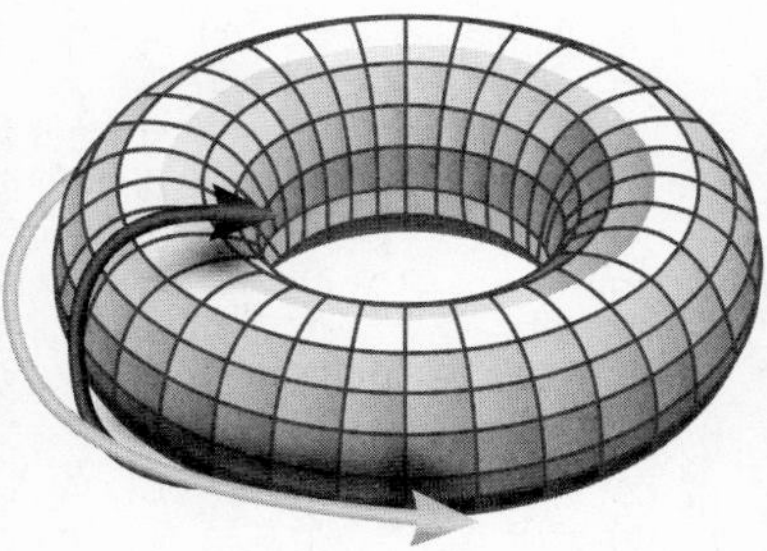
ドーナツ型の宇宙

　これまでの話は、ドーナツ型の宇宙として、二次元平面を変形させたものをイメージしてきたが、物理法則の観点からは、三次元空間もドーナツ状にすることができる。数学者でもない限り、三次元空間がドーナツ状になるといわれても意味がわからないが、ホーキングとホーマーは、ドーナツ状の宇宙は、われわれの宇宙として十分ありうることを理解しているのだ。イギリスの科学者J・B・S・ホールデーン（一八九二－一九六四）は、かつてこう語った。

「宇宙は、想像以上に不思議なだけでなく、想像することもできないほど不思議なのかもしれない」

脚本家たちはこのほかにもいくつかの回で、何らかの方法でホーマーの頭脳に衝撃を与え、それをきっかけに数学の力を発揮させている。《HOMЯ》（二〇〇一）〔S12／E9〕では、ホーマーの脳にクレヨンが入り込んでいることが判明し、手術でクレヨンが除去される。するとホーマーは突如として、微積分を使えば、神は存在しないことを証明できることに気づく。ホーマーはその証明を、信仰篤《あつ》い隣人のネッド・フランダースに見せる。はじめフランダースは、そんなことで神の存在が吹き飛んでしまうとは信じない。そこでフランダースは証明を吟味しはじめる。

「どれどれ、ちょっと見てみよう……奴《やつ》はどこかで間違いを犯しているんだろう……いや、これは水も漏らさぬ証明だ。この証明は崩せないぞ」

ホーマーの論理に欠陥を見つけられなかったフランダースは、証明の書かれた紙を燃やしてしまう。

このシーンは、数学史上もっとも有名なエピソードのひとつである、ある事件へのオマージュになっている。

十八世紀のもっとも偉大な数学者であるレオンハルト・オイラー〔スイス生まれ、ロシアで活躍した数学者、天文学者。オイラーの定理等で知られる〕が、ホーマーとは逆に、神の存在を証明したと主張したのである。その事件が起きたのは、オイラーがサンクトペテルブルグのエカテリーナ大帝の宮廷にいたときのことだった。エカテリーナと廷臣たちは、フランス人哲学者ドニ・ディドロ〔フランス啓蒙思想の到達点のひとつといわれる『百科全書』の編纂にかかわる〕の影響力に頭を痛めていた。ディドロは無神論を公言して憚らなかったのだ。また彼は、どうやら数学を毛嫌いしているらしかった。そこで女帝たちは、数学者オイラーに神の存在を証明するかのような式をでっち上げ、ディドロの異端に終止符を打ってくれるよう頼んだ。公衆の面前でオイラーの複雑な式を示されたディドロは、返す言葉もなく黙り込んでしまう。無様な結果となったオイラーとの対峙《たいじ》ののち、サンクトペテルブルグの笑いものになったディドロは、まもなく女帝の許しを得てパリに帰って行った。

《スプリングフィールド（または、いかにしてわたしは合法的ギャンブルに対する懸《け》念《ねん》を払拭《ふっしょく》し、それを愛することを学んだか）》（一九九三）〔S5／E10　原題はスタンリー・キューブリックの映画『博士の異常な愛情　または私は如何にして心配するのを止めて水爆を愛するようになったか』（一九六四）へのオマージュ〕の回でも、ホーマーの数学的頭脳がまたしても一時的に活性化する。

この回ではヘンリー・キッシンジャーが、（なぜか）ホーマーの職場であるスプリングフィールド原子力発電所にやってくる。元合衆国国務長官は、あろうことか発電所のトイレで、トレードマークのメガネを便器に落としてしまう。便器からメガネを拾い上げる勇気もなく、かといって誰かに相談するのも恥ずかしいキッシンジャーは、ブツブツと独りごとを言う。「トイレにメガネを落としたのがわたしだとは、誰にもわかりゃしないさ。〔ベトナム戦争収束のための〕パリ和平協定を起草した、このわたしだとは……」

しばらくしてホーマーが同じトイレに入り、便器にメガネが落ちていることに気づく。もちろんホーマーは、それを拾ってかけずにいられない。そしてメガネをかけた瞬間、ホーマーにキッシンジャーの頭脳が乗り移ったようなのだ。まだトイレにいるうちから、ホーマーの口から数式が飛び出す。

「二等辺三角形の任意の二辺の平方根の和は、残る一辺の平方根に等しい」

ピュタゴラスの定理のように聞こえるが、実は少々違っている。正しいピュタゴラスの定理は次の通り。

「直角三角形の斜辺の二乗は、隣り合う二辺の二乗の和に等しい」

一番大きな違いは、ホーマーの口から出たのは、二等辺三角形に関する命題なのに対し、ピュタゴラスの定義は、直角三角形に関するものだということだ。学校で習ったように、二等辺三角形は、二つの辺の長さが等しい三角形である。それに対して直角三角形は、ひとつの角が直角でありさえすれば、辺の長さにとくに制約はない。

ホーマーの命題には、そのほかにも二つほど気になる点がある。第一に、彼は辺の長さの「平方根」を問題にしているのに対し、ピュタゴラスの定理では、辺の長さの「二乗」が扱われていること。第二に、ピュタゴラスの定理は、直角三角形の斜辺と、他の二辺との関係について述べているのに対し、ホーマーは、二等辺三角形の「任意の二辺」と、「残る一辺」との関係について述べていることだ。「任意の二辺」は、二つの等辺であってもよいし、二つの等辺のうちの一方と、残る一辺であってもよい。

SIMPSON'S CONJECTURE シンプソンの予想		(1) $\sqrt{a}+\sqrt{a}=\sqrt{b}$ AND (2) $\sqrt{a}+\sqrt{b}=\sqrt{a}$
PYTHAGOREAN THEOREM ピュタゴラスの定理	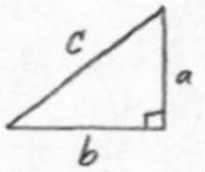	$a^2+b^2=c^2$

上の表には、ホーマーが口走ったことと、ピュタゴラスの定理との違いを、わかりやすく図と式でまとめておいた。ホーマーは、標準的な数学にひとひねりを加え、ピュタゴラスの定理の修正版、すなわち「シンプソンの予想」を作ったのである。定理と予想との違いは、前者はすでに正しいことが証明されているのに対し、後者はまだ証明も反証もされていない命題であることだ。では、シンプソンの予想はどうなのだろう？

シンプソンの予想は、すべての二等辺三角形に関する命題だから、それが正しいことを証明するためには、無限にある三角形のすべてについて、この命題が成り立つことを示さなければならない。しかし、シンプソンの予想が成り立たないことを証明するのなら、予想を満たさない三角形をひとつ見つけるだけでいい。証明するより反証するほうが易しそうなので、ここではシンプソンの予想をつき崩す、反例を見つけることを試みてみよう。

二つの等辺の長さが9、底辺の長さが4であるような二等辺三角形を考えよう。この二等辺三角形の任意の二辺の長さについて、それぞれ平方根をとって和を求める。その結果が、残る一辺の長さの平方根に等しくなるだろうか？

$\sqrt{9}+\sqrt{9}=\sqrt{4}$　すなわち　$3+3=2$　つまり間違い

$\sqrt{9}+\sqrt{4}=\sqrt{9}$　すなわち　$3+2=3$　これもまた間違い

どちらの場合も、二辺の平方根の和は、残る一辺の平方根にならない。つまりシンプソンの予想は、明らかに成り立たないのだ。

ホーマーにとっては残念な展開だが、彼を責めるのは間違いだろう。なにしろ彼がこんなことを口走ったのは、キッシンジャーのメガネの影響のせいなのだから。実際、もしも責任を取るべき者がいるとすれば、それは脚本家たちだ。

ジョシュ・ワインスタインは、ビル・オークリーとともにこの回のメインの脚本家を務めた人物だが、この場面が作られたいきさつと、なぜこんな奇妙な予想が登場することになったのかについて、次のように語ってくれた。

「このジョークは逆向きに作られていったんだ。まず、ホーマーの雇い主であるバーンズ氏（スプリングフィールド原子力発電所の社長で、スプリングフィールドの支配者）に、ホーマーは頭がいいと思ってもらう必要があった。そこでわれわれはこう考えた。『ホーマーは頭がいいとバーンズに思わせるにはどうすればいいだろう？　そうだ、便器にメガネが落ちていて、それをホーマーが見つけるようにしたら面白いのでは？　でも、誰のメガネならいいだろう？　そうだ、ヘンリー・キッシンジャーがいい！』。われわれはヘンリー・キッシンジャー（と、ニクソン時代のあれこれ）をネタにするのが好きなんだ。それにキッシンジャーなら、バーンズ氏の友だちでもおかしくはなさそうだからね」

次に、ホーマーが自らの知性に手応《てごた》えを感じていることを表すセリフが必要だった。ここから先は、脚本家たちがチームとして頭を絞った。やがて数学出身の脚本家のひとりが、あることに気がつく（＊9）。ホーマーが置かれた状況は、『オズの魔法使』（一九三九）終盤のあるシーンと、いくつか共通点があったのだ。

ドロシーは、黄色いレンガ道を歩いてオズの居場所へ向かう途中で、気の弱いライオンと道連れになる――ライオンは勇気がほしい。次に、心がほしいブリキの男。さらに、脳みそがほしい案山子《かかし》が一行に加わる。案山子は、日々の暮らしに必要な常識はたっぷりと身につけているが、教育らしい教育は受けていない典型的なカンザス農民を表しているとみられる。一行はついに魔法使いを探し出すが、魔法使いは案山子に脳みそを与えることができない。しかし魔法使いはその代わりに、案山子に卒業証書をくれる。それを受け取ったとたん、案山子はこう口走るのだ。

「二等辺三角形の任意の二辺の平方根の和は、残る一辺の平方根に等しい」

つまりホーマーが口走ったのは、『オズの魔法使』の案山子のセリフであり、「シンプソンの予想」は、実は「案山子の予想」だったのだ。『ザ・シンプソンズ』の脚本家たちが、案山子の予想とまったく同じニセの予想を使うことにしたのは、ホーマーがキッシンジャーのメガネを見つけたことと、案山子が卒業証書をもらったこととが、自分の頭脳に自信を持ったという意味において、両者に同じ影響を及ぼしたからだった。

ホーマーが案山子の予想を拝借していることに気づくのは、ごくごく一部の視聴者だけだろう。そういう視聴者を表わすには、『オズの魔法使』の熱烈なファンからなる集合と、数学が大好きな人たちからなる集合との〝ベン図〟〔イギリスの論理学者、ジョン・ベンが考案した複数の集合の関係を示す図〕で、共通部分を考えるのが一番わかりやすいだろう。その共通部分に属していたのが、ジョージア州にあるオーガスタ州立大学の数学およびコンピュータ科学部の学生だった、ジェイムズ・イック、アナヒータ・ラフィー、チャールズ・ビアズリーの三人である。この三人はたまたま、『オズの魔法使』のそのシーンを綿密に検討していた。三人がとくに疑問視したのは、「案山子は、ピュタゴラスの定理を唱える予定だったのだが、案山子役の俳優レイ・ボルジャーがセリフを間違え、誰かが気付いたときには時すでに遅く、そのまま放映されてしまった」という説だった。三人はむしろ、『オズの魔法使』の脚本家たちは、故意にピュタゴラスの定理に手を加えたのだろうと論じ、次のように述べている。

「これは考え抜いたうえのことだという感触を持っている。このセリフを言うときの俳優のよどみない口調は、かなり練習したことをほのめかしているし、セリフに含まれる三カ所の明らかな誤りは、案山子がもらった卒業証書の真価のほどを示すために、脚本家たちがわざと持ち込んだのだろう。そして、観客の知識もまた、案山子のそれと五十歩百歩であり、われわれはみんな『案山子』なのだというちょっとした内輪ネタを仕込みたかったのではないだろうか」

　案山子の予想は、それがどこから出てきたものであれ、その背景にどんな動機が隠されているにせよ、明らかに間違っている。そこで、数学を愛するオーガスタ州立大学の三人の学生は、「案山子の予想」は成り立たないとする命題を調べてみた。それがいわゆる「カラスの予想」である。

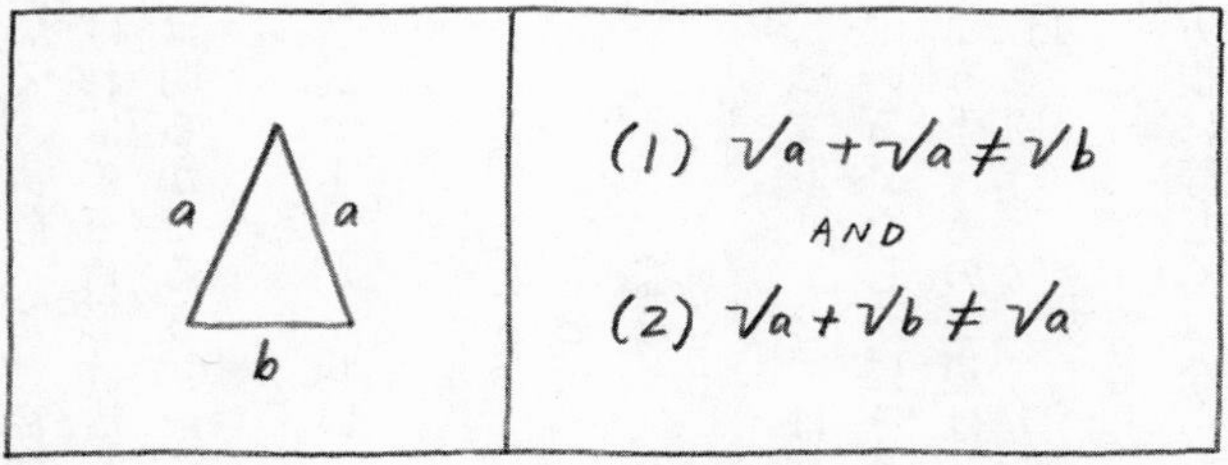

カラスの予想

「二等辺三角形の任意の二辺の平方根が、残る一辺の平方根に等しくなることはない」

イック、ラフィー、ビアズリーの「カラスの予想」は正しいのだろうか？　それを検証するために、これら二つの方程式が成り立つかどうか調べてみよう。上の図版（1）の方程式を少し整理して変形する。

$$\sqrt{a}+\sqrt{a}\neq\sqrt{b}$$
$$2\sqrt{a}\neq\sqrt{b}$$
$$4a\neq b$$
$$a\neq 1/4b$$

この最後の方程式は、二つの等辺の長さaが、底辺の長さbの四分の一しかないということはありえないと述べている。実際、この命題は正しくなければならない。なぜならaが1／2bより長くなければ、三角形は潰れて一本の線分になってしまう。図の三角形を見れば、そのことは明らかだろう。

式（1）が正しいことが示されたので、次に式（2）を検証しよう。

$$\sqrt{a}+\sqrt{b}\neq\sqrt{a}$$
$$\sqrt{b}\neq 0$$
$$b\neq 0$$

つまり式（2）は、二等辺三角形の底辺の長さは、ゼロであってはならないと述べている。たしかにそれはそうだ。さもなければ、三角形の辺が二つしかなくなってしまう！　その二辺は互いに重なり合うのだから、辺がひとつしかない三角形というわけだ！

こうして、二等辺三角形の任意の二辺の長さの平方根の和は、残る一辺の長さの平方根に等しくはならないことが示された。これは深い発見ではないけれど、ともかくも、「カラスの予想」は「カラスの定理」の地位に引き上げられたわけである。

＊　＊　＊

「シンプソンの予想」は、実は「案山子の予想」の使い回しにすぎず、その案山子の予想は誤りであったことが示された。しかしシンプソン家の面々にとって多少の慰めは、シンプソンの名前を冠した重要な——そして正しい——概念がいくつかあることだ。

たとえば「シンプソンのパラドックス」は、もっとも不思議な数学的逆理のひとつだろう。このパラドックスを世に知らしめ、これについて調べたのは、エドワード・H・シンプソンという数学者である。シンプソンが統計に興味を持ったのは、第二次世界大戦中イギリスの秘密暗号解読本部であったブレッチレーパークで働いているときのことだった。

シンプソンのパラドックスの例としてもっともわかりやすいのは、一九六四年のアメリカの公民権法——差別問題に取り組むことを目的とする、歴史的に重要な法律のひとつ——だろう。シンプソンのパラドックスが姿を現すのは、この法案がアメリカ議会に提出された際、民主党と共和党がそれぞれの投票結果を詳しく調べてみたときだ。

北部諸州では、民主党議員の九十四%がこの法案に賛成票を投じたが、共和党の賛成票は八十五%だった。したがって北部では、共和党よりも民主党のほうが、この法案に賛成票を投じる率は高かったことになる。

南部諸州では、民主党議員の七%がこの法案に賛成票を投じ、共和党議員で賛成したのは○%だった。したがって南部でもやはり、共和党よりも民主党のほうが、賛成票を投じる率は高かった。

ここから引き出される明らかな結論は、共和党よりも民主党のほうが公民権法を支持していた、というものだ。ところが、北部諸州と南部諸州の数値を合わせると、共和党議員の八十%がこの法案を支持したのに対し、民主党はわずか六十一%しか支持しなかったことになるのである。

換言すれば、北部と南部でのこの法案に対する支持率を個別に見れば、共和党よりも民主党のほうがこの法案を支持しているのだが、北部と南部を合わせると、民主党よりも共和党のほうが支持率が高かったことになってしまうのだ！　これは実に馬鹿げた話に聞こえるが、数字は否定しようがない。これがシンプソンのパラドックスである。

	北部の投票結果	南部の投票結果	国全体の投票結果
民主党	145/154 94%	7/94 7%	152/248 61%
共和党	138/162 85%	0/10 0%	138/172 80%

なぜそんなことになるのかを理解するために、支持率ではなく、実際の投票数を見てみよう。北部諸州では、百五十四人の民主党員のうち、百四十五人（九十四％）が賛成票を投じたのに対し、百六十二人の共和党員のうち賛成票を投じたのは、百三十八人（八十五％）だった。南部諸州では、民主党議員九十四人のうち七人が法案を支持し（七％）、十人の共和党員は誰も支持しなかった（〇％）。すでに述べたように、北部諸州と南部諸州のどちらでも、共和党よりも民主党のほうが法案を支持しているように見える。ところが国全体では、この傾向は逆転する。なぜなら、二百四十八人の民主党議員のうち法案支持者は百五十二人（六十一％）なのに対し、共和党では百七十二人の議員のうち百三十八人（八十％）が法案を支持しているからだ。

このシンプソンのパラドックスの例は、どうすれば解消するのだろうか？　それを考えるために、データを四つの角度から眺めてみよう。ひとつは、共和党と民主党の投票結果を比較するには、全体としてのデータを見る必要があること。つまり、国全体を合わせたデータを見る必要があるということだ。そうすると、民主党よりも共和党のほうが公民権法を支持していたという結論が導かれる。この結論は動かない。

第二に、われわれとしては共和党と民主党の投票結果の違いを知りたいところだが、実は大きな違いは、政党によるものではなく、北部か南部かによるものなのだ。北部の支持率はざっと九十％なのに対し、南部の支持はなんと七％にすぎない。ひとつの変数（民主党か共和党か）だけに焦点を合わせると、もっと重要な変数（北部か南部か）に目が向かなくなる。見過ごされた重要な変数のことを、「潜伏変数」と呼ぶこともある。

第三に、投票率は役に立つこともあるが、最初から投票率にだけ注目すると、実際の票数を見落とし、結果の意味を理解できなくなってしまうということ。たとえば、南部共和党の〇％という結果はひどいと思うかもしれないが、南部共和党の議員は十名しかいなかった。もしひとりの共和党議員がこの法案に賛成票を投じていれば、南部共和党の支持率は〇％から十％に上がり、わずか七％だった民主党の支持を上回るのだ。

最後に、このデータで一番重要なのは、南部での民主党の投票結果だということだ。南部諸州では北部諸州に比べて、公民権法案への支持率がはるかに低く、なおかつ民主党議員がずっと多かった。南部諸州における民主党の法案支持率がこれほどまでに低かったせいで、民主党の平均支持率が下がり、データを全体としてみると、傾向が逆転する結果になったのである。

重要なのは、一九六四年の公民権法案の結果は、統計における稀《まれ》な特殊ケースではないということだ。このようなデータ解釈の逆転現象、すなわちシンプソンのパラドックスは、スポーツ統計から医療データまで、多くの統計に混乱を招いているのである。

本章を締めくくるにあたって、数学の世界にはこれ以外にも、シンプソンが登場することを指摘しておこう。たとえば、任意の曲線の下にある面積を求めるために用いられる微積分のテクニック、「シンプソンの公式」は、数学界で不滅の名声を得ている。

この公式は、十五歳にしてイングランドのナニートンで数学教師になったトマス・シンプソン（一七一〇‐六一）にちなんで名付けられた。歴史家のニッコロ・グイッチャルディーニによれば、その八年後に、シンプソンは誰の身にも起こりかねないミスを犯した。「一七三三年、彼または彼の助手が、悪魔の扮装《ふんそう》で占星術を行って少女を怖がらせたために、ダービーに逃亡するはめになった」のだ。

カールソン-シンプソンの定理については説明を省くが、ひとことだけ言っておくと、この定理は、ファステンバーグ-カッツネルソンの議論の中で、色の塗り分けに関するヘールズ-ジューエットの定理という別名で用いられている。しかしその話をするには及ぶまい。

最後に、バートの定理という、忘れがたい定理がある（＊10）。

（＊9）おそらくその人物は、数学に興味のある元エンジニアのデーヴィッド・マーキンだろう。マーキンはこの回と、一九九三年に放映された《ホーマー最後の誘惑》〔S5／E9〕と《バラのつぼみ》〔S5／E4〕という二つの回の制作総指揮を担当した。三つの回のすべてに『オズの魔法使』への言及がある。

（＊10）もし万一興味をもたれた読者は、バートの定理については、次の文献を参照されたい。"Periodic Strongly Continuous Semigroups," by Professor Harm Bart, published in *Annali di Matematica Pura ed Applicata* 115, no.1（1977）: 311-18.

第十一章　コマ止めの数学

一九六〇年に最初に放送された『ザ・フリントストーンズ』〔原始人一家が繰り広げるホームコメディー〕は、ABCネットワークがプライムタイムに放ったヒット作で、六シーズン全一六六話が放映された。しかしそれ以降、プライムタイムのアニメ・シットコムはヒット作に恵まれず、ようやく一九八九年になって、五百話以上を世に送り出すことになる『ザ・シンプソンズ』の放映が始まる。この作品は、アニメのシットコムが若年層だけでなく年配者にも通用することを証明し、『ファミリーガイ』や『サウスパーク』が誕生するきっかけを作った。マット・グレイニングと脚本家チームは、コメディーだからといって、録音された笑い声を流す必要はないことを世に示し、リッキー・ジャーヴエイス〔イギリスの俳優、脚本家。S17／E15、S22／E14に登場〕の『ジ・オフィス』のような番組への道を切り開いたのである。

脚本家のパトリック・ヴェローネは、『ザ・シンプソンズ』にはもうひとつ、先駆的な要素があると指摘する。いわゆるコマ止めギャグは、この作品から生まれたというのだ。

「仮にコマ止めギャグが『ザ・シンプソンズ』で生まれたのではなくとも、この作品で完成の域に達したのは間違いない。この種のギャグには、普通に番組を見ているだけでは気づけない。画面を静止させなければ見えないようになっているんだ。多くの場合、本のタイトルや記号になっている。生番組では、そういうギャグは使いにくいからね」

コマ止めギャグは、文字通り、ひとコマだけに現れることもあれば、もう少し長いシーンに現れることもあるが、『ザ・シンプソンズ』では、最初からそれが使われていた。《天才バート》は、『ザ・シンプソンズ』の事実上の第一話だが、バートが転入した天才児学校の図書室の本棚に、『イーリアス』と『オデュッセイア』の二冊が並んでいる。ほんの一瞬画面に映し出されるだけなので、気づかない視聴者も多かっただろう。もちろんこれは、これら二つの古代ギリシャ文学が、ホーマー（ホメロス）の作品だというジョークだ。

コマ止めギャグは、この作品のコメディー密度を上げる絶好の機会となっただけでなく、専門的な知識を持つ視聴者を喜ばせるような、目立たない情報をこっそり盛り込む器にもなった。これもまた第一話のことだが、ある生徒のランチ・ボックスに、アナトーリ・カルポフの名前と顔が描かれている。カルポフは一九七五年から一九八五年まで、チェスの世界チャンピオンだった人物だ。ちなみに彼は、旧ベルギー領コンゴの非常に価値ある切手の売買も手がけており、二〇一一年のオークションでは、八万ドルを売り上げた記録の保持者でもある。もしも視聴者がギャグに気づかなくても、失うものは何もない。しかし、たとえひとりでも気づいてくれたなら、脚本家たちは十分報われるのだ。

コマ止めギャグは、なんといってもテクノロジーの発達の産物である。『ザ・シンプソンズ』の放送が始まった一九八九年の時点で、アメリカの家庭のビデオカセットレコーダー普及率は、およそ六十五％に達していた。つまりこの番組のファンは、録画した作品を再生し、気になるものを見つけたら一時停止させられるようになったのだ。同時期には、家庭のパソコン所有率が十％を上回り、少数ながらインターネットにアクセスする人たちもいた。そして翌年には、インターネット上に『ザ・シンプソンズ』のニュースグループ〈alt.tv.simpsons〉が誕生し、コマ止めギャグを見つけたとか、その他さまざまな情報を交換できるようになった。

『惑星シンプソン』の著者クリス・ターナーは、コマ止めギャグが徹底的に使われている作品として、《悪漢ホーマー》（一九九四）〔S6／E9〕の回を挙げている。『ロック・ボトム』というえげつない情報番組が、誤ってホーマーを痴漢として告発するが、結局、番組のホストであるゴドフリー・ジョーンズは番組の中で謝罪し、訂正を放映せざるをえなくなる。たくさんの訂正文が猛烈な速さで画面上をスクロール・アップしていく。普通の視聴者なら、その文面を読み取るのは到底不可能だが、実はそのたった四秒ほどのシーンに、三十四ものコマ止めギャグが組み込まれているのだ。画像を一時停止させてひとコマずつ訂正文を見ていく気のある人なら、どの内容も容易に理解できるだろう。

　決定的に重要なのは、コマ止めギャグは、『ザ・シンプソンズ』の数学系脚本家たちにとって、数を愛するコアなナード向けのジョークを盛り込む器になってくれたことだ。たとえば《ホーマー大佐》（一九九二）〔S3／E20　大佐とはプレスリーのマネージャー、トム・パーカー、通称パーカー大佐にちなむ〕には、町の映画館が初めて登場するが、目ざとい視聴者なら、その劇場の名前がスプリングフィールド・グーゴルプレックスであることに気づくだろう。この名前の意味するところを理解するためには、時間をさかのぼって一九三八年に戻らなければならない。この年、アメリカの数学者エドワード・カスナーが、甥《おい》のミルトン・シロッタと話し

《バートvs. リサvs. 3年生》(2002)〔S14 / E3〕

リサが読んでいる本のタイトル

『Love in the Time of Coloring Books』

(『ぬり絵の時代の愛』)

〔**解説**〕ノーベル文学賞受賞者のガルシア=マルケスの小説『*Love in the Time of Cholera*』(邦題『コレラの時代の愛』)のパロディ。

《相互依存の日》(2004)〔S15 / E15〕

スプリングフィールド第一教会の外にある看板

We Welcome Other Faiths〔Just Kidding〕

(われわれは他の宗教の人たちも歓迎します〔ほんの冗談〕)

〔**解説**〕原題【*Co-Dependent's Day*】は映画『インデペンデンス・デイ』のパロディ。

《バートには二人の母がいる》(2006)〔S17 / E14〕

左利き会議の看板

Today's Seminar–Ambidextrous: Lefties in Denial?

(本日のセミナー——両手利き:それは左利きであることを拒絶した状態なのか?)

〔**解説**〕実はスプリングフィールドの住人には左利きが多い。一説によれば、マット・グレイニングが左利きだから。セミナータイトルは、正々堂々と左利きで通せばいいのに、それができない社会に対する皮肉。なお原題【*Bart Has Two Mommies*】はレズビアンのカップルを母に持つ女の子を描いた児童文学『*Heather Has Two Mommies*(ヘザーには二人の母がいる)』から。

ザ・シンプソンズのコマ止め（FREEZE-FRAME）ギャグ

《悪漢ホーマー》（1994）〔S6／E9〕

テレビ番組『ロック・ボトム』の訂正リストの一部

If you are reading this, you have no life.

（これを読んでるあんた、ほかにやることないの？）

Our viewers are not pathetic sexless food tubes.

（この番組の視聴者は、色気のかけらもない、食物を通すだけの管などではありません）

Quayle is familiar with common bathroom procedures.

（クエール〔副大統領〕は、トイレの後でちゃんと水を流します）

The people who are writing this have no life.

（こんなことを書いているのは暇人だ）

《マヌケな損害補償》（1998）〔S9／E16〕

ステューのディスコの外に立ててある看板

You Must Be at Least This Swarthy to Enter

（肌の色は、最低でもこれぐらい）

〔**解説**〕遊園地のジェットコースターなどで見る「これ以下の身長の子どもは乗れません」のイラスト看板のパロディ。アメリカでは長らく（とくに南部では）、肌の色による立ち入り禁止の店が普通にあったことを逆転させた、ポリティカルなジョーク。ちなみに原題【*Dumbbell Indemnity*】は映画『*Double Indemnity*（倍額保障）』（邦題『深夜の告白』）のパロディ。

《ラード・オブ・ザ・ダンス》（1998）〔S10／E1〕

「冬物最終処分（WINTER MADNESS SALE!）」の看板のかかった店の名前

Donner's Party Supplies

（ドナー・パーティ・グッズ）

〔**解説**〕「ドナー隊の物資」、アメリカ東部からカリフォルニアを目指した開拓民グループ、ドナー隊。1846年秋から翌年春にかけて、シエラネバダ山中で87人が雪に閉ざされ、48人が生き延びた。カニバリズムがあったことで話題になった。

ていて、なにげなく、10^{100}（10000000000000000000000000000000000000000000000000000000000000000000000000000000000000000000000000000000）という数に名前があればいいのだが、と言った。すると九歳のミルトンが、「グーゴル」という名前はどうかと言ったのだ。

カスナーは『数学と想像力』という著書の中で、甥っ子とのやり取りの続きについて、こう書いている。「グーゴルを提案してくれた甥は、グーゴルプレックスという、もっと大きな数の名前も提案してくれた。グーゴルプレックスはグーゴルよりもずっと大きいが、発明者自身がすぐに指摘したように、まだ有限な数である。1グーゴルプレックスは、1の次にどんどん0を書いていって、書くのがいやになるまで続けた数、と彼は言った」

叔父のカスナーは、グーゴルプレックスのその定義は、恣《し》意的で主観的だと正しくも判断をし、10^{googol}と定義するほうがいいだろうと提案した。これは1のあとに、ゼロがグーゴル個続く数である。そのゼロの数の多さたるや、考えられる限りもっとも小さなフォントを使って、観測可能な宇宙と同じ大きさの紙にゼロをぎっしり書き込んでいっても、まだ書ききれないほどだ。

グーゴルやグーゴルプレックスという言葉は、今日では一般の人たちにもそれなりに知られるようになったが、それはラリー・ペイジとセルゲイ・ブリンが、自分たちが開発したサーチエンジンの名前として、この言葉を採用したためだ。もっとも、ページとブリンが、よくある綴《つづ》り間違いのほうを好んだため、そのサーチエンジンは、Ｇｏｏｇｏｌではなく、Ｇｏｏｇｌｅになっている。この名前には、サーチエンジンが膨大な量の情報にアクセスさせてくれるというニュアンスが含まれている。そしてグーグルの本部は、もちろん、グーグルプレックスと呼ばれている。

脚本家のアル・ジーンによると、スプリングフィールドの映画館の名前がグーゴルプレックスだというコマ止めギャグは、《ホーマー大佐》の最初の台本にはなかったらしい。このギャグは、みんなで脚本を練っているときに持ち込まれたに違いない。チームの中でも数学系の連中が一枚噛《か》んでくるのは、たいがいみんなでワイワイ推敲《すいこう》しているときなのだ、とジーン。

「あのときわたしは間違いなくあの部屋にいた。このギャグはわたしが考えたわけではないけれど、笑ったのは間違いないね。オクトプレックスとかマルチプレックスといった名前の映画館があることにひっかけたギャグだ。小学生の頃、頭の良い子はみんなグーゴルを話の種にしていたものさ。あれは、推敲中に生まれたジョークだね」

『ザ・シンプソンズ』で第一シーズンからジーンとともに仕事をしてきたマイク・レ

マイク・レイス（着席、左側）がスプリングフィールドの映画館の名前としてグーゴルプレックスを提案したとき、推敲のための部屋にはアル・ジーン（アイロンを持っている）もいた。この写真は1981年に撮影されたもので、場所はハーバード大学の「ランプーン城」。パトリック・ヴェローネがビリヤードの玉でジャグリングをしている。ヴェローネもテレビのコメディー脚本家として成功し、多くの作品に参加している。そのひとつが2005年に放映された『ザ・シンプソンズ』の《砂と霧の家のミルハウス》〔S17／E3　2003年に制作され、2004年アカデミー賞にノミネートされた『砂と霧の家』のパロディ〕だ。この写真に写っている４人目のメンバー、テッド・フィリップスは、2005年に亡くなった。彼も才能ある脚本家だったが、サウスカロライナで法律家としての仕事を続け、尊敬される地元の歴史家となった。《ラジオ・バート》（1992）〔S3／E13〕の回には彼の名前が登場し、ジーンとレイスが制作したアニメシリーズ『ザ・クリティック』でも、キャラクター（デューク・フィリップス）に名前が与えられている。

イスは、スプリングフィールド・グーゴルプレックスのコマ止めギャグを思いついたのは、自分かもしれないと言う。仲間の脚本家が、そんなジョークには、視聴者は誰も気づかないのでは、と懸念《けねん》を口にしたとき、レイスは、それでもいいじゃないかと擁護した覚えがあるというのだ。

「仲間の誰かが、わたしの出したジョークについて、そんなものは誰も気づいてくれそうにない、とかなんとか言ったんだが、ジョークは残った。……気づいてもらえなくても、失うものは何もないからね。マルチプレックス劇場みたいな名前じゃ、ちっとも面白くないだろう?」

《マネーバート》には、また別の数学的なコマ止めギャグが登場する。実は第六章で、あなたはすでにそれを目にしている。コマ止めで見えるものがわかりやすいよう、上に拡大図を示しておこう。

リサは本の山に埋もれるようにして、良い野球コーチになるための勉強をしていた。そのうちの一冊の背表紙に、"$e^{i\pi}+1$

＝0"とある。高校レベル以上の数学を勉強したことがある人なら、これは「オイラーの式」とか、「オイラーの恒等式」と呼ばれるものだと知っているだろう。オイラーの式について説明していると、この章の範囲を超えてしまうが、付録2（x頁）に、不十分ながら、あまり難しくない説明を与えた。ここでは、この式の最初に現れる、eという、小さくて不思議な数に注目しよう。

eが発見されたのは、数学者たちが、銀行にお金を預けたときの利子という、特に面白みのなさそうなものに含まれる魅力的な問題に気づいたときのことだった。ごく簡単な投資のシナリオを考えよう。ある人物が、一年間に一〇〇％の利子を付けてくれるという、太っ腹な銀行に一ドルを預け入れたとしよう。その年の末には、一ドルの元金に一ドルの利子がつくから、元利合わせて二ドルになる（次表参照）。

さて、一年で一〇〇％の利子ではなく、利率は半分になるが、半年ごとに利子を計算するケースを考えよう。つまりその投資家は、半年後と一年後に、それぞれ五〇％の利子を受け取ることになる。六カ月が経過した時点で、〇・五〇の利子がもらえるから、元利合計は一・五〇ドルだ。それからさらに六カ月経過した時点で、はじめの一ドルと、増えた〇・五〇ドルの両方に利子がつく。それゆえ一ドルを預けてから十二カ月後には、一・五〇ドルの五〇％で〇・七五ドルの利子がつき、結局一年後には、

元金	年利	複利周期	年間利息 発生回数(n)	利率	最終的な 元利合計(F)
$1.00	100%	1年	1	100.00%	$2.00
$1.00	100%	½年	2	50.00%	$2.25
$1.00	100%	¼年	4	25.00%	$2.4414...
$1.00	100%	1ヵ月	12	8.33%	$2.6130...
$1.00	100%	1週間	52	1.92%	$2.6925...
$1.00	100%	1日	365	0.27%	$2.7145...
$1.00	100%	1時間	8760	0.01%	$2.7181...

元利合計で二・二五ドルになる。これがいわゆる「複利」だ。

このように、半年複利のほうが一年単利よりも割がいい。そして複利計算をする間隔が短ければ短いほど、銀行口座の残高は膨らむ。たとえば三カ月複利（三カ月ごとに二五％）なら、三月末に一・二五ドル、六月末に一・五六ドル、九月末に一・九五ドル、そして年末には二・四四ドルになる。

nを年間利息発生回数（一年間に何度、利子を元金に繰り入れるか）とすると、毎月、毎週、毎日、毎時間ごとに元利合計（F）を計算することができる。

$$F = \$(1+1/n)^n$$

この表からわかるように、週に一度の複利計算の場合、年に一度の利息計算よりも〇・七〇ドル近くも儲《もう》かる。しかし、そのうえさらに複利計算の回数を増やしても、わずか一セントほどしか増えない。ここから生まれる魅力的な問題が、数学者の頭に取り付いて離れなくなったのだ——もしも複利計算が一時間に一度ではなく、毎秒でもなく、マイクロ秒でもなく、連続的に計算されたとしたら、一年後の最終的な元利合計はいくらになるだろうか？

　その答えが2.718281828459045235360287471352662497757247093699959574966967627724076630353547594571382178525166427……ドルだ。

　おそらく読者はお気づきのように、この小数点以下の数はどこまでも無限に続くので、無理数である。それがeと呼ばれる数だ。

　2.718……がeと表されるのは、この数が「指数関数的成長（exponential growth）」と関係しているためだ。指数関数的成長とは、お金が年々利子を加えていったり、何であれ決まった割合で繰り返し増えるものは、成長のペースが驚くほど速いということを意味している。たとえば、投資したお金が毎年二・七一八……倍に増えていくとすると、一年後には一ドルが二・七二ドルになり、二年後には七・三九ドルになり、二〇・〇九、五四・六〇、一四八・四一、四〇三・四三、一〇九六・六三、二九八〇・九六、八一〇二・〇八、となって、わずか十年後には二万二〇二六・四七ドルになる。

このような驚異的な増え方は、経済活動としての投資の世界では、まず起こらない。しかし分野によっては、そんな成長がたしかに起こることもある。

よく知られた例が、テクノロジーの世界で起こる指数関数的成長だ。インテル社の共同設立者であるゴードン・ムーアの名前を冠して、「ムーアの法則」と呼ばれているものがそれである。ムーアは一九六五年に、一個のマイクロプロセッサ上に乗るトランジスタの数は、およそ二年ごとに二倍になっていることに着目し、その傾向が続くだろうと予測した。実際、ムーアの法則はその後も成り立っている。一九七一年から二〇一一年までの四十年間に、トランジスタの数は二倍ずつ二十回増えるということを続けたのだ。つまり、2^{20}倍になったのである。これは、マイクロプロセッサのチップに乗るトランジスタ数が、四十年間でざっと百万倍になったことを意味する。今日、一九七〇年代とくらべて格段に低いコストで、はるかに高い性能を持つマイクロプロセッサが作られているのはこのためである。

もしも車がコンピュータと同じペースで改良されていたなら、今ごろフェラーリは、一台たった一〇〇ドルで、一ガロン〔三・七八五リットル〕で一〇〇万マイル〔約一六〇万キロメートル〕走れるようになっていただろう――しかしそうなると、一週間に一度はそこらにぶつけて破損させることになりそうだ。

eが、複利計算や指数関数的成長に結びつくのは興味深いけれども、この数はそれだけでなく、もっとたくさんのものを世界に与えてくれる。πがそうだったようにeもまた、予想もしなかったようなさまざまなところで、ひょっこりと顔を出すのだ。たとえば、eは、いわゆる「攪乱《かくらん》問題」、一般には「クローク係問題」として知られるものの核心に横たわっている。

あなたがレストランのクローク係で、お客から帽子を預かり、それを帽子箱の中に入れるものとしよう。ところが困ったことに、あなたはどの帽子がどのお客さんのものだったかを記録しない。お客さんが帰るとき、あなたは帽子の箱をランダムに手渡し、客に箱を開ける間も与えずさっさと送り出す。さてこのとき、帽子の箱がひとつとして正しい持ち主に渡らない確率はいくらになるだろうか？

客の人数を(n)として、ひとつとして持ち主の手に渡らない確率$P(n)$は、次の数式で表される（なお、この式には「!」という記号が含まれているが、これは階乗の操作を表している。具体的には、1!＝1　2!＝2×1　3!＝3×2×1……である)。

$$P(n)=1-\frac{1}{1!}+\frac{1}{2!}-\frac{1}{3!}+\frac{1}{4!}-\cdots+\frac{(-1)^n}{n!}$$

客がひとりの場合、正しい客の手にわたる帽子がひとつも存在しない確率は、ゼロである。なぜならその帽子は、必ず正しい客の手に渡るからだ。

$$P(1)=1-\frac{1}{1!}=0=0\%$$

客が二人の場合、この確率は０・５となる。

$$P(2)=1-\frac{1}{1!}+\frac{1}{2!}=0.5=50\%$$

客が三人の場合、確率は０・３３３となる。

$$P(3)=1-\frac{1}{1!}+\frac{1}{2!}-\frac{1}{3!}=0.333=33\%$$

客が四人の場合、確率はおよそ0・375となり、十人ならおよそ0・369となる。客の人数が無限大に近づくにつれて、確率は0・367879……に近づいていき、これは1／2・718……すなわち1／eである。

これを自分で確かめてみることもできる。そのためには、トランプを二組用意すればよい。それぞれの組をよく切って、どちらもカードの並びがランダムになるようにする。一方のトランプは、帽子がランダムに箱に入れられることを表し、他方のトランプは、客が帰るときにランダムに箱が手渡されるという状況を表している。二つのトランプの山を並べて机の上に置き、上から順番に一枚ずつカードをめくっていく。もしも両方のカードの模様と数が同じなら、帽子と客が一致したと考える。トランプをすべてめくり終えたとき、カードが一度も一致しない確率は1／eになるだろう。これは0・37、すなわち三十七％である。言い換えれば、もしもあなたがこのプロセスを全体として百回繰り返すなら、友だちづきあいは犠牲になり、ざっと三十七組のトランプで、カードは一枚も一致しないと予想されるということだ。帽子をクロークに預ける問題なんて、何も難しいことはないと思うかもしれないが、これは「組合せ数学」として知られる分野の、基本的な問題なのだ。

　eは、「カテナリー（懸垂線）」と呼ばれる曲線の研究にも顔を出す。カテナリーとは、二点のあいだにぶら下げた鎖の形である。これはトマス・ジェファーソンの造語で、「鎖」を意味するラテン語のカテナに由来する（カテナリーの記述は第三代アメリカ大統領ジェファーソンが政治思想家のトマス・ペインに宛てて書いた手紙が起源とされる）。カテナリー曲線は次の方程式で記述され、eは重要なところに二度出てくる。

$$y=\frac{a}{2}(e^{x/a}+e^{-x/a})$$

　クモの巣を織り成す糸は、放射状に伸びた直線状の輻《や》をつなぐ、一連のカテナリーを形成している。フランスの昆虫学者ジャン＝アンリ・ファーブルはこれについて、『クモの生活』の中に次のように書いている。

「こうして、魔法《アブラカダブラ》のようなこの数eが、クモの糸に刻印されてふたたび現れる。霧の立った朝に、その夜のうちに張られたクモの巣をよく調べてみよう。粘つく糸には吸湿性があるので、小さな水滴がびっしりと付き、その重みのために糸はたわんで、たくさんのカテナリーになる。たくさんの透き通った宝石が、ロザリオのように優雅に繋《つな》がって、垂れ下がったカーブを描く。太陽が霧を通して差し込んでくると、全体が玉虫色に変化して光が灯り、キラキラときらめくダイヤモンドの連なりになる。数 e はこのとき、栄光に輝いている」

それとはまったく別の数学の分野にも、e はひょっこりと顔を出す。電卓のランダム化ボタンを使って、0と1のあいだの数をランダムに生成する。そうしてできた数を足し算して、合計が1より大きくなるまで、そのプロセスを続ける。ランダムに生成された数二つで、1より大きくなることもあるが、たいていは三つ、ときには四つかそれ以上の数が必要になる。しかし平均すれば、1よりも大きくなるために必要な数の個数は、2・71828……つまり e なのである。

数学のさまざまな領域で、e が多彩かつ基本的な役割を演じていることを示す例は枚挙にいとまがない。その事実が、これほど多くの数の愛好者たちが、この数に気持ちの上で執着する理由を物語っている。

たとえば、スタンフォード大学の名誉教授で、コンピュータ科学の世界では神のごとき存在であるドナルド・クヌースは、e の熱烈な愛好家である。クヌースは、フォント作成プログラム「Metafont」を作ったのち、アップデートを公開する際に、*e*に関係するバージョン・ナンバーを使うことにした。つまり、最初のバージョンは「Metafont2」、次が「Metafont2・7」、その次が「Metafont2・71」にするということだ。現在は「Metafont2・718281」になっている。新しいバージョンが出るたびに、その番号は*e*の真の値に近づいていく〔二〇二一年五月現在2・7182818〕。クヌースはこのほかにも、自分の仕事に対していろいろと奇妙なアプローチをとっている。もうひとつの例として、多大な影響力を及ぼした『*The Art of Computer Programming* volume 1』の索引がある。その索引で「Circular definition（循環定義）」〔Aを定義するためにBを用い、Bを定義するためにAを用いること〕を引くと、「Definition, circular」と示されている。またその逆も同様である。

　同様に、スーパーギークなグーグルの経営陣も、*e*の大ファンだ。彼らは二〇〇四年に自社株を売ったとき、2718281828ドル（二十七億一八二八万一八二八ドル）を調達する計画だと発言した。これは十億ドルに*e*をかけた数である。その年、グーグルはシリコンバレーを通る国道一〇一号線沿いに、次のように記した看板を立てた。

{first 10-digit prime found in consecutive digits of e}.com

（eに現れる最初の十桁の素数.com）

このウェブサイトの名前を知るためには、eの数の並びを調べて、素数になっている十桁の並びを発見するしかない。数学的な創意工夫の才に恵まれた者なら、最初の十桁の素数を発見することができるだろう。それはeの九十九桁目から始まり、７４２７４６６３９１である。そのウェブサイトwww.7427466391.comを訪れると、グーグル研究所に職を得たいと思う者にとってポータルになる、別のウェブサイトへのリンクが現れるようになっていた（＊11）。

eを礼賛《らいさん》する別の方法に、それを暗記するというものがある。二〇〇四年、ドイツのアンドレアス・リーツォフは、五個の玉をジャグリングしながら三一六桁を暗誦《あんしょう》した。しかし二〇〇七年十一月二十五日、リーツォフは華麗なる敗北を喫する。インドのバスカー・カルマカールが、こちらはジャグリングなしに、一時間二十九分五十二秒でeの五〇〇二桁を暗誦するという新しい世界記録を達成したのだ。その同じ日に、カルマカールは逆からeの五〇〇二桁を暗誦してみせた。これは信じられないような記憶力の偉業だが、誰でも次の憶《おぼ》え歌で、eの十桁まで憶えることができる。

"I'm forming a mnemonic to remember a function in analysis."
（わたしは解析学のある関数を記憶するために憶え歌を作っている）

それぞれの単語の文字数がeの数字を表している。

最後に、『ザ・シンプソンズ』の脚本家たちもeが大好きだ。この数は、《マネーバート》で本のタイトルに現れるだけでなく、《クリスマス前の戦い》（二〇一〇）〔S22／E8〕の中で特別に言及されてもいる。このエピソードの最後の部分は『セサミストリート』のスタイルになっていて、スポンサーを告げるおなじみのフレーズが使われる。しかし、「本日のセサミストリートは、文字cと数9の提供でお送りいたしました」というのいつもの文章ではなく、視聴者はこんな数学のプレゼントをもらったのだ。

「今夜のシンプソンズは、記号ウムラウトと数eの提供でお送りいたしました。文字のeではなく、数のeです。これを底とする指数関数の微分は、それ自身になります」

（＊11）また、グーグルはもうひとつ、別の数にも魅了されている。二〇一一年、一連の特許に対する入札価格は、１９０２１６０５４０ドル（十九億二一六万五四〇ドル）で、これは十億ドルにブルン定数（B_2）をかけたものである。これはすべての双子素数、すなわち一つの偶数のみによって隔てられている二つの素数の逆数の和である〔双子素数は差が2である素数の組合せ。（3と5）、（11と13）などで、ブルン定数は双子素数の逆数の和の極限〕。つまり、

$$B_2 = (1/3+1/5) + (1/5+1/7) + (1/11+1/13) + \cdots = 1.902160540\ldots$$

第十二章　πをもうひと切れ

《鎖に繋《つな》がれたマージ》（一九九三）〔S4/E21〕では、バーボンの代金を払いそびれて「クイックEマート」〔スプリングフィールドのコンビニ〕を出てしまったマージが、万引きの罪で逮捕される。マージは裁判にかけられることになり、うさんくさい弁護士ライオネル・ハッツ〔シンプソン家に何かあると雇われる弁護士。無能で仕事がなく、とても貧乏。プリンストン大学のロースクールを出ていると主張しているが、同大学にロースクールはない〕を雇う。裁判が始まる前のこと、ハッツは、担当判事と自分の関係がよろしくないので、この裁判は厳しい戦いになるだろうと言う。

「判事の飼い犬をちょっと轢《ひ》いちゃったことがありましてね、恨まれているんですよ。……今言ったことのうち、〝ちょっと〟を〝何度も〟に、〝犬〟を〝息子〟に置き換えてもらえますかな」

ハッツはマージの弁護戦略として、万引きを目撃したとされる「クイックEマート」の店主、アプー・ナハサピーマペティロン〔インド出身のヒンズー教徒〕の信用を落とすことにした。証人席のアプーに、彼の記憶力は信用できるのかと問いただしたところ、アプーは、自分は記憶力には自信があると言う。

「パイを四万桁《けた》まで言えるんですから。四万桁目の数は1です」

ホーマーは何のことかわからず、ぼんやりと美味《おい》しいパイのことを考えている。

「パイかぁ……」

πを小数点以下四万桁まで暗記しているという驚異的な主張が信憑性《しんぴょうせい》を持つためには、少なくともその桁まで、数学者がπの値を計算していなければならない。では、この回が放映された一九九三年の時点で、πはどこまで計算されていたのだろうか？

第二章では、古代ギリシャ以来、多角形を使った方法でπの計算がじりじりと進められ、小数点以下三十五位に到達したところまでを見た。その後、一六三〇年までに、オーストリアの天文学者クリストフ・グリーンベルガー〔同時期に活躍した物理学者、天文学者のガリレイの考察に対し、異を唱える立場にあったが、研究の内容は認めていた〕が、やはり多角形を使った方法で小数点以下三十八位まで求めた。科学的な観点から言えば、それ以上正確にπを求めることに意味はない。なぜなら、途方もなく大きな数を扱う天文学上の計算を、考えられる限り高い精度で行ったとしても、それだけの桁数があれば十分だからだ。これはけっして誇張ではない。仮に天文学者たちが、観測可能な宇宙の直径を正確に測定しているとして、πの値が小数点以下三十八位までわかっていれば、宇宙の周の長さを水素原子一個のサイズの精度ではじき出すことができるのだ。

それにもかかわらず、πの小数点以下の桁をもっと先まで求めようという苦しい戦いは、なおも続けられた。πへの挑戦は、エベレスト登山のような性格を帯びた。πという数は、数学の光景の中にそびえ立つ無限に高い孤峰であり、数学者たちはその山に登ろうとしたのだ。とはいえ、そのための戦略には、ある変化が起こった。数学者たちは、遅々として進まない多角形の方法を使うことをやめて、よりすみやかにπの値を与えてくれる数式をいくつか見出《みいだ》したのである。たとえば十八世紀にはレオンハルト・オイラーが、こんなエレガントな式を発見した。

$$\frac{\pi^4}{90}=\frac{1}{1^4}+\frac{1}{2^4}+\frac{1}{3^4}+\frac{1}{4^4}+\frac{1}{5^4}+\frac{1}{6^4}+\cdots$$

πがこれほどすっきりした数のパターンから導かれるとは、驚くべきことだ。この式は、無限の項からなるため、「無限級数」と呼ばれる。計算する項が多ければ多いほど、結果は正確になる。次に示すのは、オイラーの式の項を、一つ、二つ、三つ、四つ、五つ足し算した場合の結果である。

$$\frac{\pi^4}{90}=\frac{1}{1^4}=1.0000 \qquad \pi=3.080$$

$$\frac{\pi^4}{90}=\frac{1}{1^4}+\frac{1}{2^4}=1.0625 \qquad \pi=3.127$$

$$\frac{\pi^4}{90}=\frac{1}{1^4}+\frac{1}{2^4}+\frac{1}{3^4}=1.0748 \qquad \pi=3.136$$

$$\frac{\pi^4}{90}=\frac{1}{1^4}+\frac{1}{2^4}+\frac{1}{3^4}+\frac{1}{4^4}=1.0788 \qquad \pi=3.139$$

$$\frac{\pi^4}{90}=\frac{1}{1^4}+\frac{1}{2^4}+\frac{1}{3^4}+\frac{1}{4^4}+\frac{1}{5^4}=1.0804 \qquad \pi=3.140$$

この結果を見ると、πの真の値よりも小さい値から始まって、ひとつ項が増えるたびに、近似は少しずつ改善されていくことがわかる。項を五つ使った場合、πの近似値は3・140となり、小数点以下第二位まで正確な値となる。百項目まで計算すると、3・141592となり、小数点以下第六位までの精度でπが得られる。

オイラーの無限級数は、πを求める方法としてはまずまず効率的だが、彼に続く世代の数学者たちは、もっとすばやくπの真の値に近づく無限級数を作り出した。ロンドンのグレシャム・カレッジの天文学教授だったジョン・マチン〔王立協会のメンバーとしてライプニッツとニュートンの微積分論争の判定役を務めた〕は、十八世紀の初めに、見た目はそれほどエレガントではないが、もっとも速くπの真の値に近づく無限級数のひとつを作った（＊12）。彼はπを小数点以下百位まで求め、それ以前のあらゆる記録を抜いた。

マチンの無限級数が得られてからは、他の数学者たちがそれを使って精力的に計算を進めた。たとえばイギリスのアマチュア数学者ウィリアム・シャンクスは、人生の大半をπの計算に捧《ささ》げ、一八七四年にπを小数点以下七〇七位まで求めたと主張した。

シャンクスの英雄的偉業を称《たた》えて、パレ・ド・ラ・デクベルト（発見の殿堂）として知られるパリの科学技術博物館では、πについての展示を集めた「パイの部屋」に、シャンクスが計算した七〇七桁の数による装飾を施した。残念ながら一九四〇年代になって、シャンクスの五二七位に計算ミスがあったことがわかり、それ以降のすべての桁に影響が及んだ。パレ・ド・ラ・デクベルトは一九四九年に、室内装飾家を呼んでその誤りを正し、シャンクスの名声は傷ついた。それでも、五二六位までの部分については、当時としての世界記録であることに変わりはない。

シャンクスの世代まで、数学者たちは紙と鉛筆で計算をしていたが、第二次世界大戦後は、機械式や電子式の計算機の時代になった。計算にかかる時間を比べてみれば、テクノロジーの威力が如実《にょじつ》にわかる。シャンクスは七〇七桁までπを計算するために生涯をかけ、そのうちの百八十一桁は間違いだったが、一九五八年にはパリのＩＢＭデータ処理センターが、ＩＢＭ７０４を使って、シャンクスと同じ計算をわずか四十秒間で、たったひとつのミスもなくやってのけたのだ。今やπの桁の数は加速度的にスピードを上げて弾《はじ》き出されているが、コンピュータといえども、無限の仕事を片付けることはできないことがわかっているため、数学者のあいだでの盛り上がりはいまひとつだ。

無限の仕事は片付けられないというこの現実は、一九六七年に放映された『スタートレック』の「*Wolf in the Fold*」〔邦題「惑星アルギリスの殺人鬼」〕でストーリーの要《かなめ》となった。宇宙船エンタープライズのコンピュータを乗っ取った邪悪なエネルギー生物を追い出すために、スポック〔『スタートレック』の登場人物。バルカン人で、エンタープライズ号の技術主任〕はコンピュータに次の命令を出す。「コンピュータよ、あらゆる計算リソースを使って、πを最後まで求めよ。これは絶対服従命令だ！」

この指令にコンピュータは混乱し、「ノー！」を繰り返す。しかしコンピュータは命令に従うしかなく、結果として他の計算がいっさいできなくなり、邪悪なエネルギー生物は回路から追い出される。

「惑星アルギリスの殺人鬼」でスポックが見せた天才的発想は、その同じ年に、これに先立って放映された別の回で、カーク船長が数学の初歩も知らないことを露呈するセリフを吐くという失敗を補って余りあるものだった。「宇宙軍法会議」の回で、カークの部下のひとりが、エンタープライズ号の中で行方不明になる。その生死は誰も知らない。部下の生死に責任を負うカークは、コンピュータを使って、行方のわからない男の心音を検出しようとする。その計画を説明するために、カークはこう言う。「このコンピュータには音のセンサーがあるから、原理的には音を聞くことができる。

ブースターをインストールすれば、検出力を一から一の四乗にまで高めることができる」――残念ながら、1^4はやはり1なのだ。

フランスのコンピュータ科学者が一分もかけずにπを七〇七桁計算してまもなく、同じチームが、今度はフェランティ社〔かつて存在したイギリスの電子機器製造業者〕の産業用コンピュータ、フェランティ・ペガサス〔一九五六年に発表された真空管式のコンピュータ〕を使って、πを一万〇〇二一桁まではじき出した。一九六一年には、ニューヨークにあるIBMデータ処理センターが十万〇二六五桁まで求めた。こうなると、大きな計算機が大きな桁数をはじき出すということにならざるをえず、日本の数学者、金田《かなだ》康正《やすまさ》は一九八一年に小数点以下二百万位まで求めた。エクセントリックなチュドノフスキー兄弟（デーヴィッドとグレゴリー）は、マンハッタンの自宅に自作のスーパーコンピュータを置いて、一九八九年に十億桁の壁を破ったが、金田はさらにその先を行き、一九九七年には五百億桁、二〇〇二年には一兆桁の壁を破った。現在、πの計算競争の先頭に立っているのは、近藤茂《こんどうしげる》とアレクサンダー・イーの二人である。

この二人組は、二〇一〇年には五兆桁、二〇一一年にはその二倍の十兆桁まで記録を伸ばした〔二〇二一年五月現在の記録は二〇一九年にアメリカのティモシー・マリカンが打ち立てた五十兆桁〕。

ても不思議はなかったのだ——一九六〇年代の初めには、数学者たちはもっと先までπを求めていたのだから。では、アプーがそれを記憶することは可能だったのだろうか？

＊　＊　＊

というわけで、裁判所で証言をするアプーが、πを小数点以下四万桁まで知ってい

eに関係して前に述べたように、少しばかりの桁数を記憶するには、そのために作られた文を暗記して、各単語に含まれる文字数を覚えるのがベストだ。たとえば、

"May I have a large container of coffee."

（Lサイズのコーヒーをください）

を覚えれば、３・１４１５９２６までわかる。

"How I wish I could recollect pi easily today!"

（今日、πをすんなり思い出せればいいのだが！）

は、そのひと桁先まで覚えさせてくれる。偉大なイギリスの科学者サー・ジェームズ・ジーンズは、宇宙物理学と宇宙論に関する深い問題について考えていたとき、πを十七桁まで記憶できる文句をひねり出した。

"How I need a drink, alcoholic of course, after all those lectures involving quantum mechanics."

（一杯やりたいよ、もちろんアルコールをね。なにしろ量子力学の講義をさんざん聞いたんだから）

記憶の専門家の中には、このテクニックをさらに拡張して、単語の文字数がπの次の桁を思い出させてくれるような、長い物語を語ることで多くの桁を記憶した人たちがいる。カナダのフレッド・グレアムはその方法で、一九七三年に千桁の壁を破った。アメリカのデーヴィッド・サンカーは一九七八年までに一万桁の壁を破り、一九八〇年には、インド生まれのイギリスの記憶家クレイトン・カルヴェロが、二万〇〇一三桁までπを暗唱した。

それから数年後、イギリスのタクシードライバー、トム・モートンも、やはり二万桁を記憶したが、一万二千桁のところで失敗する。記憶するために使ったカードのひとつに、書き込みミスがあったのだ。一九八一年、インドの記憶家ラージャン・マハデヴァンが、三万ケタの壁を破り（正確には三万一八一一桁）、一九八七年には日本の記憶家、友寄英哲《ともよりひであき》が四万桁という新記録を打ち立てた。今日の記録保持者は中国の呂超で、二〇〇五年に六万七八九〇桁を暗唱した。

とはいえ、一九九三年に《鎖に繋がれたマージ》の脚本が完成した時点では、友寄の四万桁が最高記録だった。つまり、πを四万桁まで記憶しているというアプーの主張は、πをそこまで記憶した世界一有名な専門家、友寄の偉業への直接的な言及であり、トリビュートだったのである。

この回の脚本を担当したのは、ビル・オークリーとジョシュ・ワインスタインの二人だ。ワインスタインによれば、《鎖に繋がれたマージ》は、大まかな筋がほぼ出来上がった時点で、オークリーと彼に任された。

「われわれは脚本家の下《した》っ端《ぱ》で、ほかの人たちがやりたがらない脚本を割り当てられていたんだ。マージが中心になる作品は、とても書きにくい。ホーマーが中心になる話はとにかく楽しいし、クラスティー〔スプリングフィールドで圧倒的人気を誇る道化師。自分のグッズ販売に余念がない〕も楽しい。でも、マージは非常にやりにくい。そんなわけで、彼女が中心になる話は、われわれのような新入りに押し付けられることが多かったんだ」

ワインスタインとオークリーは、《鎖に繋がれたマージ》の筋に沿って細部を詰め、中核になるジョークを考え、ある程度のところで原稿を提出した。わたしがワインスタインに会ったとき、彼はきっぱりと、その時点ではまだ、πはひとことも出てこなかったと教えてくれた。

証人席のアプーのシーンは、弁護人のライオネル・ハッツの質問で始まる。その部分の原稿は、放映されたものと同じだった。

「では、ナハサピーマペティロンさん——それがあなたの本当の名前だとしてですが——あなたはこれまでに何も忘れたことがないとおっしゃるのですか？」

アプーはその質問に答えて、πを四万桁まで暗唱できると主張するのではなく、彼の驚異的な記憶力はインド中に知れわたっている、と言うことになっていた。アプーは偽証しないと宣誓したうえで、

「自分は『ミスター記憶力』として有名だったんです。それで四百本以上のドキュメンタリー映画に出演しました」と述べる。

《鎖に繋がれたマージ》の元原稿に、πや四万桁といったセリフがなかったのも不思議はない。オークリーもワインスタインも、数学的なバックグラウンドは特にないからだ。では、いつの段階で、脚本に数学ネタが現れたのだろう？

草稿は、例によってバラバラに分解され、脚本家チームのみんなが侃侃諤諤《かんかんがくがく》の議論を重ねて、詰め込めるだけのユーモアが詰め込まれていった。そうこうするうちに、ワインスタインとオークリーの同僚であるアル・ジーンが数学ネタを持ち込む余地を見つけた。いつも数学への目配りを怠らないジーンは、πの記憶の世界記録は、小数

点以下四万位であることを知っていた。そこでアプーに、世界記録に匹敵することができると言わせ、その主張に信憑性を与えるために、ちょうど小数点以下四万位の数を具体的に挙げさせようと提案したのだ。

みんなが、それはいいアイディアだと言ったが、πの小数点以下四万位がいくつになるかは誰も知らなかった。しかも一九九三年の時点では、インターネットはまだ普及しておらず、グーグルは存在せず、ウィキペディアも使えなかった。脚本家たちは、専門家に聞くしかないと考え、当時NASAのエームズ研究センターで仕事をしていた数学者のデーヴィッド・ベイリーに連絡を取った（＊13）。ベイリーはπの四万桁をすべて出力して、その用紙をスタジオに郵送してくれた。ここに記すのは、三九九〇桁目から四〇〇〇〇桁目までの数である。これを見ればわかるように、記憶している最後の数は1だというアプーの主張は正しい。

……524738376651……

↑小数点以下四万桁目の数字

こうしてベイリーが、NASAで働く数学者として脚本づくりに貢献したことは、その三年後に《スプリングフィールドに関する22の短編映画》（一九九六）〔S7／E21　原題はカナダの映画『32 Short Films about Glenn Gould』にちなむ〕のネタになった。

みんなに愛されるスプリングフィールドの酔っ払い、バーニー・ガンブル〔かつてはハーバード確実とみられた秀才だったが、高校時代、ホーマーに酒を教えられ、人生がめちゃめちゃになった〕が「モーの店」に入ってくると、モーは、ガンブルにとって悪いニュースがあるという。

「なあバーニー、おまえのツケをNASAで計算してもらったんだ。その結果が今日送られてきてね、七百億ドルだよ」

《鎖に繋がれたマージ》での、アプーのπに関するセリフは、《アプーの空騒ぎ》（一九九六）〔S7／E23　原題はシェイクスピアの『から騒ぎ』（*Much Ado About Nothing*）にちなむ〕という別の回の脚本にも影響を及ぼした。アプーはこの回で、それまでの人生航路を一部明らかにする。彼の過去は、πを小数点以下第四万位まで暗記しようとする人物にふさわしいものでなければならない。インドからアメリカに来るまでの経緯を、アプーはマージにこう語る。

「わたしはカルテックを卒業してすぐここにきたんだ。カルテックというのは、カルカッタ工科大学のことだよ。七百万人の同級生の中で、トップの成績だったんだ」

カルカッタ工科大学は実在しないが、カルカッタの近くにはベンガル工科大学があり、それがアプーの母校のヒントになったのかもしれない。ＢＩＴと略されるこの大学は、コンピュータ科学と情報工学を専門とし、アプーの母校としてはうってつけだ。また、アプーがアメリカに来たのは、スプリングフィールド・ハイツ工科大学で学ぶためだったとも語られる。しかしこの大学は、頭文字にすると少々残念な形になる〔ＳＨＩＴ〕。フリンク教授の指導の下、アプーは世界初の三目並べ（tic-tac-toe）プログラムを開発し、九年かけてコンピュータ科学で博士号を取得する。彼のプログラムに勝つことができるのは、最高の人間プレイヤーだけだという。

《アプーの空騒ぎ》の脚本を書いたデーヴィッド・Ｓ・コーエンは、アプーの専攻を、数学ではなくコンピュータ科学にした。コーエン自身、カリフォルニア大学バークレー校でコンピュータ科学を研究していた大学院生時代には、まわりに何人かインド人学生がいたという。アプーの半生は、バークレー時代のコーエンの親友のひとりで、現在は先駆的なコンピュータ・グラフィックス会社ＮＶＩＤＩＡで働いている、アッシュ・レーゲの生い立ちにもとづいている。

＊　＊　＊

πはもう一度、『ザ・シンプソンズ』で注目すべき登場をしている。《リサのサックス》（一九九七）〔S9/E3〕の終盤、リサにサクソホーンを買い与えたのは、芽生えつつある娘の才能を伸ばそうとしたホーマーだったことが語られる。しかし楽器を買う前に、ホーマーとマージはリサを、「わがまま少女と甘えん坊少年のためのティリンガム先生の幼稚園」という、天才児のための幼稚園に入れることを考える。ホーマーとマージがその幼稚園を訪れると、たまたま二人の天才少女が、自作の手合わせ歌で遊んでいた。

　指切りげんまん、πの値はこの通り、
　3・14159265358979323846……

　この数学ネタを巧妙に取り入れたのは、アル・ジーンだった。この歌は、ちょっと聞いただけでは、世界一有名な無理数を暗誦《あんしょう》しているだけのように思えるが、このシーンの意味を考えているうちに、わたしはあることが気になりはじめた。なぜ、πは十進小数になっているのだろう？
十進法で数を表記する場合、小数点以下第一位の数は、十分の一（$1/10^1$）、それ以降は、一〇〇分の一（$1/10^2$）、一〇〇〇分の一（$1/10^3$）と次々続いていく。われわれの数の体系がこのようなものとして発展したのは、人間の手の指が十本だからだ。

しかし『ザ・シンプソンズ』の登場人物の手を見ると、指は四本しかない。両手を合わせて八本だ。だとすれば、スプリングフィールドでは、八進法が使われるべきなのではないだろうか。それは十進法とは別の体系で、πも違った表記になる（3・1103755242……）。

八進法の数学をここで取り上げるつもりはない。なんといっても、『ザ・シンプソンズ』でも、われわれと同様十進法を使っているのだから。しかし、見過ごせない問題が二つある。ひとつは、なぜスプリングフィールドの住民は指が八本なのかということ。そしてもうひとつは、キャラクターの指は八本なのに、なぜ『ザ・シンプソンズ』の世界で十進法が使われているのかということだ。

『ザ・シンプソンズ』の世界で指が八本になったのは、アニメ映画の草分けの頃に起こった突然変異のせいである。一九一九年にデビューした『フィリックス・ザ・キャット』では、片手四本ずつしか指がなかったし、一九二八年に登場したミッキーマウスもそうだった。この擬人化された齧歯類《げっしるい》の指が一本足りない理由を尋ねられて、ウォルト・ディズニーはこう答えた。

「デザインとして見たとき、ネズミに指が五本というのは少し多すぎる。バナナの房のように見えてしまうからね」

ディズニーはそれに付け加えて、手を簡略化することにより、アニメーターの負担を減らそうとしたとも述べた。

「金銭的なことを言えば、六分半の短いアニメを構成する四万五千枚の作画について、すべての手から指を一本減らせば、スタジオとして数百万ドルの経費削減になる」

こういう理由により、アニメのキャラクターは、動物であれ人間であれ、八本指が標準になったのである。唯一《ゆいいつ》の例外が、日本だ。日本では、指が四本であることには不吉なニュアンスがある――四は死を連想させ、悪名高いジャパニーズ・マフィアであるヤクザは、制裁を加えたり、忠誠心を試したりするときに、小指を切り取る。

日本では、指が四本しかないのは不都合だとされるのに対し、『ザ・シンプソンズ』のキャラクターたちはみんな、それが自然だと思っているらしい。それどころか、四本以外の本数だと、異常とみなされるのだ。そのことがわかるのは、バートが誕生した日の出来事も描かれる、《俺はマージと結婚した》（一九九一）〔S3／E12　原題は一九五〇年代のシットコム『I Married Joan』にちなんでいる〕でのホーマーのセリフだ。マージがホーマーに、生まれたばかりの息子はかわいいかと尋ねる。するとホーマーはこう答えるのだ。「手の指が八本、足の指が八本ありさえすれば、何も言うことはないよ」

また、《ブーヴィエ夫人の愛人》（一九九四）〔S5／E21〕では、マージの母親とホーマーの父親が付き合いはじめたと知って、ホーマーはあわてふためく。

「マージ、もしもあの二人が結婚したら、俺たち夫婦は兄妹になっちまう！　そうしたら子どもたちは、血色が良くて歯並びがきれいで、手の指が五本ずつの化け物になっちまうぞ」

しかし周知のように、指の数が足りないにもかかわらず、スプリングフィールドの住人たちは、八進法ではなく十進法を使う。πも、3・141……と表されている。いったいなぜ、指が八本しかない人たちの社会で、十進法が使われるようになったのだろう？

ひとつ考えられるのは、黄色い肌の色をしたホーマーとマージの遠い祖先は、数をかぞえるときに、指以外のものも使った可能性だ。八本の指と二つの鼻腔《びこう》を使ったのかもしれない。おかしな話に聞こえるかもしれないが、実際にいくつかの社会では、指以外のものも使って数える方法が発達した。

たとえばパプアニューギニアのユプノ族の男たちは、指に始まり、鼻腔や乳首と進んで、身体のいろいろな場所を使って、一から三十三までの数をかぞえる。三十一番目は左の睾丸《こうがん》、三十二番目は右の睾丸、そして三十三番目は「男のもの」である。ヨーロッパの学者たちにも、そういう数のかぞえかたを開発した人たちがいる。たとえば、聖人に列せられたベーダもそのひとりである。八世紀のイギリスに生きた神学者ベーダは、ジェスチャーや、身体のさまざまな解剖学的構造を利用して、九千九百九十九まで数えたという。『素晴らしき数学世界』〔*Alex's Adventures in Numberland*〕の著者であるアレックス・ベロスによると、ベーダの体系は「一部は算術、一部は手をヒラヒラさせる踊りのようなもの」だったという。

先祖が、八本の指と二つの鼻腔を使って数えたのだとすれば、『ザ・シンプソンズ』の世界で十進法が使われていても不思議はないだろう。しかしもうひとつ、考慮に値する可能性がある。このアニメの世界で数を発明したのは、人間ではなく、神なのではないか？　わたしは合理主義者なので、スーパーナチュラルな説明はたいがい却下するのだが、『ザ・シンプソンズ』には、これまでに何度か神が登場しているという事実は無視できない。そして、神の指はいつも五本なのだ。神は『ザ・シンプソンズ』のキャラクターの中で、唯一、十本の指をもつ存在なのである。

（＊12）　πの値を求めるためのマチンの式は、次の関係を利用している。

$$\frac{1}{4}\pi = 4\cot^{-1}(5) - \cot^{-1}(239)$$

ここで cot は、コタンジェント関数である。この式は無限級数ではないが、いわゆるテイラー展開により、非常に効率良く収束する級数にすることができる。

（＊13）ベイリーは、πの計算をするためのスピゴット・アルゴリズムの開発に関わった。スピゴットとは、もとは栓の一種を指す言葉で、スピゴット・アルゴリズムは、ちょうど水道の蛇口からしずくがポトリポトリと落ちるように、桁の数をひとつずつはじきだしていく。スピゴット・アルゴリズムは、どの桁でも計算できるように調節することができる。そうだとすれば、ベイリーはアルゴリズムを調整して、四万位目の数だけを計算すればよかったのではないか、と思うかもしれない。残念ながらベイリーのアルゴリズムは十六進数のためのもので、十進数では使えないのだ。

第十三章　ホーマーの三乗

《恐怖のツリーハウス》は、『ザ・シンプソンズ』の第二シーズンに第一作が登場して以来、ハロウィンの伝統として毎年放映されている。このハロウィン特別番組は、通常三つの独立した作品からなる短編集の形をとる〔タイトルは、第一回目の第一話が、バックヤードの木の上にあるツリーハウスで、バートとリサがホラー話をし合う設定だったことから。この設定は一回限りだったが、タイトルは引き続き用いられている〕。この特別番組では、スプリングフィールドの世界の約束事を破ってもよいとされているため、異星人からゾンビまで、なんでもありのストーリーとなっている。

《恐怖のツリーハウスVI》（一九九五）〔S7/E6〕の第三話、〈ホーマーの三乗〉を担当したのは、『ザ・シンプソンズ』に数学ネタを持ち込むことに、もっとも熱心な脚本家のひとり、デーヴィッド・S・コーエンだ。これは間違いなく、二十五年前に『ザ・シンプソンズ』の放映が始まって以来、もっとも濃密かつエレガントに数学が盛り込まれた作品である。

物語は、ホーマーの義理の妹パティーとセルマが、前触れもなくシンプソン家を訪れるシーンで幕を開ける。二人に会いたくないホーマーは、書棚の陰に身を隠す。するとそこに謎《なぞ》めいた入り口があって、どうやら別の世界に通じているらしい。パティーとセルマのガラガラ声がだんだん近づいてきた。どうやらパティーとセルマは、海で拾ってきた貝殻の掃除をみんなに手伝わせようとしているらしい。ホーマーは切羽詰まって、謎の入り口に飛び込む。そのとたん、スプリングフィールドの二次元世界を離れ、信じられないような三次元世界に入ってしまう。一次元増えた世界に面食らうホーマーだが、すぐさまあることに気付いてギョッとする。「なんだこれは？　体が飛び出しているじゃないか。腹が前に突き出ているぞ」

昔ながらの二次元アニメから一転、高次元の世界は洗練された三次元の眺望だ。実はこのシーンは、最先端のコンピュータ・アニメーション技術で作られており、たった五分間のシーンのための制作予算が、ふだんの一回分の制作費を大きく上回ってしまった。さいわい、パシフィック・データ・イメージ社（ＰＤＩ）が、ただでその仕事を引き受けてくれた。『ザ・シンプソンズ』は、同社の技術力を見せつけるショーケースとして、世界に向けた広告になると判断したのだ。実際、ＰＤＩは同年の末に、

異次元への入り口をくぐり、３次元になったホーマー・シンプソン。背後に２つの数式が浮かんでいる

ドリームワークス（アメリカの映画制作会社。コンピュータグラフィックスのアニメーションで知られる）との契約書にサインし、アニメ映画の革命を一気に進める画期的作品『アンツ』（一九九八）と『シュレック』（二〇〇一）を世に送り出すことになる。

ホーマーは三次元宇宙の中を、x、y、z軸の向きを示す標識に向かって歩きながら、自分は今、テレビ史上もっとも高度なアニメーションの中にいるということを、それとなく口にする。「金のかかってそうな場所だなあ。ただ突っ立っているだけじゃあ、一財産をどぶに捨てるようなもんだ。めいっぱい楽しませてもらおう」

実はホーマーは、これと同様のこと

を、この三次元世界に入った直後にも言っている。「なんだこりゃ。トワイライト何とかっていう番組みたいだ」。このセリフは〈ホーマーの三乗〉が、一九六二年に放映された『トワイライト・ゾーン』〔アメリカで放映されたSFミステリー〕の「消えた少女（*Little Girl Lost*）」へのトリビュートであることをほのめかしている。

「消えた少女」では、ティーナという少女の両親が、娘が部屋にいないことに気づいてうろたえる。いっそう恐ろしいのは、娘の声がそこらにこだましていることだ。姿は見えないのに声は聞こえる。部屋にはもういないのに、すぐそばにいる気配がする。思い余った二人は、家族の友人である物理学者のビルに電話する。ビルは、部屋の壁にチョークで座標を書いて入り口を突き止め、ティーナは四番目の次元に滑り落ちたのだろうと言う。ティーナの両親には、四番目の次元というものが理解できない。二人は（ほかの誰とも同じように）、お馴染《なじ》みの三次元の世界に合わせて、自らの脳を訓練してきたからだ。

ホーマーの場合は、三次元から四次元ではなく、二次元から三次元に入り込んだわけだが、〈ホーマーの三乗〉でも、ティーナの場合と同じことが起こる。ホーマーの声は聞こえても姿は見えず、マージはホーマーの身に何が起こっているのか皆目見当がつかない。そして彼女もまた科学者の、ジョン・ナーデルバウム・フリンク・ジュニア教授に助けを求める。

フリンク教授は、どこか滑稽《こっけい》で素《す》っ頓狂《とんきょう》なキャラクターだが、彼の才能を過小評価してはならない。《恐怖のツリーハウスⅩⅣ》（二〇〇三）〔S15/E1〕の第一話〈フリンケンシュタイン〉で語られるように、彼には科学者として立派な業績があり、ノーベル賞を受賞するのである。そのときのプレゼンターは誰あろう、一九八六年のノーベル賞受賞者であるダドリー・R・ハーシュバックなのだ。そのシーンでハーシュバックの声を演じているのは、本人である（＊14）。

『トワイライトゾーン』の物理学者と同じく、フリンクはチョークで異次元への入り口を取り囲むように線を書く。そのようすを、ネッド・フランダース、警察署長のウイガム〔やる気のない無能警察署長。息子はラルフ〕、ラヴジョイ牧師〔スプリングフィールドの牧師〕、ヒバート医師〔シンプソン家の家庭医。名門ジョンズ・ホプキンス大学医学部卒でメンサの会員〕が見守っている――みんな、手伝えることはないかと集まってきたのだ。そしてフリンクは説明を始める。

「双曲空間のトポロジーで修士号か博士号を取った者なら、どんな阿呆《あほう》にもわかることだが、ホーマー・シンプソンは……三つ目の次元に落ち込んでしまったのだ」

フリンクの言葉からわかるように、『ザ・シンプソンズ』のキャラクターは二次元世界に閉じ込められているため、三次元をイメージするのは難しい。実を言えば、アニメに描かれるスプリングフィールド市民の暮らしは、単純な二次元世界のそれではない。たとえば、ホーマーとその家族は、当たり前のように互いの前後を行き来している。厳密な二次元世界では、そんなことはできないのだ。しかし当面、《恐怖のツリーハウス》の第三話〈ホーマーの三乗〉を理解するために、『ザ・シンプソンズ』の世界は二次元だというフリンクの言葉を、額面通りに受け取っておこう。彼は黒板に図を描きながら、高次元の世界を次のように説明する。

フリンク教授「これは普通の正方形だ」
ウィガム署長「おいおい！　ゆっくりやってくれよ、インテリさんよ！」
フリンク教授「この正方形を、仮想的なZ軸に沿ってずらしていき、われわれの二次元宇宙を越えて拡張することを考えよう……さぁこうだ」
みんな　　　（口をあんぐりと開けている）
フリンク教授「これが立方体という三次元物体だ。フリンカヘドロンと呼ばれることもある。発見者であるわたしにちなんでね」

フリンクの説明から、二次元と三次元との関係がわかる。実はこの説明は、あらゆ

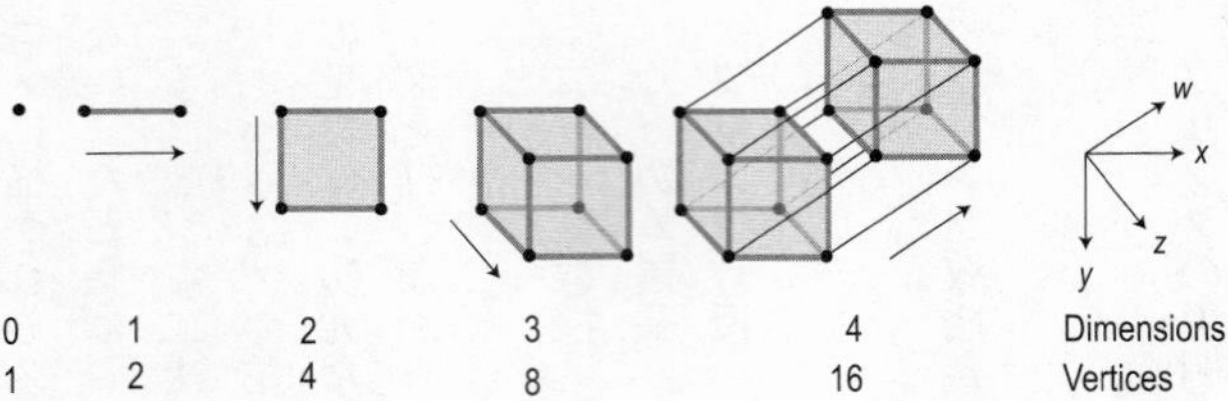

空間の次元

る次元に当てはまるのだ。

〇次元空間から始めると、この空間は、〇次元の点ひとつである。この点を、たとえば図のx軸方向に引き伸ばすと、一本の線が描かれる。この一次元の線分が、一次元空間だ。次にその一次元の線分を、それと直交する向き——たとえば図のy軸の向き——に引き伸ばすと、二次元の正方形ができる。この正方形が、二次元空間である。ここからフリンク教授の説明がぐっとレベルアップする。二次元の正方形を、その面に垂直な向き——たとえば図のz軸方向——に引き伸ばしていくと、三次元の立方体（フリンカヘドロン）ができるのだ。そして、物理的にはどうであれ数学的には、これをもっと先まで進めることができる。三次元立方体を、x、y、z軸のいずれとも直交する向き（それをw軸方向としよう）に引き伸ばしていくと、四次元立方体ができる。四次元（またはそれよりも高い次元の）立方体のことを、超立方体という。

　ここに示した四次元立方体（超立方体）の図は、単なるスケッチにすぎず、ミケランジェロのダビデ像のエッセンスを捉《とら》えるために、線分で人体を表すようなものだ。とはいえ、そんな棒人形のような超立方体からでも、ひとつのパターンが浮かび上がる。そしてそのパターンが、四次元や五次元、さらに高い次元の図形を説明するのに役立つのだ。次元をひとつずつ上げていき、そのつど図形の頂点の数をかぞえてみよう。すると頂点の数は、1、2、4、8、16……という単純なパターンに従って増えていくことがわかる。つまり、dを次元とすると、頂点の数は2^dになるのだ。十次元の超立方体の頂点は2^{10}、つまり一〇二四個になるだろう。

　フリンク教授は高次元をよく理解しているが、あいにく彼にはホーマーを救うすべがなく、ホーマーは別の宇宙をさまよい続ける。次々と奇妙なことが起こるが、最後はたまたま通りがかったエロティック・ケーキ屋（アメリカのケーキ屋のジャンルのひとつで、パーティなどで使うエロティックなデコレーションを専門に扱う）に入っていく。この冒険の道々、ホーマーはいくつか、三次元の風景の中で物質化した数学の断片に出会う。

　たとえば、ホーマーが三次元世界の出入り口を通り抜けた直後、一見するとランダムな数と文字の並びが背景に浮かんでいる。

46 72 69 6E 6B 20 72 75 6C 65 73 21

実はこれらの文字は、「十六進法」で表された数なのだ。十六進法は、十進法で普通に使われている0から9までの数字に加えて、AからFまでの六つの文字を使う記数法で、A＝10、B＝11、C＝12、D＝13、E＝14、F＝15である。十六進法の数を二つずつペアにしたものは、ASCII（情報交換用米国標準コード）の文字を表す。これは文字や句読点などを、数に変換するためのプロトコルで、おおざっぱに言ってコンピュータ用である。ASCIIのプロトコルによると、46はFを表し、72はrを表す。こうして翻訳すると、画面に登場する数と文字の並びは、ギークたちを褒め称《たた》える大胆な宣言文であることがわかる。「フリンク、最高！（Frink rules!）」

それに続いて、数学マニアにはうれしい第二の式が、三次元の風景の中に現れる。これを盛り込んだのは脚本家のデーヴィッド・S・コーエンである。

$$1782^{12} + 1841^{12} = 1922^{12}$$

1,025,397,835,622,633,634,807,550,462,948,226,174,976	($1,782^{12}$)
+1,515,812,422,991,955,541,481,119,495,194,202,351,681	($1,841^{12}$)
=2,541,210,258,614,589,176,288,669,958,142,428,526,657	
2,541,210,259,314,801,410,819,278,649,643,651,567,616	($1,922^{12}$)

↑

非常に高い精度で成り立つフェルマー方程式の近似解

これは第三章で触れた《エバーグリーン・テラスの魔法使い》のためにコーエンが作ったのと同じ、フェルマーの最終定理を破っているように見える偽《にせ》の解だ。三つの数は、方程式の両辺がほぼ等しくなるように注意深く選ばれている。最初の二つの数の和を、第三の数と比較すると、最初の九桁《けた》まで等しい。

食い違いは0・00000003％にすぎないが、たったそれだけでも偽の解になるには十分だ。実をいえば、計算してみるまでもなく $1782^{12}+1841^{12}=1922^{12}$ が解でないことはすぐにわかる。この式では、偶数（1782）の12乗と、奇数（1841）の12乗の和が、偶数（1922）の12乗になっている。奇数か偶数かは重要なポイントだ。なぜなら奇数を何乗しても奇数にしかならず、偶数を何乗しても偶数にしかならないからである。そして奇数と偶数の和は必ず奇数となり、左辺はどうしても奇数にならざるをえないのに対し右辺は偶数でなけ

ればならない。つまり

偶数^{12}＋奇数^{12}≠偶数^{12}

だから、これが解でないことは明らかなのだ。

このほかにも五つ、ほんの一瞬目を離しただけで、三次元宇宙のホーマーのそばを通りすぎていく、ナードな視聴者への目配せがある。まずひとつ目は、背景に置かれたティーポットだ。ごくありふれたティーポットだが、これのどこがナードへの目配せなのだろう？　コンピューター・グラフィックスの先駆的研究者であるユタ大学のマーティン・ニューウェルは、一九七五年に、コンピュータで何か物体を描いてみようと考えた。そのとき彼が選んだのが、どこの家にでもあるティーポットだった。ティーポットはけっして複雑な物体ではないが、持ち手がついていたり、独特のカーブを描いていたりと、一筋縄ではいかないのだ。それ以来、このいわゆる「ユタ・ティーポット」は、コンピュータ・グラフィック・ソフトウェアのデモンストレーション用として業界標準となっている。

ユタ・ティーポット

この形をしたティーポットは、『トイ・ストーリー』（一九九五）のお茶会シーンでカメオ出演しているし、『モンスターズ・インク』（二〇〇一）で、モンスターの世界に入り込んだ女の子ブーの部屋に置かれているのもこのポットだ。そのほかにもいくつかの映画に、ユタ・ティーポットが登場している。

二つ目の目配せは、背景にぼんやりと浮かぶ7、3、4という数字だ。これは、〈ホーマーの三乗〉のコンピュータ・グラフィックスを担当したパシフィック・データ・イメージ社の暗号になっている。電話のダイヤル（英語圏での電話は、それぞれの数字にアルファベットが割り当てられている。電話番号を覚えるのに利用されていた）で、P、D、Iに割り当てられた数字が、7、3、4なのだ。

三つ目の目配せは、背景に現れる宇宙論の式（$\rho_{m0} > 3H_0^2/8\pi G$）で、ホーマーのいる宇宙の密度に関するものだ。コーエンの長い友人である天文学者デーヴィッド・シミノヴィッチが提案してくれたこの式は、宇宙の密度が高いことを示している。そのせいで重力が強くなり、いずれホーマーの宇宙は潰《つぶ》れるだろう。実際、この不思議な三次元宇宙を描くシーンの最後で、まさにそれが起こる。

四つ目は、ホーマーの宇宙が消滅する直前に、コーエンが目ざとい視聴者の目の前にぶら下げた魅力的な数学ネタである。３０８ページに示したシーンで、ホーマーの左肩の上あたりに、少しだけ普通の書き方と違うオイラーの式が見える。これは《マネーバート》に現れたのと同じものだ。

最後の五つ目は、同じ画面の中で、ホーマーの右肩の上あたりに見える、P＝NPという式である。たいがいの視聴者は目もくれないだろうが、P＝NPは、理論コンピュータ科学における、もっとも重要な未解決問題のひとつにかかわる命題なのだ。

P＝NPは、異なる性質を持つ二つの問題についての命題である。一方のPはPolynomial（多項式）の頭文字。他方のNPは、Nondeterministic Polynomial（非決定性多項式）の頭文字である。おおざっぱに言うと、Pタイプの問題を解くのは簡単なのに対し、NPタイプの問題は、解くのは難しいけれどチェックするのは簡単だ。たとえば、掛け算をするという問題は簡単に解決できるため、Pタイプの問題に分類される。掛け算される数が大きくなっても、結果を求めるのにかかる時間はそれほど長くならない。

それに対して、「因数分解」をするという問題は、NPタイプの問題である。因数分解とは要するに、与えられた数について、その因数を見出《みいだ》すことである。この問題は、与えられた数が小さいうちは簡単に解くことができるが、数が大きくなるにつれて、急速に歯が立たなくなる。たとえば、21という数を因数分解せよと言われれば、すぐに21＝3×7と答えることができるだろう。しかし、428783を因数分解するのは、格段に難しい。電卓を使って一時間ほどもがんばった末に、ようやく428783＝521×823という答えを見出すことになるだろう。ここで決定的に重要なのは、誰かが、521と823という二つの数を紙に書いてあなたに手渡したとすれば、それらが4287883の因数であることは、ほんの数秒ほどで確認できるということだ。この意味において、因数分解をするという問題は、典型的なNPタイプの問題である。大きな数が与えられたとき、この問題を解くのは非常に難しいが、与えられた答えが正しいかどうかは、簡単にチェックできるのだ。

しかし、本当にそうなのだろうか？　今のところ、難しいと考えられているだけ、ということはないだろうか？

数学者とコンピュータ科学者にとって根本的な問いは、因数分解は本質的に難しいのか、それとも簡単な問題にするテクニックを見逃しているだけなのか、ということだ。それと同じことが、NPタイプの問題とみられる多くの問題についても言える——それらは本当に難しい問題なのだろうか、それとも単にわれわれの頭が良くないせいで、簡単に解決する方法が見つけられないから、難しく思えるだけなのだろうか？

この問題には、学問として興味深いというだけにとどまらない意義がある。というのは、「NPタイプの問題を解くのは非常に難しい」という仮定の上に、いくつか重要なテクノロジーが開発されているからだ。たとえば暗号化アルゴリズムは、「大きな数を因数分解するのは難しい」という仮定の上に立って開発され、広く使用されている。しかし、もしも因数分解が本質的に難しいのではなく、誰かが簡単に解決するテクニックを発見したなら、この仮定の上に立って開発された暗号化システムは脆弱《ぜいじゃく》化する。そうなれば、個人レベルのオンライン・ショッピングから公的レベルの国際政治や軍事通信まで、ありとあらゆることが危険にさらされるだろう。

この問題はよく、「P＝NPなのか、それともP≠NPなのか？」と標語的に表される。これは、「一見すると難しそうに見える問題（NP）は、いつの日か簡単な問題（P）と同じくらい容易に解けるようになると証明することはできるだろうか？それとも証明できないだろうか？」という意味だ。

「P＝NPなのか、それともP≠NPなのか？」という問いに答えを与えることが、数学者にとって優先順位の上位に位置づけられている。しかもこの問題には、賞金もかかっている。慈善家のランドン・クレイが、マサチューセッツ州ケンブリッジに創設したクレイ数学研究所は、二〇〇〇年にミレニアム賞問題として七つの問題を掲げたが、そのうちのひとつがこれなのである。「P＝NPなのか、それともP≠NPなのか？」という問題を解決した者には、百万ドルが与えられる。

デーヴィッド・S・コーエンは、カリフォルニア大学バークレー校でコンピュータ科学の修士課程で研究していたときに、PタイプとNPタイプの問題について調べたことがあった。そして彼は直感的に、NPタイプの問題は、現在考えられているよりもはるかに簡単に違いないとの感触を得た。3D宇宙にいるホーマーの背後に、P＝NPが現れるのはそのためだ。

しかしコーエンは少数派に属している。メリーランド大学のコンピュータ科学者ウィリアム・ガサーチが、二〇〇二年に、百人の研究者を対象に意見調査を行ったところ、P＝NPだと考える者はわずか九％にすぎず、六十一％はP≠NPを支持していた。ガサーチは二〇一〇年にも同じ意見調査を行ったが、八十一％がP≠NP支持だった。

もちろん、数学の真理は人気投票で決まるわけではないが、もしも多数派が正しかったとすれば、コーエンが〈ホーマーの三乗〉の背景にP＝NPを置いたのは、まずいのではないかと思うかもしれない。しかし、いずれにせよ、この問題の答えが得られるまでには、だいぶ時間がかかりそうだ。意見調査に回答した数学者の半数ほどは、この問題が今世紀中に解決されることはないと見ている。

最後に、〈ホーマーの三乗〉に現れる数学ネタを、もうひとつ紹介しておこう。厳密なことを言えば、〈ホーマーの三乗〉ではなく、《恐怖のツリーハウスⅥ》全体のクレジットに現れるものだ。『ザ・シンプソンズ』のハロウィン特別番組のクレジットは、伝統的に奇妙なものになっている。たとえばマット・グレイニング（Matt Groening）のクレジットは、Bat（コウモリ）Groening だったり、Rat（ネズミ）Groening だったり、はたまた Matt "Mr. Spooky（不気味な）" Groening、Morbid（身の毛のよだつ）Matt Groening などになる。

この伝統は、『テイルズ・フロム・ザ・クリプト（地下室からの物語）』という隔月刊の漫画雑誌に由来する。この雑誌はよく、原作者や漫画家のクレジットに工夫を凝らしていたのだ。版元のECコミックスは、上院の青少年犯罪に関する小委員会が、一九五四年に漫画雑誌に関するヒアリングを行い、『テイルズ・フロム・ザ・クリプト』などいくつかの雑誌が、アメリカの青少年に悪い影響を及ぼしていると結論して以来、評判が落ちてしまった。その結果、ゾンビや狼《おおかみ》人間のたぐいはあらゆる漫画から駆逐され、『テイルズ・フロム・ザ・クリプト』は、一九五五年に廃刊となる。しかしこの雑誌には今も多くのファンがいる。その多くは、雑誌が惜しまれながら廃刊になった当時は、まだ生まれていなかった人たちだ。アル・ジーンは、そんなファンのひとりで、《恐怖のツリーハウス》のクレジットに工夫を凝らすことで、この漫画雑誌にオマージュを捧《ささ》げようと提案した。

こうして、《恐怖のツリーハウスⅥ》のクレジットにブラッド・ジ・インペーラー〔串刺し屋〕・バード【Brad "the Impaler" Bird】、ライカンスロピック〔狼つき〕・リー・ハーティング【Lycanthropic Lee Harting】、ワッツァ・マタ・ユー〔どうしたんだ〕・グレイニング【Wotsa Matta U. Groening】といったクレジットが現れることになった。注意深い視聴者は、ピュタゴラスの定理と〈ホーマーの三乗〉の脚本家の名前が合体していることにも気づくだろう。

$$DAVID^2 + S.^2 = COHEN^2$$

（＊14）またフリンクのノーベル賞受賞を、フリンクの父親が蘇《よみがえ》って見ている。その声を演じているのは、伝説の喜劇俳優ジェリー・ルイスだ。ここに声の役回りが一巡する。ルイスはフリンクの父親の声を演じるにあたって、息子フリンクを演じるハンク・アザリアに似せ、アザリアは息子フリンクの声を演じる際に、『底抜け大学教授』のタイトルロールを演じる、ルイスその人に似せている。

第十四章　『フューチュラマ』の誕生

『ザ・シンプソンズ』は、一九九五年十月に放映された〈ホーマーの三乗〉をもって、かつてない数学の高みに達したが、ちょうどそのころ、マット・グレイニングは別のプロジェクトに心を向けつつあった。彼にとって最初のテレビアニメ作品が世界的な大ヒットになったことで、フォックス・ネットワークが、その姉妹篇となる作品を考えてくれるよう打診してきたのだ。

そこで一九九六年に、グレイニングはSFのアニメ作品を作ることにして、デーヴィッド・S・コーエンとチームを組んだ。『スタートレック』の再放送を見て以来、熱烈なSFファンになっていたコーエンは、グレイニングにとってはまさに同志というべき相手だった。コーエンは、アーサー・C・クラークやスタニスワフ・レムら、SF文学の大御所をたいへん尊敬してもいた。そんなコーエンにしてみれば、出発点として、SFというものに誠実に向き合うことが肝心だった。「マット・グレイニングとわたしは早い段階で、あまり馬鹿馬鹿《ばかばか》しい話にはしないことにしたんだ。へんてこなSFアニメを作って、SFを笑いものにしたくはなかったからね」

コーエンには、SFの冒険物語では避けて通ることのできないテクノロジー関連の問題に対処するために必要な、ナード的な知識があった。たとえば、短時間で銀河間の莫大《ばくだい》な距離を移動しなければならないという問題もそのひとつだ。これがSFでは毎度問題になる。なぜなら、宇宙船であれ何であれ、光の速度より速く進むことはできず、その光でさえ、一番近い渦巻銀河に行くだけで二百万年もかかってしまうからだ。そこでコーエンは、キャラクターたちが短時間で銀河間距離を移動できるよう、二つの方法を考えた。ひとつは、科学者たちが二二〇八年に、光の速度を大きくさせることに成功したという設定を持ち込むこと。そしてもうひとつの、いっそう大胆な方法は、宇宙船を推進するのではなく、周囲の宇宙を加速することで超光速を実現させるエンジンを提案することだった。

グレイニングとコーエンはこうして力を合わせ、ニューヨーク市のピザ配達人、フィリップ・J・フライというキャラクターの冒険を核としてシリーズを構成しはじめた。フライは二〇〇〇年の初めに誤って冷凍保存されてしまい、それから千年後のニユー・ニューヨークで解凍されて蘇《よみがえ》り、三十一世紀の世界で新しい生活に踏み出す。彼は、かつてのピザ配達人の仕事よりは、新しい世界での仕事のほうが金になるだろうと楽観的だ。しかし残念ながら、彼に割り当てられたキャリア・インプラント・チップ〔未来社会では、あらかじめ各人に職業が割り当てられ、職業チップを手のひらに埋め込まれる〕は、かつてと同じ配達人になることを運命づけるものだった。ただしこのたびは、ニューヨーク市内でピザの配達をする代わりに、惑星間で宅配を請け負うプラネット・エクスプレスという会社の配達人になるのだが。

グレイニングとコーエンは次に、プラネット・エクスプレス社でフライがいっしょに働く面々のキャラクター作りに取りかかった。なかでも注目すべきは、フライが一方的に思いを寄せる、知られている限り宇宙で唯《ただ》ひとり生き残っているひとつ目種族のリーラ。そして、スリとギャンブル、詐欺《さぎ》と酒、その他諸々の悪事を趣味とするロボットのベンダーだ。そのほかに、ヒューバート・J・ファーンズワース教授（プラネット・エクスプレスの創設者で一六〇歳）、ジョン・ゾイドバーグ医師（ロブスターに似た異星人で、プラネット・エクスプレス社で医師を務める）、ハーミーズ・コンラッド（オリンピック陸上競技のリンボー走〔リンボーダンスとハードルを足したような競技で、ハードルの下をくぐる競技〕の金メダリストで、会社の会計を担当）、エイミー・ウォング（インターン社員）が生み出された。

このアニメシリーズの構想は、職場を舞台とする古典的なシットコム、たとえばアメリカのテレビシリーズ『タクシー』〔一九七八～八二年放映。プロデューサーは『ザ・シンプソンズ』と同じ、ジェームズ・L・ブルックス〕や、イギリスのTVシリーズ『ハイっ、こちらIT課！』〔原題【*The IT Crowd*】はラムゼイ・ルイス・トリオのヒット曲『The "In" Crowd』から〕などと多くの共通点をもっている。ただし、こちらはほとんどどんな筋書も可能だ。なにしろプラネット・エクスプレスのクルーは、宇宙を股《また》にかけて荷物を配達するなかで、さまざまな問題を抱えた奇妙な惑星を訪れ、奇想天外な異星人たちと出会うことになるのだから。

フォックス・ネットワークは、当初はこの計画に興味を持ったようだった。しかしやがてグレイニングは、フォックスの重役たちの反応がいまひとつであることに気がついた――彼の生み出したキャラクターたちが、社会にうまくなじめない変わり者であることや、宇宙を股にかけた冒険旅行という設定がお気に召さなかったのだ。フォックスが口を出してくると、グレイニングは抵抗した。そして圧力が強まると、グレイニングはますます態度を硬化させた。結局、グレイニングの言葉を借りるなら、「大人になってから最悪の経験」をしたすえに、彼の主張が通り、新しいテレビシリーズは、『ザ・シンプソンズ』と同じ条件で、脚本家選びも含めて彼に任された。正式にゴーサインが出たのち、このシリーズには『フューチュラマ』という名前が

フィリップ・J・フライ（20世紀生まれで31世紀に生きる配達人、物語の主人公） ゾイドバーグ（プラネット・エクスプレス社で医師を務める、デカポッド第10惑星から来た異星人） キフ・クローカー（ニンバスの乗務員。エイミーが好き） エイミー・ウォング（プラネット・エクスプレスのクルーでキフと恋愛関係にある）

フューチュラマの登場人物（左から） ザップ・ブラニガン（25星の将軍で宇宙船ニンバスの艦長） マム（マムコープのオーナーでマキャベリアン） ヒューバート・J・ファーンズワース教授（プラネット・エクスプレス社の創設者で160歳） リーラ（プラネット・エクスプレスの船長） ベンダー（詐欺や盗みが大好きなロボット。もうひとりの主人公）

与えられた。一九三九年にニューヨークで開催された世界万国博覧会で、来館者を「明日の世界」への旅に誘った展示にちなむ命名である〔未来の（Future）パノラマ（Panorama）＝フューチュラマ（Futurama）〕。

グレイニングとコーエンは、この作品のために新しく脚本家を集めはじめた。暗黙の了解として、『フューチュラマ』には、『ザ・シンプソンズ』のスタッフを引き抜かないことになっていたからである。『フューチュラマ』にリクルートされた脚本家の中には、当然ながら、コンピュータに通じた者や、数学、科学のバックグラウンドを持つ者がいた。たとえば新しく招かれた脚本家のひとりであるビル・オーデンカークは、シカゴ大学の有機化学博士号を持っており、プラスチックを作るときに触媒として使われる〈2,2'-ビス（2-インデニル）ビフェニル〉の共同発明者である。

二人がスタッフを集めていたちょうどそのころ、アニメの脚本家たちも組合に加入できることになった。しかし、デーヴィッド・S・コーエンという名前の組合員がすでに存在しており、同じ名前は使えないという規約になっていたため、コーエンは、『フューチュラマ』の脚本家としてはデーヴィッド・X・コーエンを名乗ることにした。このXは、単に何かを省略した文字ではなく、コーエンの興味の対象を象徴している。そこにはSFと数学も含まれている――コーエンは、X-ファイル（phile＝テレビドラマ『Xファイル』〔一九九三～二〇〇二年にアメリカで放映されたSFテレビドラマ。超常現象や宇宙人をテーマに、FBI捜査官が謎に挑む〕の熱烈なフアンのこと）にして、ｘ－ファイル（phile＝代数の熱烈なファン）なのだ。

『フューチュラマ』の第一話が放映されたのは、一九九九年三月二十八日のことだった。この新しいＳＦシリーズには、科学がたっぷりと盛り込まれることになるだろうとは誰もが予想していたものの、まもなく理系通な視聴者は、ナード・ネタの圧倒的な量とその質の高さに驚かされることになった。

たとえば第三話、《われはルームメイト》（一九九九）〔Ｓ１／Ｅ３　タイトルはＳＦ作家アイザック・アシモフの短編集『われはロボット』（一九五〇）に掛けている〕。主人公フライが、口が悪くて怒りっぽいロボットのベンダーと同居を始めたアパートの壁に、額に入ったクロスステッチの刺繍《ししゅう》文字がかけられている。

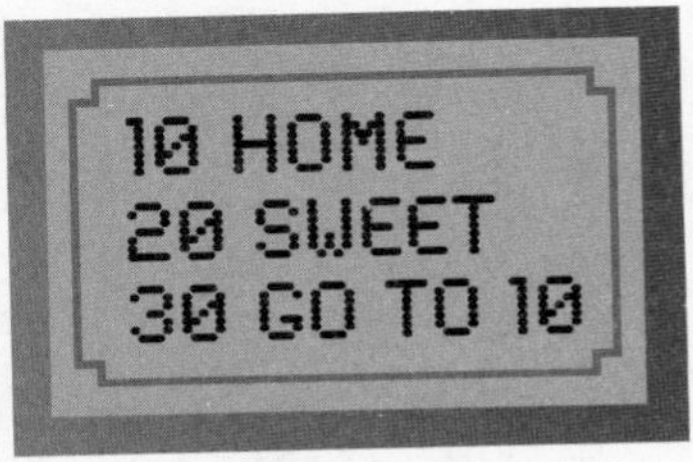

“BASIC”の刺繍

これは、ＢＡＳＩＣ（Beginner's All-purpose Symbolic Instruction Code）として知られるコンピュータのプログラミング言語への言及となっている〔初心者向け汎用記号命令コード。一九六四年に米ダートマス大学で開発され、その後、七〇～八〇年代のパーソナルコンピュータ草創期に普及した〕。この言語では、コンピュータへの指示にはそれぞれひとつの数が与えられ、その順番に処理される。ＧＯＴＯは、ＢＡＳＩＣでよく使われる指示のひとつで、30 GOTO 10は、「10に戻る」という意味である。つまりこのクロステッチは、“Home sweet home.”を意味し、論理的につきつめれば、“Home sweet home sweet home sweet home…”となる。

BASICにからめたこのジョークは、場面の背景にちらりと見えるだけなので、『フューチュラマ』の脚本執筆室の第一法則に従っている。その第一法則とは、「プロットの本筋に絡《から》んでこないかぎり、わかる人にしかわからないジョークも許される」というものだ。これと同様の、わかる人にしかわからないジョークが、《火星大学》（一九九九）（S1／E11）にも現れる。この回には、黒板いっぱいに書かれた難しげな数式が登場する。それらは「超ひも理論」（『フューチュラマ』では「超絶ひも理論」ということになっているが）という理論（超弦理論とも呼ばれる物理学の理論。物質の究極の要素は「粒子」ではなく「ひも」であるとし、点状粒子にもとづく理論の困難を解消し、重力を含めたすべての力の統一をめざす）に関係する計算である。黒板に示された式の中でもっとも注目すべきは、「ウィッテンの犬」と書かれたダイヤグラムだ。これはエド・ウィッテン（アメリカの理論物理学者。物理学者でありながら数学のノーベル賞といわれるフィールズ賞を受賞）と、「シュレーディンガー（オーストリア出身の理論物理学者。量子力学の確立者のひとり）の猫」にかけたシャレになっている。

超ひも理論の生みの親のひとりであるエド・ウィッテンは、存命中の人物としてはもっとも偉大な理論物理学者であり、ノーベル賞を受賞することはないであろう科学者の中で、もっとも頭の良い人物とみなされている。しかしノーベル賞はもらえない代わりに、ウィッテンは、少なくとも『フューチュラマ』の中で、不滅の命を与えられたといえよう。「シュレーディンガーの猫」は、有名な「思考実験」――実験室で現実の実験として行われるのではなく、頭の中で行われる想像上の実験――である。一九三三年にノーベル物理学賞を受賞したエルヴィン・シュレーディンガーは、猫と放射性物質、そして毒物を放出する装置を、いっしょに箱に入れたらどうなるだろうかと考えた。放射性物質はいつ崩壊するかわからない。崩壊が起こると装置の引き金が引かれ、毒物が放出される。さて、箱に蓋《ふた》をしてから一分が経過したとき、猫は死んでいるだろうか、生きているだろうか？　放射性崩壊はすでに起こり、毒物放出装置の引き金が引かれただろうか？　十九世紀の物理学者なら、猫は生きているか死んでいるかのどちらかであって、われわれは単にその情報を得ていないだけだと主張しただろう。しかし二十世紀のはじめの数十年間に生まれた量子的な宇宙観によると、それとは別の解釈が出てくるのである。とくにコペンハーゲン解釈として知られる解釈によれば、猫は、いわゆる「重ね合わせの状態」、すなわち、死んだ状態と生きている状態の両方が混じった状態にある、ということになる。箱の蓋を開けて中を覗《のぞ》いたときにはじめて、その不思議な状態は解消されるというのだ。

シュレーディンガーと彼の猫は、《法則と神託》（二〇一一）〔S6/E16〕にもゲスト出演している。シュレーディンガーはスピード違反をしてパトカーに追いかけられ、逃走中に激突事故を起こす。ボロボロになった車から出てきた彼は、車の中の箱には何が入っているのか、と二人の警官——ひとりはURL（アール）〔ニュー・ニューヨーク市警のロボット警察官〕、もうひとりは、一時的にプラネット・エクスプレス社の仕事を離れていたフライ——に尋問される。

URL　「シュレーディンガー、あの箱の中身はなんだ？」

シュレーディンガー　「ええと、猫と毒物、それからセシウム原子です」

フライ　「あの猫か！　猫は生きているのか、死んでいるのか？　生きているのか死んでいるのか、どっちなんだ⁉」

URL　「答えろ、馬鹿者めが」

シュレーディンガー　「猫はその両方の重ね合わせになっています。あなたたちが蓋を開けると、波動関数が収縮するんです」

フライ　「そんなバカな」

（フライが箱を開けると、猫が飛び出してきて、彼を攻撃する。URLはじっくりと箱を見る）

「ドラッグもどっさり入っているよ」

URL

しかし本書は、物理学ではなく数学に関するものなので、今は複雑きわまりない幾何学から奇想天外な無限大まで、『フューチュラマ』にたっぷりと含まれる数学ネタに焦点を合わせよう。そんな数学ネタのひとつが、《ザ・ホンキング》(二〇〇〇)〔S2／E18 タイトルは狼男のホラー映画『ハウリング(*The Howling*)』(一九八一)のパロディ〕に登場する。これはベンダーが、叔父である故ウラディーミルの遺言書の開示に出席するため、叔父の住んでいた幽霊城を訪れる話だ。ベンダーが友人たちと図書室に座っていると、0101100101という血塗られた文字が壁に現れる。それを見たベンダーは、怖がるというよりもむしろ、意味がわからずに首をかしげる。ところがその数字の並びが鏡に映ったところを見ると――1010011010――になっているではないか。それを見たとたん、ベンダーは恐怖におののく。

ベンダーが怖がった理由については何の説明もないが、二進記数法を知っている視聴者なら、このシーンの意味がわかっただろう。壁に現れた数0101100101は、二進数から十進数に変換すると357となる。この数にはとくに恐ろしい意味はないが、その鏡映には、背筋の凍るような意味があるのだ。

1010011010を二進法から十進法に変換するためには、次のようにすればよい。

二進法	1	0	1	0	0	1	1	0	1	0
	×	×	×	×	×	×	×	×	×	×
桁《けた》の値	2^9	2^8	2^7	2^6	2^5	2^4	2^3	2^2	2^1	2^0
合計	512＋	0＋	128＋	0＋	0＋	16＋	8＋	0＋	2＋	0
	＝666									

666は「獣《ビースト》の数字」であり、永遠に悪魔を連想させる数であり続けるだろう。だとすれば、1010011010は、さしずめ「二進法（Binary）の獣（Beast）の数字」といったところか。

数学者が、数秘術や悪魔信仰にハマるという話はあまり聞かないが、ちょっと意外なことに、666という数は好きらしい。なにしろ、わざわざ666を含む素数を見つけだしてくるほどなのだ。

1000000000000066600000000000001

地獄の七君主のひとりであるベルフェゴール〔人間を罪に導くというキリスト教の「七つの大罪（罪源）」のうち〝怠惰〟に比肩する悪魔の名〕という悪魔にちなみ、「ベルフェゴール素数」と呼ばれるこの数は、中央に666を含むだけでなく、その両側には、十三個という不吉な個数の0が並んでいる。《ザ・ホンキング》の隠れた反転メッセージは、一九八〇年の名作ホラー映画『シャイニング』への目配せである。この作品のもっとも有名なシーンのひとつで、ダニーという子どもが母親の寝室に入り、口紅で壁にREᗡЯUM（赤いラム酒）と殴り書きをする。母親が目を覚ますと、ベッドの傍らにナイフを手にした息子がいて、化粧台に目をやると、そこにはMURDƎЯ（殺せ）の文字が映し出されているのだ。

反転させた二進法で表された666は、巧妙な数学的暗号であり、『フューチュラマ』に現れる多くの暗号メッセージのひとつである。それらはいずれも、暗号を作ったり解読したりする応用数学の一分野、暗号学の基本的な考え方の具体例になっている。

たとえばいくつかの回では、看板やメモや落書きとして、異星人の文字で書かれたメッセージが登場する。その中でも一番簡単なのが、《致命的な検査》（二〇一〇）〔S6／E6：94話〕に現れるものだ。ノートには次のような書き込みがある。

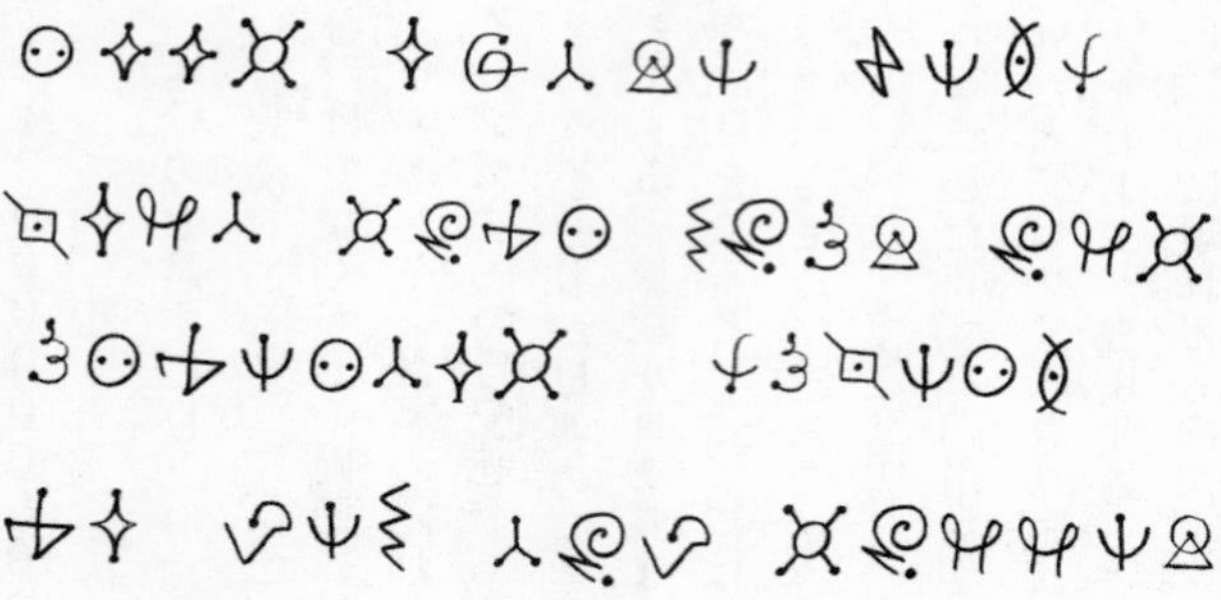

これは「換字式暗号」というタイプの暗号である。換字式と言われるのは、英語のアルファベットの各文字が、それぞれ別の記号で置き換えられるためだ。今の場合は、異星人の文字で置き換えられているわけである。このタイプの暗号を初めて解読したのは、九世紀に生きたアラブ人数学者、キンディー〔アッバス朝時代に活躍し、ギリシャ哲学や科学をアラビア語に翻訳するとともにアラビア哲学の基礎を確立した〕だった。キンディーは、文字にはそれぞれ個性があるということ、そして暗号文に現れる文字の個性は、暗号化される前のメッセージに使われていた文字の個性だということに気がついた。それに気づけば、暗号化されたメッセージを解読することができる。

たとえば、文字がメッセージ中にどれだけ現れるかという出現頻度は、文字の個性の中でもとくに重要だ。英語の場合、もっとも出現頻度が高い文字はe、t、aの三つである。この異星人のメッセージ

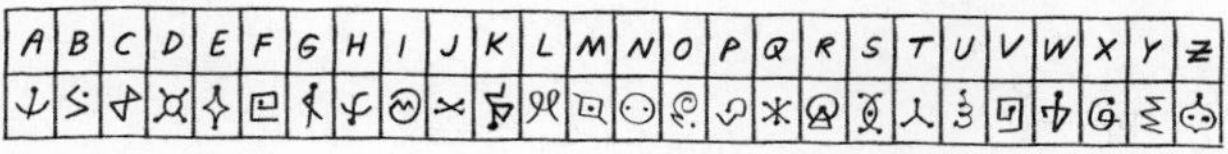

の中で、もっとも出現頻度が高い記号は⚓と✧で、それぞれ六回ずつ現れている。したがって、⚓と✧はそれぞれ、e、t、aのどれかを表しているのだろう。しかし、どれを？　手がかりは最初の単語⊙✧✧¤にある。ここに✧が二度続けて現れる。＊aa＊や＊tt＊のパターンを持つ単語は少ないが、＊ee＊の形の単語は、been、seen、teen、deer、feed、feesなどいくらでもある。したがって、✧はeを表していると仮定してよいだろう。この調子でもう少し解読作業を続けると、メッセージを読み取ることができる。Need extra cash? Melt down your old unwanted humans. We pay top dollar.〔現金がご入要ですか？　要らなくなった人間を破滅させましょう。業界一の高額をお支払いします〕さらにひとつかふたつのメッセージが手に入れば、異星人の文書はA（⚓）からZ（☺）まで解読できるだろう。

驚くにはあたらないが、数学が得意なフューチュラマ・ファンたちは、異星人の暗号をやすやすと解読した。そこでジェフ・ウェストブルック（『フューチュラマ』と『ザ・シンプソンズ』の両方で脚本を書いている）は、もっと複雑な異星人の暗号を作った。

ウェストブルックの努力は、「暗号文自己鍵《かぎ》暗号」の再発見として実を結んだ。それはイタリア・ルネサンス期のもっとも優れた数学者のひとり、ジローラモ・カルダーノ（一五〇一−七六）〔代数の分野で功績を残し、三次方程式の根の公式、四次方程式の解法を示した〕により最初に開発された暗号によく似ている。この方法で暗号化する際には、まずはじめにアルファベットに番号を割り振る。A＝0、B＝1、C＝2、D＝3、E＝4、……Z＝25。この予備的な手続きに続いて、暗号化までに、あと二つの段階を踏まなければならない。第一段階は、それぞれの文字を、その文字自体に対応する数と、それ以前の文字列に対応する数との和で置き換える。したがって、BENDER OKは、次のように変換される。

アルファベット	B	E	N	D	E	R	O	K
番号	1	4	13	3	4	17	14	10
合計	1	5	18	21	25	42	56	66

二つ目、つまり最後の段階は、次のリストから対応する記号を選び、それぞれの文字を置き換えることだ。記号は二十六しかなく、0から25までの数に対応している。では、合計の値が42、

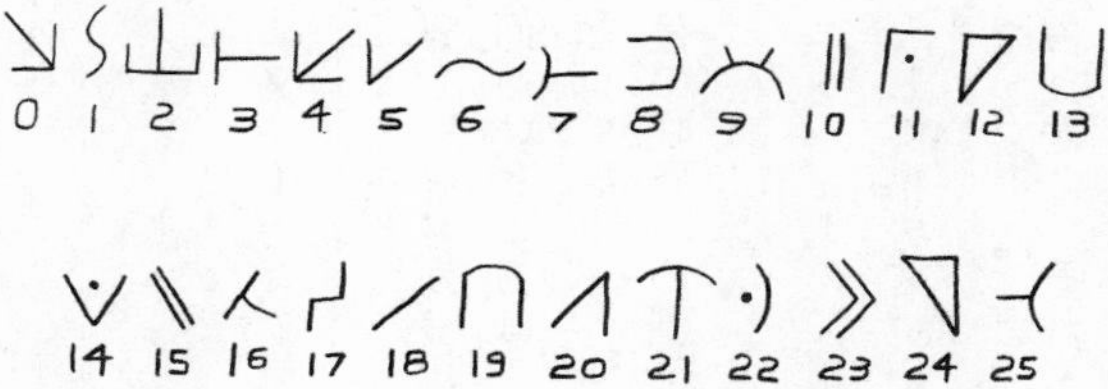

56、66になる文字、R、O、Kはどの記号で表せばいいだろうか？　25よりも大きな数を文字に対応させるには、25より大きな数が出てきたら、そこから26を何度でも引き算して、0から25に収まるようにする。したがって、Rを表す記号を得るためには、42から26を引く。すると16が得られ、16は人に対応する。このルールを残る二つの文字に当てはめると、BENDER OKはと暗号化される（＊15）。

しかし、BENDER OKという文字列の前に、さらに単語があれば、数の総和が変化するため、暗号化の結果も変わってしまう。このためウェストブルックの自己鍵暗号を解読するのは非常に難しい。彼はこの暗号を使って、いくつかの回でさまざまなメッセージを暗号化しており、このシリーズに登場する暗号の解読を趣味としているフューチュラマ・ファンにとっては、容易には歯が立たない難問となった。実際、この自己鍵暗号を完全に理解して、暗号化されていたさまざまなメッセージを解読する人物が現れるまでには、一年という時間が流れたのである。

＊　＊　＊

『フューチュラマ』には《ダーヴィンチ・コード》（二〇一〇）〔S6／E5 ダン・ブラウンの小説、映画の『ダ・ヴィンチ・コード』にかけているが、Duh-VinciのDuhはボンクラの意味〕と題された回がある。コード（暗号）というからには、きっと難しい暗号が登場するのだろうと思うかもしれないが、この作品の中で数学的に一番面白いところは、数学の中でも、暗号学とは異なる分野に関係している。この回の物語は、プラネット・エクスプレスのチームが、レオナルド・ダ・ヴィンチの絵画「最後の晩餐《ばんさん》」の細部を分析していくことになるのだが、そうこうするうちに、テーブルの左端に座っている使徒のひとり小ヤコブについて、奇妙なことが明らかになる。高エネルギーのX線を照射してみると、ダ・ヴィンチは最初、ヤコブを木製のロボットとして描いていたことが判明したのだ。ヤコブは、もっとも初期のオートマトン〔ギリシャ語のautomatos＝「自らの意志で動くもの」から、自動人形、からくり人形、ロボットの意。ただし現代の情報科学の分野においては外部から入力された情報に対し、何らかの解釈に基づき反応を示す仕組みのことを指す〕だったのだろうか？　それを突き止めようと、クルーはフューチャー・ローマ（未来のローマ）に向かい、そこで聖ヤコブの墓を発見する。そこには次のような文字が刻まれた地下墓地があった。

$$\mathrm{II}^{\mathrm{XI}} - (\mathrm{XXIII} \cdot \mathrm{LXXXIX})$$

一見すると、このローマ数字は日付のように見える。しかしもう少し注意深く見ると、（　）や引き算の記号−、それからかけ算を表す・が含まれている。さらに、ローマ数字の肩に、別のローマ数字が書き込まれて指数表記になっているという、非常にめずらしい用法が見られる。これらのローマ数字を、使い慣れた数字で置き換えてみると、刻まれた文字の意味がわかりはじめる。

$$\mathrm{II}^{\mathrm{XI}} - (\mathrm{XXIII} \cdot \mathrm{LXXXIX})$$

$$2^{11} - (23 \times 89)$$

さて、2^{11}は２０４８であり、$23 \times 89 = 2047$ であるから、この引き算の結果は１である。これはとくに驚くべきことではないが、その関係をあらわに書いて、少し変形させると、おなじみの式が現れる。

$$2^{11}-(23\times 89)=1$$
$$2^{11}-1=(23\times 89)$$
$$2^{11}-1=2047$$

つまり、２０４７は、2^p-1 という形に表されるということだ。今の場合、p は11だが、一般にはどんな素数でもよい。この式は、素数 p から新しい素数——メルセンヌ素数〔１９６頁参照〕と呼ばれるもの——を生成するレシピであって、われわれはすでに第八章でこれに出会っている。しかし、ここに登場する２０４７という数は、特別に興味深い数なのである。というのは、２０４７は23×89と因数分解されるため、明らかに素数ではないからだ。実は２０４７という数は、2^p-1 の形に表される数の中で、素数ではない最小の数として特筆されるべき数なのである。

このケースは、古典的なコマ止めギャグに要請される二つの条件を満たしている。第一の条件は、地下墓地で発見された文字列は、プロットには何の関係もなく、単に脚本家たちが数で楽しんでいるだけだということ。第二に、墓に刻まれたこの文字列が画面に映し出されているほんの一瞬のうちに、これらのローマ数字を書き取り、それを十進数に変換して、その意味を理解するのは不可能だということだ。

これとは別のコマ止めギャグが、《あなたの頭をわたしの肩に乗せて》（二〇〇〇）〔S2／E7　タイトルはポール・アンカの同名の曲による〕にも登場する。ベンダーがコンピュータを使ったデート・サービスを立ち上げる。看板によれば、彼の提供するサービスは、「離散的」であると同時に「慎重」であるという。慎重とは、ベンダーが顧客の秘密を守るということを意味しており、この手のサービスなら当然そうであるべきだろう。それに対して離散的というのは、デート・サービスとしてはちょっと意外だ。なぜなら、数学において離散的といえば、連続的には変化しないデータを扱う分野を意味するからである。たとえば、パンケーキをひっくり返す操作は、一回、二回と数えることができ、一・五回といった分数回の操作は考えられないため、離散数学〔不連続な対象を扱う数学。有限数学ともいい、集合や組合せ論、グラフ理論を中心としたもの。コンピュータプログラミングの基礎をなす〕の一分野に属する。このコマ止めギャグのヒントになったのは、おそらく離散数学に関する古いジョークだろう。

Q：恋人はたくさんいるが、そのことを他人に話したがらない数学者のことを何と言うか？

A：離散的データ（＝ A discrete data）〔英語では「秘密のデート相手」（A secret date）のように聞こえる〕

『フューチュラマ』にはこのほかにも、記号に関するコマ止めギャグが登場する。たとえば《再生》(二〇一〇)〔S6／プレミア〕には、「スタジオ$1^2 2^1 3^3$」が登場する。これを計算すると$1^2 2^1 3^3 = 1 \times 2 \times 27 = 54$となり、一九七〇年代のニューヨークで名を馳《は》せたナイトクラブ、「スタジオ54」をほのめかしている。また、《失われた寄生虫》(二〇〇二)〔S3／E2〕では「歴史的$\sqrt{66}$」(「歴史的な国道《ルート》66号線」にかけている)という看板が目に入る。あるいはまた、《未来の証券》(二〇〇二)〔S3／E21　未来学者アルヴィン・トフラーの『未来の衝撃』のパロディ〕には、無理数の番号がついたπ番街が登場する。

こうした数学ジョークはどれも、うわべばかりのお遊びにすぎないと思ってしまいそうだが、脚本家たちは多くの場合、ジョークの背景となる数学的概念について時間をかけて考え抜いている。『フューチュラマ』に何度か登場する、「マディソン・キューブ・ガーデン」もそんなジョークのひとつだ。デーヴィッド・X・コーエンが、ニューヨークのマディソン・スクエア・ガーデンの三十世紀版を作ってはどうかと思いついた。では、『フューチュラマ』の世界に、それをどのように描き込めばいいだろう? すぐに考えつくのは単なる立方体のスタジアムだろう。床と四方向の壁があり、屋根は平坦《へいたん》なガラス張りといったところか。しかしケン・キーラーと、チームの脚本

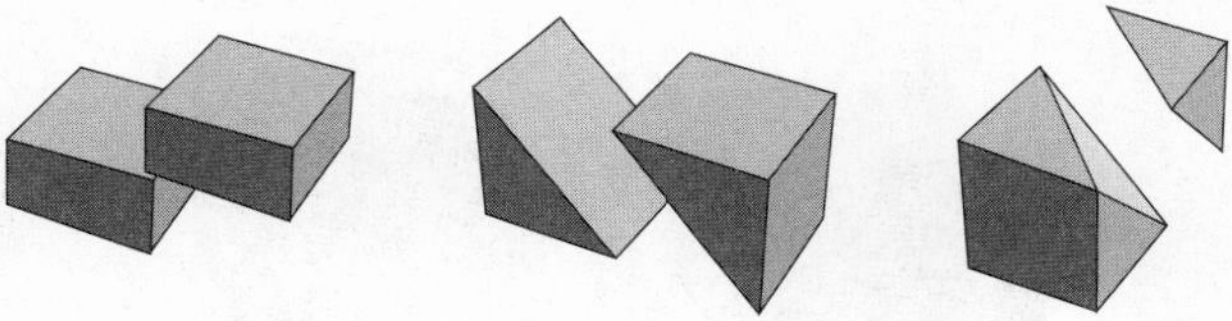

家J・スチュワート・バーンズは、もう少し面白い方法があるのではないかと、立方体の幾何学を少し調べてみることにした。マディソン・キューブ・ガーデンを、どの向きに置けばいいだろう？　どんなデザインにすればいいだろう？　二人はこの問題に腰を据えて取り組みはじめ、他のメンバーが休憩をとっているあいだに、二時間ほどかけて立方体の図形としての性質を調べた。
バーンズとキーラーは、とりあえずの思いつきで、立方体をいろいろな角度でスライスしたら、どんな断面が現れるだろうかと考えはじめた。たとえば、立方体の中心を通るように水平にスライスすれば、立方体はまったく同じ形の二つの部分に分かれ、断面は正方形になる。それに対して、上面の一辺に沿ってナイフを入れ、底面の反対側の辺に向かうようにスライスすれば、断面は長方形になる。あるいは、頂点のひとつを切り落とすようにスライスすれば、三角形の断面が現れる。その三角形は、スライスする角度に応じて、正三角形になったり、二等辺三角形になったり、不等辺三角形になったりする。

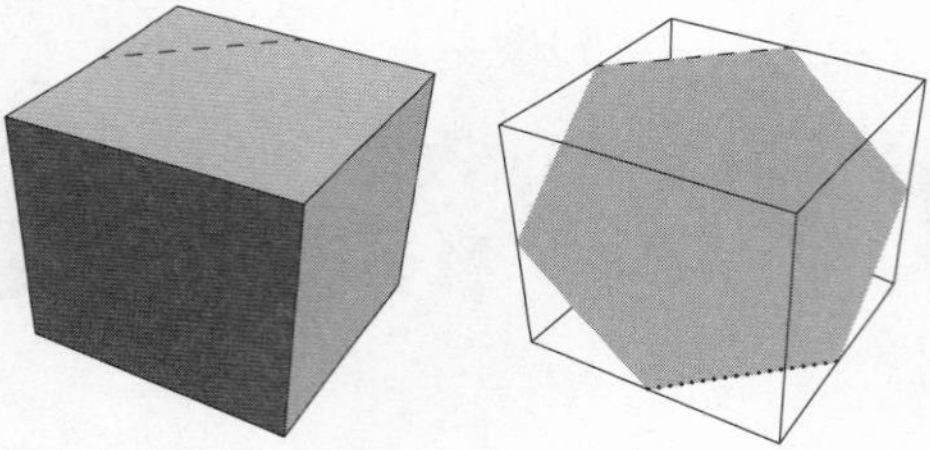

さらに好奇心にかられたバーンズとキーラーは、もっと変わった断面があるのではないかと考えた。二人はスケッチ帳を脇《わき》にのけて、実際に紙で立方体を作っては、それをチョキチョキ切ってみるという作業を始めた。議論に議論を重ね、紙くずだらけになったすえに、バーンズとキーラーは、ハタと気がついた。ある特別な角度で立方体をスライスすると、正六角形の断面が現れるのだ。そんな馬鹿な、と思うかもしれないが、隣り合う二辺の中点同士を結んだものをイメージしてほしい（上の図の破線）。そうしておいて、破線を含む面の、ちょうど反対側の面の、反対側に位置する頂点から出ている二辺の中点同士を結ぶ（図の点線）。最後に、破線から点線に向かって立方体をスライスすると、その断面は正六角形になるのだ。この断面は、立方体の六つの面すべてを通過し、それゆえ六本の辺をもつことになる。

これとは別の方法でも、この断面を得ることができる。どれかひとつの頂点に糸をつけて、立方体を吊《つ》るすことを考え

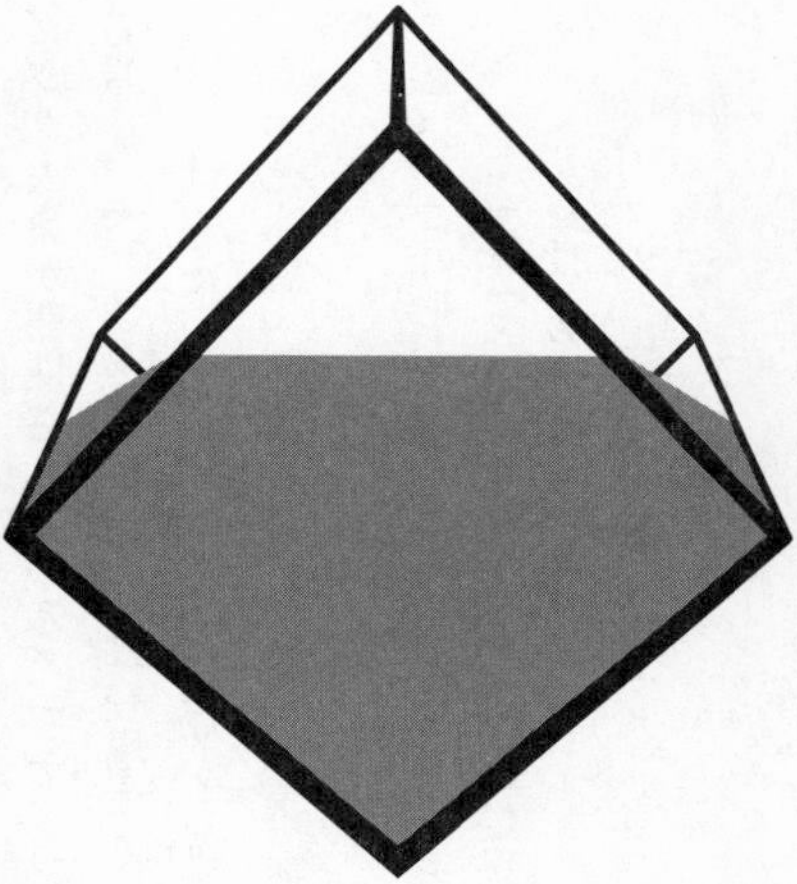

吊り下げられた多面体

てみよう。そして、吊り下げられた多面体のちょうど半分のところを、水平方向にスライスする。スライスした後も、立方体が壊れることなくもとのままの状態にあれば……そして、それをゆっくりと地面まで下げていくことができれば……そしてさらに、一番下の頂点が地面に埋め込まれたなら、ほぼ完璧《かんぺき》なマディソン・キューブ・ガーデンの模型が得られる。模型をきれいに仕上げたければ、断面よりも上の部分を透明な屋根にして、断面よりも下の部分は、観客が催しを見やすいように、傾斜した座席にすればよい。

コーエンはそのスタジアムを「マ

ジソン・キューブ・ガーデン」と命名し、バーンズ－キーラーが力を合わせてユニークな幾何学的建築物を完成させて以来、このスタジアムでは、アルティメイト・ロボット・ファイティング・リーグの試合や、巨大サルの競技会や、二〇〇四年のオリンピック大会が開催されている。マディソン・キューブ・ガーデンは十もの回に登場しており、『フューチュラマ』に登場するなかで、もっとも有名な数学ネタになっている。とはいえこれが、数学的観点から見て、もっとも魅力的だというわけではない。もっとも魅力的な数学的要素という栄冠を受けるのは、1729という数だ。

（＊15）このルールは、合同算術という数学の一分野に属する。暗号の文脈で非常に有用であるだけでなく、フェルマーの最終定理を始め、数学のさまざまな領域の研究で非常に重要な役割を演じている。

第十五章　１７２９と、「夢のような出来事」

『フューチュラマ』のザップ・ブラニガンは、二十五星の将軍で、恒星間宇宙船「ニンバス」の艦長である。彼を崇拝する熱烈なファンは多く、そういう人たちは彼のことを、勇気ある英雄的な軍人だと思っている。しかし実をいえば、彼がこれまでに戦って勝利した相手は、ガンディー星雲の平和主義者や、アシステッドリビング〔介護付き住宅〕星雲のリタイリー〔引退者〕人など、戦闘能力のない人たちがほとんどなのだ。ありていに言って、ブラニガンは愚かな道化役で、部下のクルーたちは、見えっぱりで傲慢《ごうまん》な上官に辟易《へきえき》させられている。長年にわたり、そんな彼の下で辛酸をなめている副官のキフ・クローカー中尉《ちゅうい》は、無能な上官に対する軽蔑《けいべつ》の気持ちを隠すのに苦心しているほどだ。

キフは、アンフィビオス九〔緑色の沼地に占められた惑星でアンフィビオサンという両生類に似た人たちが住む〕という惑星出身の異星人で、彼が『フューチュラマ』に登場するときは、ブラニガンとの関係が機能不全に陥っていたり、プラネット・エクスプレスのインターン、エイミー・ウォングとの恋愛関係がらみであることが多い。キフとエイミーは、宇宙空間で比較的近くにいるときは、できるかぎり一緒に過ごすようにしている。《キフの妊娠》（二〇〇三）〔S4/E1〕では、エイミーがニンバスで任務中のキフに会いに行き、キフは彼女をホロシェッド〔『スタートレック』に登場するほぼ同機能の「ホロデッキ」に対するオマージュ〕に案内する。ホロシェッドは、ホログラフィーを使って物体や動物を三次元に投影させ、現実世界をシミュレートする装置だ。よく知っている動物がホロシェッドに現れ、エイミーは大喜びする。

エイミー「スピリット！〔ポニーの名前〕わたし、ずっとこの子がほしかったの。でもうちの両親は、もうポニーはたくさん持っているからダメだって」

キフ「そうさ、きみのためにプログラムしたんだ。ＢＡＳＩＣで四百万行だよ！」

ＢＡＳＩＣというコンピュータのプログラミング言語に関するジョークは、以前にも、《われはルームメイト》の回で出会っている。計算機科学がらみのジョークは

『フューチュラマ』の定番だが、理系ではない脚本家のひとりが、キフとエイミーとのあいだで交わされるこの会話が面白いと思えず、脚本練り上げのミーティングで、「BASICで四百万行だよ！」と言われても何のことかわからないから、この部分は削除したほうがいいのではないかと言った。すると、科学哲学を専攻していた脚本家のエリック・カプランが、すぐさまそれに反論したのだ。そのミーティングに参加していたパトリック・ヴェローネは、当時を回想して次のように語った。

「エリック・カプランの有名なセリフがあってね。誰かが、『BASICで四百万行と言われて、わかる人間はいるんだろうか？』と言った。するとカプランはこう応じたんだ。"Fuch' em（ほっとけ）"。それ以来、このセリフはわれわれのマントラのようになっている。このジョークはわからなくても、次はきっとわかるさってね」

その同じ回には、さらに気づきにくい数学ネタもあった。ニンバスの船体に書かれた数字がそれだ。目を皿のようにしているコアなファンなら、ニンバスの船籍が「BP‐1729」であることに気づくだろう。とくに意味のない数として見過ごしてしまいそうだが、『フューチュラマ』の脚本家たちが、数学ネタで楽しむチャンスをみすみす手放すはずはない。画面に現れる数はすべて、何らかの意味を持つと考えたほうが安全だ。

実際、１７２９は、相当重要な数であるに違いない。なぜならこの数は、異なるシチュエーションで、いくつもの回に登場しているからだ。たとえば《エックスマス・ストーリー》（一九九九）〔S2/E4〕では、「マム・コープ」と「マムのフレンドリー・ロボット社」のやり手オーナー、マムが登場する。ベンダーを製造した工場の所有者であるマムは、自分のことをベンダーの母親だと思っており、彼にシリアル番号の記されたエックスマス・カードを送ってよこす〔未来世界では宗教性がすっかりなくなり、クリスマスではなくエックスマスと言われている〕。

MERRY XMAS
SON #1729

また、《ファーンズワース・パラボックス》（二〇〇三）〔S4/E15〕では、プラネット・エクスプレスのクルーが、番号のついた箱の中にある、並行宇宙への冒険旅行に巻き込まれる。フライは自分の宇宙を見つけようと、いくつか箱を開けてみるが、そうこうするうちに飛び込んでしまったのが、第１７２９宇宙だった。

では、1729のどこがそれほど特別なのだろうか？　この数がたびたび『フューチュラマ』に出てくるのは、もしかすると、かの有名な無理数eの中の特別な部分を指しているからだろうか？　eの小数点以下1729位は、十個の数字（十進数で使われる0から9までの十種類の数）のすべてが連続して現れる区間の、はじまりの桁にあたっているのである。

e＝2・71828……58897077194258639877275471
　　09……
←小数点以下1729位

それぐらいでは面白くないと思う人もいるだろう。とすると、1729が『フューチュラマ』にたびたび現れるのは、この数が「ハーシャド数」だからだろうか？　ハーシャド数とは、尊敬されるインド人レクリエーション数学者で、学校の先生だったD・R・カプレカー（一九〇五-八六）が作ったカテゴリーの数である。ハーシャドという言葉には、古代インドで使われていたサンスクリット語で、「喜びを与える者」という意味があり、このカテゴリーに属する数は、各桁の数の和が、もともとの数の約数になっているところが喜ばしい、というのが命名の理由だ。1729の場合なら、桁の数の和は1＋7＋2＋9＝19であり、19はたしかに1729の約数になっている。

しかも1729は、ハーシャド数の中でも特別なタイプで、桁の数の和と、その和の各桁を逆順に並べた数との積が、自分自身になっている。

19×91＝1729

この意味において1729はたしかに特別だが、この性質をもつ数はひとつではない。ほかにも1、81、1458という三つの数が、この性質を持つのである。脚本家チームは、1や81や1458にはとくに思い入れはなさそうなので、1729が繰り返し出てくるのには、何か別の理由があるに違いない。

実を言えば、脚本家たちが1729という数を、ニンブスの船籍番号にしたり、ベンダーのシリアル番号にしたり、並行宇宙の番号にしたりしたのは、これが数学史上もっとも有名な対話のひとつに登場する数だからなのである。

一九一八年の末から一九一九年の初めにかけて、二十世紀に活躍したもっとも偉大な数学者に数えられる二人の人物、ゴドフリー・ハロルド・ハーディとスリニヴァーサ・ラマヌジャンとのあいだで交わされた会話がそれだ。これほど異なった生い立ちでありながら、これほど多くの共通点を持つ二人の人間がいるとは、想像することさえ難しいほどだ。

G・H・ハーディ（一八七七―一九四七）は、イギリスのサリー州で、両親がともに教師をしている中流家庭に生まれ育った。二歳のときには、数を順番に次々と書いていき、百万の位にまで達したことがあった。それからまもなく、今度は教会で礼拝が行われている最中に、賛美歌の番号の約数を計算しては、ひとり楽しんでいたという。ハーディは奨学金を受けて名門ウィンチェスター・カレッジに入学し、ケンブリッジ大学トリニティ・カレッジに進んだ。大学では、ケンブリッジ使徒会として知られる秘密のエリート集団に参加した。三十歳になる頃までには、世界クラスと目される、ほんの一握りのイギリス人数学者のひとりとなっていた。実は、二十世紀初頭のイギリスは、数学的な厳密さや企図の大きさという点で、フランスやドイツなどの国々の後塵《こうじん》を拝している感があった。しかしハーディの研究と指導力のおかげで、イギリス数学の名声が復活したと言われている。それだけでもハーディを数学者の神殿に祭るには十分だろう。しかし彼はそのほかにも、スリニヴァーサ・ラマヌジャンという、ずば抜けた頭脳を持つ若者を見出《みいだ》し、その才能を育《はぐく》むという、いっそう大きな貢献をした。ハーディはラマヌジャンを、近代に現れた中では、もっとも天賦《てんぷ》の才能に恵まれた数学者と考えていた。

ラマヌジャンは一八八七年に、南インドのタミル・ナードゥ州に生まれた。二歳のときに天然痘にかかるも、どうにか生き延びることができた。しかし三人の弟や妹は、不幸にして幼年期に亡《な》くなってしまう。貧しい両親はたったひとり生き残った息子を大切に育て、地元の学校に通わせた。学年が進むにつれ、教師たちはラマヌジャンの途方もない数学の才能に注目するようになった。勉強の進み方が速すぎて、教師たちのほうがついていけないほどだった。ラマヌジャンの霊感の源であり、教材ともなったのが、たまたま彼が図書館で見つけた、G・S・カーの『純粋数学要覧』だった。この本には何千もの定理と、その証明が含まれていた。彼はこの本で多くの定理と、それらを証明するために使われたテクニックを学んだが、紙を買うことができなかったラマヌジャンは、ほとんどの計算をチョークと石板で行い、消しゴムを使う代わりに、がさがさになった肘《ひじ》でチョークをこすり取らなければならなかった。

彼が数学に取り憑《つ》かれたせいで、ひとつ困ったことがあった。数学以外の教科をまったく勉強しなくなったのである。他の教科の成績が悪いため、インドの大学の奨学金が得られず、勉強を続けられなくなった。ラマヌジャンは数学を教えることでわずかばかりの収入を得、それを補うために事務員をして生計を立てた。一九〇九年に結婚すると、なんとしてでも収入を増やす必要が生じた。そのときラマヌジャンは二十一歳、花嫁のジャナキアマルはわずか十歳だった。

このころからラマヌジャンは、時間を見つけては、新しい数学の概念を作り出すようになった。彼にはそれらの概念が、革新的で重要なものに思えたが、あいにくそれらについて意見をくれたり、支えてくれたりする人はいなかった。数学をもっと深く探求したい、そして研究の成果を認めてほしいという思いに駆られたラマヌジャンは、指導者が得られるかもしれない、あるいは少なくとも、新たに発見した定理について意見をくれる人がいるかもしれないと期待して、イギリスの数学者たちに手紙を送りはじめる。

やがて一束の手紙が、ロンドン大学ユニヴァーシティ・カレッジのM・J・M・ヒル〔ロンドン大学の副学長のほか、数学協会の会長も務めた。「ヒルの四面体」や「ヒルの球形渦」で知られる〕の机の上に届いた。ヒルはその内容に少なからず感心はしたものの、この若いインド人が、もはや時代遅れの手法を使ったり、トリビアルな過《あやま》ちを繰り返したりしていることを、教師然とした調子でたしなめた。ヒルはラマヌジャンの仕事に対し、「すみずみまで明確に書きなさい。自明なミスがあるので、それらをなくすように。また、説明されていない記号を使ってはならない」

と意見を述べた。重箱の隅をつつくような手厳しい評価ではあるが、少なくともヒルは返事を書いた。それに対してケンブリッジ大学のH・F・ベーカーとE・W・ホブソンは二人とも、コメントもつけずにラマヌジャンの論文類を送り返した。

一九一三年になって、ラマヌジャンはG・H・ハーディに宛《あ》てて、次のような手紙を書いた。「わたしは大学教育は受けておりませんが、通常の教育課程は修了しました。卒業後、自由になる時間を使って、数学の仕事を続けてきました。大学の講義で教えられている普通の授業は受けておりませんが、ひとりで新しい道に踏み出しました」

そうして二通目の手紙が届いたとき、ハーディの目の前には、全百二十の定理があった。ラマヌジャンはハーディに、それらを考えてみてほしいと言っているのだ。この若きインド人の天才がのちに回想録の中で述べたところによれば、ヒンドゥー教の女神ラクシュミー〔ヒンドゥー教の最高神ヴィシュヌの妻といい、美と豊穣を司る〕の化身であるナマギーリ神が、その多くを睡眠中の彼に告げたのだという。

「眠りに落ちているとき、わたしは不思議な経験をした。まるで流れる血でできているかのような、赤い幕があった。わたしはそれをじっと見ていた。と、一本の手が現れて、幕の上に何か書きはじめた。わたしは全神経を集中させて、それを見守った。

その手は、いくつもの楕円《だえん》積分を書いた。それらが頭に残り、目が覚めると、わたしはそれらを書き留めたのである」

ラマヌジャンの論文を受け取るやいなや、ハーディの心は、「これは詐欺《さぎ》だ」という思いと、「凄《すご》すぎてほとんど信じられない」という思いのあいだで揺れた。しかし結局、これらの定理は「きっと正しいに違いない。もしそうでなかったら、こんなことを考えつくほどの想像力を持つ者はいないだろうから」と結論するに到《いた》った。ハーディはラマヌジャンを、「頭抜けた独創性と力を合わせ持つ、最高レベルの数学者」と評し、まだ二十六歳という若さのこのインド人を、ケンブリッジに呼び寄せる手はずを整えはじめた。ハーディは、磨かれずに埋もれていたこれほどの才能を救い出したことを大いに誇りに思い、のちにこれを「わたしの人生に降って湧《わ》いた、夢のような出来事」と述べた。

二人の数学者は一九一四年四月についに対面し、二人の共同研究から数学のいくつかの分野に新たな発見がもたらされた。たとえば二人は、「分割」という操作についての理解を深めることに貢献している。その名称からも想像がつくように、分割とは、いくつかの対象をグループに分ける操作である。要するに、分割で問題になるのは、「ある個数の対象が与えられたとき、それらを分割する方法は何通りあるか?」とい

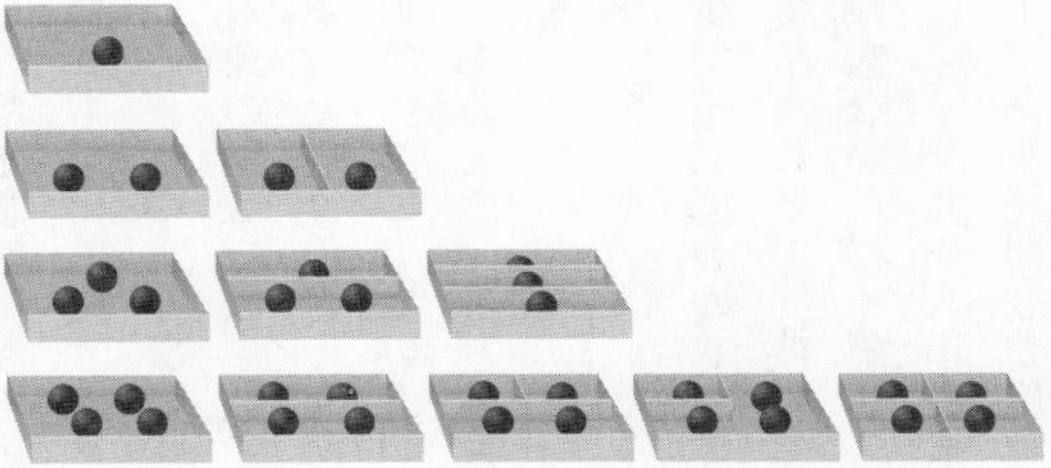

対象の分割方法

うことだ。上の図からわかるように、対象がひとつなら、分割方法は一通りしかない。しかし、対象が四つになると、五通りの分割方法がある。

対象の個数が少なければ、分割方法が何通りあるか、わりあい簡単にわかるが、対象の個数が増えるにつれて、どんどん大変になっていく。分割のやり方が、急速に、しかもランダムに増えていくからだ。対象の個数が十個のときは、分割方法は四十二通りしかないが、対象が百個になれば、１億９０５６万９２９２通りになる。対象が千個にもなれば、分割方法はなんと、２４０６１４６７８６４０３２６２２４７３６９２１４９７２７９９１通りにもなってしまうのだ。

ハーディとラマヌジャンが切り開いた突破口のひとつは、対象の個数が非常に大きいときに、分割方法は何通りになるかを予測する式を見出したことである。また、その数式を計算するだけでもかなりたいへんなので、二人はさらに、与えられた任意の個数の対象の分割方法が何通りあるかを見積もるための、非常に良い近似式も見出した。ラマヌジャンはそのほかにも、今日なお数学者に脳みそを絞らせている、次のような興味深い発言をしている。

対象の個数を表す数の一桁目が、4または9ならば、分割の数はつねに5で割り切れる、というのがそれだ。ラマヌジャンの主張はどうやら正しそうだと感じてもらうために、ここではいくつか具体例を挙げておこう。対象の個数が4、9、14、19、24、29であるとき、分割の数はそれぞれ5、30、135、490、1575、4565である。

ラマヌジャンは、たくさんの複雑な仕事を華麗に成し遂げた。一九一八年には、最年少で王立協会のフェローに選ばれ、その才能を世に認めさせた。ケンブリッジにやって来たことで、彼の頭脳は、思いもよらぬ冒険の旅に出ることができたのだ。しかし残念ながら、イギリスの厳しい冬と、食べ物の変化が、ラマヌジャンの健康を蝕《むしば》んでいく。一九一八年の末には、彼はケンブリッジを離れ、ロンドン郊外の住宅地パトニーにある民間療養施設、コリネット・ハウスに入ることになった。このような状況の下、ラマヌジャンを『フューチュラマ』に結びつけた対話がなされたのである。ハーディはそれについてこう語っている。

「パトニーで病の床に伏す彼を見舞ったときのことである。わたしが乗ったタクシーの番号が、１７２９だった。とくに面白みのない数のように思われたので、よからぬお告げでなければいいのだが、とわたしは彼に言った。すると彼はこう言ったのだ。『いやいや、それはとても興味深い数ですよ。二通りの異なる方法で、二つの三乗の和として表される最小の数なのですから』」

二人は、ありきたりの時候の挨拶《あいさつ》や世間話では満足しなかったようだ。いつものように、二人の対話は数をめぐって展開した。それを嚙《か》み砕いて式にすると、次のようになる。

$$1729 = 1^3 + 12^3$$
$$= 9^3 + 10^3$$

言い換えると、１７２９個の小さな立方体があるとき、それらを組み替えて、三辺のサイズがそれぞれ1×1×1と12×12×12の二つの立方体か、あるいは９×９×９と10×10×10という二つの立方体にできるということだ。数を二つの三乗数に分解できるケースは稀《まれ》だが、分解方法が二通りあるケースはいっそう稀である。１７２９は、そのきわめて稀な性質をもつ数の中で、もっとも小さな数なのである。ハーディが乗ったタクシーについてラマヌジャンが言ったことに敬意を表し、１７２９は、数学者のあいだではタクシー数として知られている。

ラマヌジャンの口から飛び出した言葉に促されて、数学者たちは同様の問題を考えた。二つの三乗数に分割する方法が三通りあるような数の中で、もっとも小さい数はいくらだろうか？　その答えは８７５３９３１９である。

$$87539319 = 167^3 + 436^3$$
$$= 228^3 + 423^3$$
$$= 255^3 + 414^3$$

この数もやはりタクシー数と呼ばれており、《ベンダーの大活躍》（二〇〇七）〔S5／E1〜4〕という『フューチュラマ』の特別拡張版に登場している。フライが呼び止めたタクシーの屋根に書かれた番号が、８７５３９３１９なのだ。もちろんタクシーの番号（普通の意味で）がタクシー数（数学的な意味で）なのは、ごく自然なことである。

1729をたびたび持ち出し、87539319を登場させることにより、『フューチュラマ』の脚本家たちは、数学の世界の外では、その物語がほとんど知られていないラマヌジャンに敬意を表したのだ。生まれながらの天才が、ケンブリッジの数学者によって、無名の淵《ふち》から引き上げられたというのは良い話だが、結末は悲劇的だ。ビタミン欠乏症や結核などに苦しんだラマヌジャンは、一九一九年、温暖な気候と慣れ親しんだ菜食主義の食事が健康を回復させてくれることを期待して、インドに帰っていった。だがそれから一年と経《た》たずして、一九二〇年四月二十六日に、彼は三十二歳にして亡くなったのである。

しかし、ラマヌジャンのアイディアは、今も、そしてこれからも、現代数学の核心に留まり続けるだろう。なぜなら、数学の言葉は普遍的だから、そして数学の証明は絶対だからである。芸術や人文科学の分野におけるアイディアとは異なり、数学の定理には流行《はや》り廃《すた》りというものがない。ハーディが指摘したように、「アイスキュロス〔古代ギリシャの詩人。ソポクレス、エウリピデスとともに三大悲劇詩人に数えられる〕が忘れられても、アルキメデスは記憶に留まるだろう。言葉は死ぬが、数学的アイディアが死ぬことはない。〝不死〟は愚かな言葉かもしれないが、何にせよそれが意味するものになる可能性は、数学者が一番高いのかもしれない」からだ。

＊　＊　＊

『フューチュラマ』にはタクシー数がたびたび現れるが、その仕掛け人は、『ザ・シンプソンズ』と『フューチュラマ』の脚本家たちの中でも、もっとも数学的才能に恵まれた者のひとり、ケン・キーラーである。キーラーが言うには、彼が数学にはまり込むにあたって一番影響を受けたのは、父親のマーティン・キーラーだという。マーティンは医者だが、数で遊ぶのが大好きだった。家族でレストランに行き、食事が終わって請求書を受け取ると、父親はいつもそこに素数を探し、子どもたちも自然とそのゲームに加わった。あるときケンが、平方数をすばやく足し上げる方法はないだろうかと父親に尋ねた。たとえば、最初の五つの平方数を足し算したらいくらになるだろうか？　小さいほうから十個の平方数を足し算したらどうなるだろう？　より一般に、最初の n 個の平方数の和はいくらだろうか？　キーラー医師はちょっと考えただけで、ただちに式を書いた。

$$n^3/3+n^2/2+n/6$$

$n=5$の場合について、キーラーの式を確かめてみよう。

最初の五個の平方数の和

$$1+4+9+16+25=55$$

キーラー医師の式

$$\frac{5^3}{3}+\frac{5^2}{2}+\frac{5}{6}=55$$

これは数学者にとっては難しい問題ではないが、キーラー医師は数学者ではなかった。しかも彼はこの問題を、大胆かつ直感的な方法で解いたのだ。付録4（xv頁）には、ケン・キーラーの言葉で、この式についてそれほど難しくない簡潔な説明を与えておく。

父親が楽しそうに数学をやっていたことが、ケン・キーラーが大学で応用数学を学び、さらに博士号を取るという決心をするにあたって影響を及ぼした。しかし博士号を取得したのち、研究を続けるべきか、やはり情熱を傾けていたコメディー脚本の道に進むべきかを考えはじめたとき、彼の心は引き裂かれた。ニュージャージー州のAT&Tベル研究所にポストを得たというのに、彼は『レイト・ナイト・ショー・ウィズ・デーヴィッド・レターマン』〔一九九三～二〇一五年にアメリカで放送された深夜のトークバラエティ〕のプロデューサーに履歴書を送った。それが彼の転機となった。脚本家チームに招かれたキーラーは、研究から足を洗い、二度と後ろを振り返らなかった。その後、『ウイングス』と『ザ・クリティック』の脚本家となり、さらに『フューチュラマ』の脚本家チームに参加した。そこには数学好きな脚本家は、彼のほかにも五、六人はいた。1729という数に対するキーラーの愛情をしっかりと受け止めてくれる場所は、ハリウッドではここをおいてほかになかったろう。

『フューチュラマ』に数学を盛り込むことにかけて、キーラーにはもうひとつのお手柄がある。それは《ベンダー大暴れ》（二〇〇〇）〔S2／E8〕の回にはじめて登場した、ロウの「$\aleph_0$（アレフ・ヌル）-プレックス」である。ロウは、二十世紀に、世界最大のマルチプレックス映画館を経営したことで名声を博したが、$\aleph_0$がついているところを見ると、三十一世紀にはそれが大きくスケールアップしたわけだ。$\aleph_0$は無限を意味する記号だから、その映画館には無限にたくさんのスクリーンがあることをほのめかす。

キーラーによれば、ロウの$\aleph_0$-プレックスが『フューチュラマ』にデビューすることになったのは、脚本の草稿にこんな台詞《せりふ》があったからだ。この劇場は無限にたくさんのスクリーンがあるけれど、「『ロッキー』とその続編をすべて同時に上演するにはまだ足りない」。

ほとんどの読者は、$\aleph_0$という記号を知らないだろうが、無限を表すもうひとつの記号∞なら高校で出会っている。では、∞と$\aleph_0$とでは、どこが違うのだろうか？　ひとことで言えば、∞は「無限大」という概念をおおざっぱに記号化したものなのに対し、$\aleph_0$は、無限は無限でも、特定のタイプの無限なのだ！

「特定のタイプの無限」とはどういう意味だろう、と不思議に思われたかもしれない。前に取り上げたヒルベルトのホテルの話からは、明々白々たる二つの結論が導かれるからだ。

(1)　無限＋1＝無限

(2)　無限＋無限＝無限

とすれば、無限より大きいものはなく、無限の「大きさ」はみな同じだ、という結論に飛びついてしまいそうだ。しかし実を言えば、無限にはいろいろな大きさのものがある。そしてそのことは、わりと簡単に示せるのである。

まず、0と1のあいだの小数の集合に注目しよう。この集合の要素には、0・5のような簡単な小数もあれば、0・7368294774638……のように、小数点以下が長く続くものもある。与えられた任意の小数（たとえば0・9）について、それより大きな小数（0・99）が必ず存在し、さらにそれより大きな小数（0・999）が必ず存在する。この手続きはどこまでも続けていけるから、明らかに、小数は無限に存在する。次に、0と1のあいだの小数の無限と、ものを数えるときに使う自然数1、2、3……の無限を比較することを考えてみよう。無限にも大小があるのだろうか？　それとも無限はすべて同じ大きさなのだろうか？

その答えを得るために、すべての自然数と、0と1のあいだに存在するすべての小数とのあいだに、一対一で対応をつけることを考えよう。そのための第一歩としては、自然数すべてのリストと、0と1のあいだに存在する小数すべてのリストをどうにかして作ることになるだろう。今考えている問題では、自然数のリストは数の大きさの順番に並べなければならないが、小数のリストはどんな順番になっていてもよい。それら二つのリストを並べて書けば、次のようになるだろう。

自然数	小数
1	0・70052…
2	0・15432…
3	0・51348…
4	0・82845…
5	0・15221…
…	…

仮に、自然数と小数とを一対一で対応させることができたとすれば、両者は同数存在するはずだから、自然数の無限と小数の無限とは同じだということになる。しかし、これから示すように、両者を一対一に対応させることは不可能なのである。

それが明らかになるのは、これら二つの無限を比較するプロセスの、最後の段階だ。右に示した小数のリストで、一番目の小数の最初の桁の数（7）を取り、二番目の小数の二番目の桁の数（5）を取り、……という手続きをどこまでも続けていく。すると7－5－3－4－1……という数列ができる。そして、各桁の数に1を加えると

（0→1、1→2、……、9→0）、新しい数の列8－6－4－5－2が生じる。最後に、この数の列を使って、小数をひとつ作ると0・86452……となる。

この数0・86452…には、興味深い性質がある。0と1のあいだの小数すべてをリストした表には、この数は含まれていないのだ。そんな馬鹿な、と思うかもしれないが、そのことは、次のように証明することができる。この新しい数は、リストの最初の数ではありえない。なぜなら、ひと桁目の数が違っているからだ。同様に、この数はリストの二番目の数でもありえない。なぜなら、二桁目の数が違っているからである。これをどこまでも続けていくことができる。より一般に、この数は、リストのn番目の数ではありえない。なぜなら、n桁目の数が違っているからだ。

この議論を少し修正すると、小数を網羅しているはずのリストから、たくさんの数が漏れていることがわかる。言い換えれば、これら二つの無限を一対一で対応させようとすると、0と1のあいだに含まれる小数のリストは、不完全なものにならざるをえないということだ。とすれば、小数の無限は、自然数の無限よりも大きいに違いない。

これは、一八九二年にゲオルク・カントールにより発表された「カントールの対角線論法」と呼ばれる、水も漏らさぬ証明の簡略版である。無限に大小があることを立証したカントールは、自然数の無限は、無限の中ではもっとも小さいと確信していた。

そこで彼は、ヘブライ語のアルファベットの最初の文字$\aleph$（アレフ）を使って、その無限を$\aleph_0$と表した。また彼は、その次に小さい無限は、0と1のあいだに含まれるすべての小数の無限だろうと考え、それに$\aleph_1$（アレフワン）と名づけた。そして、より大きな無限の系列は、当然ながら、$\aleph_2$、$\aleph_3$、$\aleph_4$……と命名されている。

というわけで、『フューチュラマ』のロウの$\aleph_0$‐プレックス劇場には無限にたくさんのスクリーンがあるが、それはいちばん小さい無限にすぎない。もしも$\aleph_1$‐プレックス劇場だったなら、もっとたくさんのスクリーンがあっただろう。

『フューチュラマ』ではもう一度、カントールの無限の分類が登場する。数学者たちは$\aleph_0$を、可算無限と呼んでいる。なぜならこれは、1、2、……と数えあげることのできる無限に関係しているからだ。一方、より大きな無限は、非可算無限と呼ばれている。デーヴィッド・X・コーエンによると、《メビウス・ディック》（二〇一一）〔S6/E21〕の回に、非可算無限がさりげなく登場するそうだ。「不思議な四次元宇宙に入り込むと、大勢のベンダーがそこらじゅうに漂っていて、みんなでラインダンスを踊っている。その後、三次元に戻ったベンダーがこう言うんだ。〝あれは自分がこれまで出会った中で、もっとも大きな非可算無限の人数だった〟」

第十六章　一面的な物語

《メビウス・ディック》の回でプラネット・エクスプレスの宇宙船は、銀河系の彼方《かなた》に荷物を配達する途中、うっかりバミューダ・テトラヘドロンに入り込んでしまう。それは行方不明になった有名な船が何十隻《せき》も漂う、宇宙船の墓場だ〔次々に船が難破する魔の三角地帯で知られるバミューダ諸島一帯の『バミューダ・トライアングル』にちなむ。三角形（トライアングル）を立体にすると四面体（テトラヘドロン）になる〕。プラネット・エクスプレスのクルーは、この領域を探検することにするが、そのせいで恐ろしい四次元宇宙クジラの攻撃を受ける。リーラはそのクジラに、メビウス・ディックと名付けた。

宇宙クジラの名前は、ハーマン・メルヴィルの小説『Moby《モビー》-Dick《ディック》（白鯨）』のもじりであると同時に、「メビウスの帯」という不思議な数学的対象にひっかけてもいる。メビウスの帯は、十九世紀のドイツの数学者アウグスト・メビウスとヨハン・リスティングの二人によって、別個に発見されたものである。この二人による簡単なレシピ

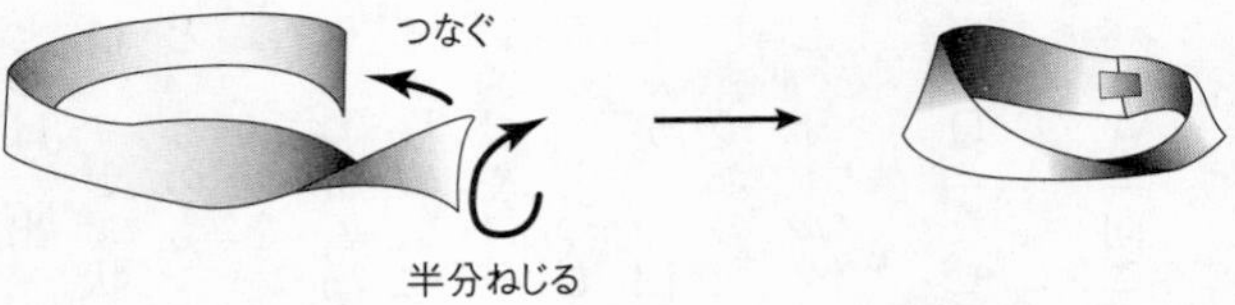

メビウスの帯の作り方

を使えば、みなさんもメビウスの帯を作ることができる。必要な材料は次の通り。

（a）リボン状の紙
（b）セロハンテープ

まず、リボン状の紙を手に取り、上の図のように、一方の端を一回転の半分だけねじる。そうしてリボンの両端を張り付ければ、メビウスの帯の出来あがりだ。メビウスの帯は、要するに、ねじれたループにすぎないのである。

これまでのところ、メビウスの帯にとくに不思議な点はなさそうにみえる。ところが簡単な実験をしてみると、驚くべき特性があらわになるのだ。フェルトペンを持って、ペン先を紙から離さず、上下どちらの縁も乗り越えないように注意しながら、出発点に戻るまでぐるりとひとめぐり線を引いてみよう。するとあなたは、二つのことに気がつくだろう。ひとつは、出発点に戻るためには、ループを二周しなければならないこと。もうひとつは、リボン状の紙の両面に線が引かれたということだ。これにはちょっと驚かされる。というのも、常識的に考えれば、紙には二つの面があり、その両方に線を引くためには、ペンをいったん紙から離し、縁を乗り越えなければならないからだ。では、メビウスの帯の場合は、何がどうなっているのだろうか?

一枚の紙には二つの面があり(上面と下面)、紙を丸めてループ状にしたものは、普通はやはり二つの面を持つ(内側の面と外側の面)。ところがメビウスの帯には、面がひとつしかないという奇妙な性質がある。はじめリボン状の紙には二つの面があったが、一回転の半分だけねじってから両端をつなげたことで、面がひとつになってしまったのだ。メビウスの帯がもつこの奇妙な性質にもとづく次のジョークは、わたしのオールタイム・ベストな数学ジョークの三位につけている。

Q「なぜ、ニワトリはメビウスの帯をわたったの?」
(Why did the chicken cross the Möbius strip?)
A「向こう側に行くため……あれれ……!」
(To get to the other...er...!)

〔このジョークを理解するには、アメリカで定番の謎かけジョークを知らなければならない。Why did the chicken cross the road?（なぜニワトリは道をわたったの？）これに対し、答えは、To get to the other side.（向こう側に行くためさ）何らかのオチを期待するところだが、あまりに当たり前な答えを提示する。当たり前すぎることで笑いを取る、欧米の「アンチジョーク」の典型例〕

《メビウス・ディック》の回には、メビウスの帯そのものが登場するわけではないが、近々放映される『フューチュラマ』の新作に、直接関係する数学ネタが登場する予定だという。二〇一二年の秋、わたしが『フューチュラマ』のオフィスにデーヴィッド・X・コーエンを訪ねたときのこと、彼は《2Dブラックトップ》（S7／E15　タイトルは、二人のストリート・レーサーを描いた映画『断絶（*Two-Lane Blacktop*）』（一九七一）のパロディ）という、次のシーズンに放映予定の作品のことを話してくれた。その回はファーンズワース教授が主役を張り、コーエンによれば、この老人はプラネット・エクスプレスの経営者からスピード狂に転身して、メビウス・ドラッグ・ストリップでレースをするために宇宙船を改造する。そのレース・コースには、ある興味深い性質がある。フェルトペンの実験で示したのと同様に、出発点に戻るためにはコースを二周しなければならないのだ。

コーエンは筋書きの細部を少し教えてくれた。

「リーラが教授に腹を立てて、二人はメビウス・ドラッグ・ストリップで競走することになる。リーラが先行するが、教授は次元ドリフトという荒技を使う。急ブレーキをかけながらハンドルを切り、そのとき自分がいる次元よりも、ひとつ上の次元に入るんだ。三次元を横滑りして飛び出し、ほんの一瞬四次元に入り、またはるか先の三次元に戻ってレースを続けるというわけだ」

残念ながら、次元を上がってまた降りてきたとき、ファーンズワース教授は〔三次元に戻った瞬間、方向感覚を失い〕コースを逆行しはじめる。リーラと教授の車は正面衝突し、二人はなんと、二次元世界に入るのだ！ それに続くシーンには、一次元低い風景が広がっている。

《2Dブラックトップ》はいろいろな意味で、〈ホーマーの三乗〉とは逆向きの作品だ。『ザ・シンプソンズ』の一作である〈ホーマーの三乗〉は、『トワイライトゾーン』のある回にヒントを得て、高い次元の世界に入ったら何が起こるかを探るものだった。一方の《2Dブラックトップ》は、低い次元の世界に入ったらどうなるかを探る。そしてこちらもまた、あるSFの名著がヒントになっているのだ。

《2Dブラックトップ》は、ヴィクトリア朝のイギリスに生きたエドウィン・A・アボットのSF作品、『フラットランド』へのオマージュなのである。アボットのその作品には、「多次元の物語」という副題がついており、物語はフラットランドという二次元世界を舞台として展開する。フラットランドでは、ひとつの平面が宇宙のすべてであり、その平面上にさまざまな図形が暮らしている。たとえば、線分（女性）、三角形（労働者階級の男）、四角形（中流階級の男）といった具合だ。おおむね、辺の数が多いほど階級が高く、女性の身分は一番低い。多角形は上流階級に属し、円は高位の聖職者である。ケンブリッジ大学で数学を学んだ神学者のアボットは、『フラットランド』を、当時の社会への風刺作品として、また幾何学の世界で起こる冒険物語として、読者に楽しんでもらいたかったのだ。

主要登場人物で、語り手でもあるスクエア〔正方形〕の夢は、ラインランドに行ってみることだ。ラインランドは一次元の宇宙であり、そこには点が住んでいる。点は一本の線の中に閉じ込められていて、その線の中を行ったり来たりするしかない。スクエアは、二次元世界のことや、フラットランドに暮らすさまざまな図形のことを点たちに説明しようとするが、点たちは何のことかわからず途方に暮れる。それどころか点たちには、スクエアの正体からわからない。一次元世界の観点からは、正方形を理解することができないからだ。スクエアがラインランドを通過するときの断面は直線だから、点たちには線分にしか見えないのである。

目が覚めたスクエアは、自分が元通りのフラットランドにいることを知る。その後、エキゾチックな三次元世界からやってきたスフィア〔球〕に出会い、冒険は続く。今度の旅では、スクエアが途方に暮れる番だ。球が二次元世界を通り抜けるときの断面は円だから、彼にはスフィアが円にしか見えない。しかしスフィアがスクエアをスペースランドに連れて行くと、すべてが明らかになりはじめる。仲間であるフラットランドの住人たちを三次元から見下ろすうちに、スクエアは、四次元、五次元、さらにそれよりも高い次元の存在さえも予想するようになる。

フラットランドに戻ったスクエアは、三次元は存在するという福音を広めようとするが、誰も耳を貸してくれない。さらに悪いことに、異端的な発言をするスクエアは当局の弾圧を受ける。実は、フラットランドの指導者たちは、スフィアの存在をすでに知っていたのだ。三次元世界の存在を秘密にするため、当局はスクエアを逮捕する。真実を語ったがゆえに、スクエアは監獄に入れられ、物語は悲劇的な結末を迎える。

では、近々放映されるという『フューチュラマ』の新作は、どんなトリビュートを『フラットランド』に捧《ささ》げようというのだろうか？　《2Dブラックトップ》でファーンズワース教授とリーラが正面衝突したとき、二人はその衝撃で平たくなり、平たい動物と平たい植物が生息し、平たい雲がある、平たい光景の中をスライドしていく。

この場面のアニメーションは、二次元世界のルールに厳密に従うように制作されている。二次元世界では、物体同士は交差することができず、お互いを避けて迂回《うかい》するしかない。ところが、《2Dブラックトップ》で二次元世界が描かれるシーンの未編集フィルムを、編集者のポール・カルダーと一緒に見ていたときのこと、カルダーは、雲のふわふわした部分が、わずかに重なっているのに目をとめた。二次元世界では、重なり合うことは禁じられているので、その部分は放映前に修正されることになるだろう。

リーラと教授たちは、この新しい世界を理解しようとするうちに、三次元から二次元に入って平たくなった時点で、消化管がなくなっていることに気づく。この場合、そうなるのは仕方がない。なぜなら、三次元の生物がもつ消化管をそのまま二次元世界に持ち込むと、悲惨な事態を招くからだ。それがどういうことかを理解するために、教授が平坦《へいたん》な二次元図形として、右を向いているところをイメージしてほしい。次に、教授の口から肛門《こうもん》まで、消化管を表す一本の線を引く。この線に沿って二次元図形をカットすると、教授の体は二つに切り離されてしまうだろう。消化管は、三次元世界でならトンネル状のチューブにすぎないが、二次元世界では、体を二つに分離させてしまう。もはや問題は明らかだろう。二次元世界で消化管を持てば、教授の体が二つに切り離されてしまうのだ。同じことがリーラについても言える。

しかし、消化管がなければ、教授とリーラは食事をとることができない。二次元世界の生物は、食べ物を摂取して排泄《はいせつ》するというのとは異なる方法で栄養を摂取しているのだが、教授とリーラは、まだその方法を身に付けていない。

つまり教授とリーラにとって消化管は、「あれば生きていけず、なくても生きていけない」ものなのだ。二人は餓死する前に、どうにかしてこの世界を脱出しなければならない。さいわい脚本家たちが、二人に救いの手を差し伸べる。コーエンはそのいきさつをこう説明した。

「このことに気づいた二人は、次元ドリフトを使って二次元世界を脱出し、三次元に入る。それはすごいシークエンスだよ。二次元と三次元の中間の領域を表す、壮大なフラクタルの光景の中を、二人が飛び抜けていくんだ。そのシーンにはたっぷりとコンピュータ・グラフィックスが使われているよ」

そのシーンで「フラクタル」な風景が広がるのは、実にもっともなことである。フラクタルは「分数次元」を持つからだ。二次元から三次元への旅の途中に通過する領域こそ、分数次元が出現してしかるべき場所だろう。

フラクタルについて、もう少し詳しく知りたい読者のために、付録5（xvi頁）に、このテーマについて簡単な見取り図を示しておいた。とくに、分数次元をもつ図形の特徴に焦点を合わせた。

＊　＊　＊

《2Dブラックトップ》に表れるメビウスの帯は、《諸悪の根源》（二〇〇二）〔S3/E12〕に登場する、ある概念と響き合うものがある。《諸悪の根源》には、ベンダーが、自らを自家醸造装置にするというサブプロットが含まれている。ベンダーがそれを思い立ったのは、仲間のプラネット・エクスプレスのクルーとともに、セブンイレブンのコンビニに酒を買いに行ったときのことだ。この店には、ベンダーがいつも買っている「オールド・フォートラン（Olde Fortran）」のビールがあった。この酒の名前は、一九五〇年代に開発されたコンピュータ用のプログラミング言語「FORTRAN」にちなんでいる〔IBM704のために開発された。開発者のジョン・バッカスは一九七七年にチューリング賞受賞〕。コンビニにはそのほかにも、「聖パウリの排他原理ガール（St. Pauli's Exclusion Principle Girl）ビール」が並んでいるが、これは実在するビールの名前「ザンクト・パウリ・ガール（St. Pauli Girl）」と、量子物理学の基礎のひとつ「パウリの排他原理（Pauli exclusion principle）」をかけている。しかし一番面白いのは、奇妙な形の容器に入った「クラインズ」というビールだ。風変わりな幾何学が大好きな人たちなら、この容器の形は、メビウスの帯と密接に関係している「クラインの瓶」であることに気づくだろう。

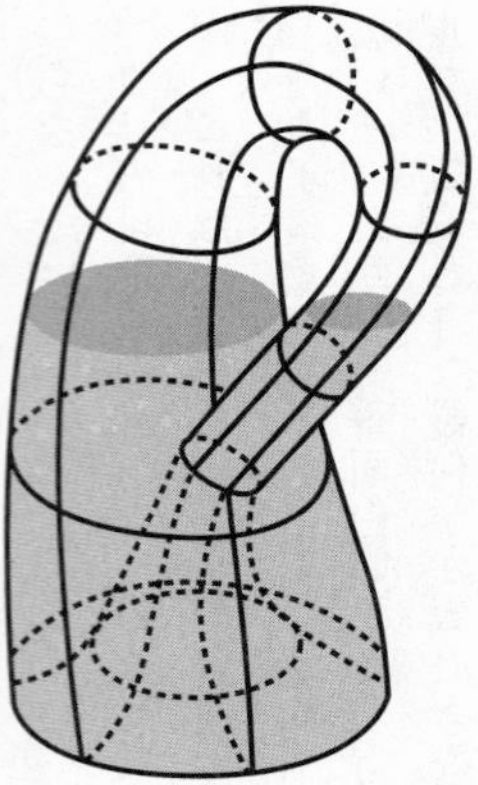

クラインの瓶

このビールの「クラインズ」という名前は、十九世紀の偉大なドイツの数学者のひとり、フェリックス・クラインにちなんでいる。クラインは、この世に生まれ落ちたその瞬間から、偉大な数学者になるべく運命づけられていたのかもしれない。なにしろ彼の誕生日、一八四九年四月二十五日に表れる三つの数は、すべて素数の二乗なのだ。

一八四九年	四月	二十五日
43^2	2^2	5^2

クラインはいくつかの領域にまたがる研究をしたが、とくによく知られているのは、いわゆるクラインの瓶だろう。これもまたメビウスの帯と同じく、自分で作ってみるのがわかりやすい。そのために必要なものは次の通り。

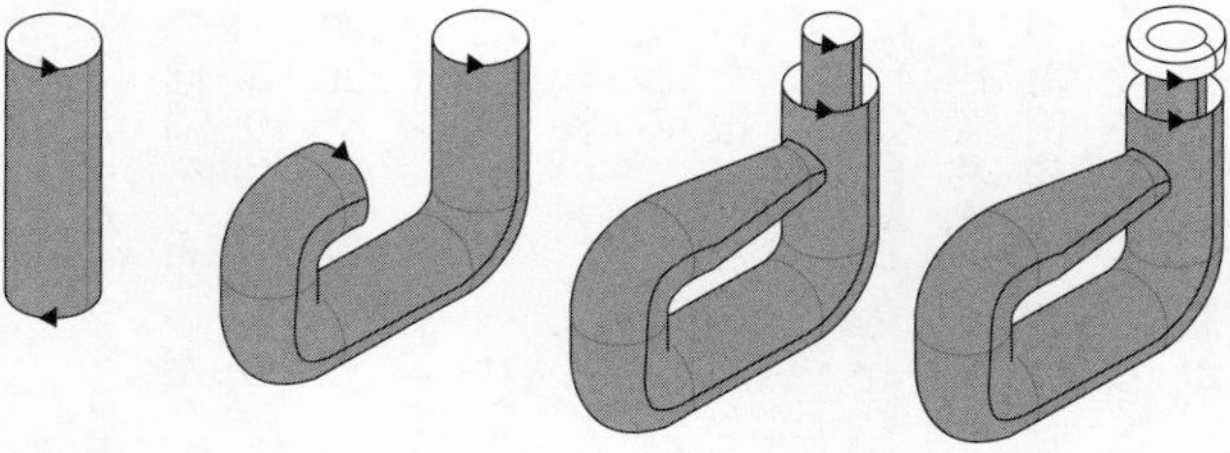

クラインの瓶の作り方

（a）ゴムシート一枚
（b）セロハンテープ
（c）四つ目の次元

もしもあなたもわたしと同じく、四つ目の次元を自由に利用できない人なら、三次元空間で、理論的に「クラインの瓶もどき」を作ることを考えてみよう。まずはじめに、ゴムシートを円筒状に丸めて、セロハンテープで止める（上図参照）。その円筒の上辺と下辺に、お互い逆向きになるように矢印を書く。さて、ここが少々難しいところだが、矢印の向きをそろえて両端を貼《は》り付けるためには、円筒にひねりを加えなければならない。

ここで四つ目の次元を使えればありがたいのだが、それは無理だから、ちょっとした工夫をしよう。真ん中の二つの図に示したように、円筒を曲げて、その一端を自分自身に貫入させ、反対側の端から出すのだ。そして出てきたほうの端を折り返し(前ページの四つ目の図を参照)、円筒の両端を貼り付ける。重要なポイントは、こうして両端をつないだとき、二つの矢印が同じ向きになっているということだ。

このクラインの瓶も、『フューチュラマ』に登場するクラインズのビール瓶も、三次元空間内に存在しているため、自分自身と交差している。それに対して四次元のクラインの瓶は交差する必要がない。なぜ四つ目の次元があると交差しなくてもよいのだろうか? それを理解するために、少し低い次元で同様の状況を考えてみよう。

一枚の紙の上に、ペンで8の字を書いたものを想像しよう。8の字の中央部で線が交わる。クラインの瓶が自分自身と交差するのも、それと同じ理由による。ペンで書いた線が自分自身と交差するのは、ペン先が二次元の平面内に囚《とら》われているからだ。もしもそこに三つ目の次元が加わって、一本のロープで8の字を作るのなら、ロープは自分自身と交差する必要がない。ロープの一部をちょいと持ち上げて、三つ目の次元内で移動させてやれば、ロープは交差せずにすむ。それと同様に、ゴムシートで作った円筒を、四つ目の次元内でちょっと移動させてやることができれば、自分自身と交差させることなく、クラインの瓶を作ることができるだろう。

クラインの瓶が、四次元空間では自分自身と交差せず、三次元空間では交差するのはなぜかを理解するには、もうひとつの方法がある。風車《ふうしゃ》が、三次元と二次元でどう見えるかを考えてみるのだ。三次元では、垂直方向に立つ塔の前面で、羽根車が回転しているのが見える。しかし、風車の影が草原に落ちているのを見れば、羽根車と塔の関係は違ってくる。影は、三次元の風車を二次元に射影したものだ。二次元では、羽根車は何度も何度も、塔を通過していくように見える。つまり羽根車は、二次元への射影では塔と交差するが、三次元世界の中では交差しないのだ。

クラインの瓶は、普通の瓶とは明らかに異なる構造をしている。そこから、ある驚くべき性質が導かれる。クラインの瓶の表面上を移動していくことをイメージしてみよう。具体的には、このクラインの瓶の外面に描かれた、矢印の経路をたどっていこう。

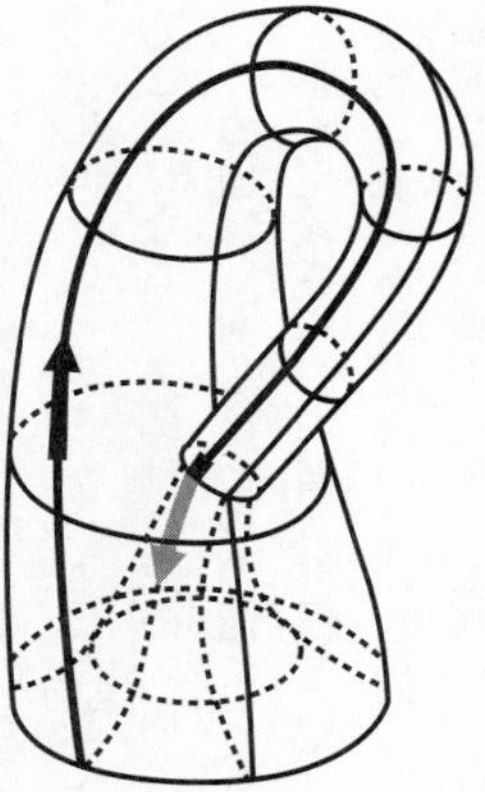

クラインの瓶の内と外？

矢印の経路を上に向かって進み、瓶の首のところでぐるりと向きを変え、交差点に向かって降りていく。そこから先、矢印の色が黒からグレーに変わる。色を変えたのは、矢印が瓶の内部に入ったことを表すためである。矢印はさらに進み、やがて出発点を通過するが、このとき矢印は瓶の内側にある。さらに矢印は首に向かって上に向かい、そこから下に降りてくる。すると今度は瓶の外部に出て、出発点に戻ることになる。矢印は、瓶の内側と外側をなめらかに進めるのだから、内部と外部の二つの面は、同じひとつの面に含まれているのである。

よく定義された内側と外側というものがないクラインの瓶は、当然ながら、普通に使える瓶であるための条件を満たしていない。「瓶に入れる」のと「瓶から出す」のが同じでは、ビールを「入れる」ことはできないのだ。

実は、クライン自身は、自分の作り出したこの数学的対象を、「瓶」と呼んだことは一度もなかった。もともとは、面がひとつしかないというその性質にふさわしく、Kleinsche Fläche〔Flächeはドイツ語で平面〕、つまり「クラインの面」と呼ばれていた。ところが、おそらくは英語圏の数学者たちが、それを Kleinsche Flasche〔Flascheはドイツ語で瓶〕と聞き違えた。それを英語に訳せば「Klein Bottle = クラインの瓶」となり、この名前が定着したというわけだ。

さていよいよ、出発点に戻って話を締めくくるとしよう。クラインの瓶とメビウスの帯には密接な関係がある、というのがそもそもの話だった。はっきりしているのは、どちらも面がひとつしかないという奇妙な性質を持つことだ。もうひとつ、それほど明らかではない関係がある――クラインの瓶を半分に切断すると、メビウスの帯が二つできるのである。

残念ながら、クラインの瓶を半分に切るという操作は、四つ目の次元を使えない限り、やってみることができない。しかしメビウスの帯なら、半分に切り開くことができる。みなさんはぜひ、帯に沿う向きに半分に切り開いて、どうなるかを確かめてみてほしい。

最後に、もしもあなたがリボンにハサミを入れる幾何学的手術にハマったなら、その新たな趣味に役立つヒントを、もうひとつ差し上げておこう。まず、リボンをぐるりと一回転ひねり（メビウスの帯の場合には、半回転だけひねるのだった）、両端を貼り付けよう。さて、それをリボンに沿って半分に切り開いたらどうなるだろうか？ひとひねりしたリボンを切り開いた結果を予想するには、ひねりの利《き》いた頭脳が必要だ。

第十七章　フューチュラマの定理

『フューチュラマ』のヒューバート・J・ファーンズワース教授は、ときに高齢による奇矯な言動を示すせいで、ともすれば彼が数学の天才であることを忘れてしまいそうになる。しかし長編作品、《十億の背中を持つ獣》（二〇〇八）〔S5／E5〜8　タイトルはシェイクスピアの『オセロ』に表れる、性交中の男女を意味するthe beast with two backsという表現に由来〕で明かされるように、ファーンズワース教授は数学界でもっとも栄誉ある賞、フィールズ賞〔カナダの数学者ジョン・チャールズ・フィールズの呼びかけで一九三六年に創設された数学者を顕彰する賞。四〇歳以下が対象で、共同受賞は認められない〕を受賞しているのである。数学のノーベル賞とも称されるフィールズ賞だが、四年に一回しか受賞者が出ないのだから、ノーベル賞より貴重だともいえよう。

ファーンズワース教授は、火星大学で「量子ニュートリノ場の数学」という講座を担当しており、つねづね自らの数学的アイディアについて論じている。彼はこの大学に終身在職権《テニュア》を持っている。ということは、テニュア起因性の知能停滞に陥る恐れがあるということだ。それは学者の世界ではよく知られた現象で、アメリカの哲学者ダニエル・C・デネットは、著書『解明される意識』の中で次のように述べた。「若いホヤは、岩や珊瑚《さんご》の塊を探して海に乗り出していく。よい場所を見つけると、そこにしがみついて一生の棲家《すみか》にする。棲家探しをするために、若いホヤは神経の萌芽《ほうが》のようなものを持っている。いったんよい場所を見つけてそこに根を張れば、そんなものはいらなくなるので、なんと、ホヤは自分の頭脳を食べてしまうのだ！（一生の棲家を見つけるのは、終身在職権を得るのとよく似ている）」

しかしファーンズワースは知能停滞に陥るどころか、その安定した地位を足場に、他の分野に乗り出していく。彼が数学者であるだけでなく、発明家でもあるのはそのためだ。グレイニングとコーエンが教授の名前を、テレビ技術から小型核融合装置まで、百あまりもの合衆国特許を持つアメリカの発明家フィロ・T・ファーンズワース（一九〇六-七一）にちなんでつけたのは、単なる偶然ではない。

ファーンズワース教授の発明の中でも、際立《きわだ》って珍奇なものに、人のかっこよさを正確に測定する、クール-O-メーターという装置がある。測定単位はメガフォンジー。1フォンジーは、一九七〇年代のシットコム『ハッピーデイズ』の主要登場人物アーサー・フォンザレリ、通称フォンジーのかっこよさを定量化したものだ。ファーンズワースは、かっこよさの代名詞ともなったキャラクターの名前を単位にすることで、クリストファー・マーロウ〔イギリスの劇作家。『フォースタス博士』はゲーテに先駆けてファウストの伝説を描いた戯曲〕の『フォースタス博士』に現れる、トロイのヘレンに関する有名なセリフからおふざけで生まれた、ミリヘレンという美しさの単位に目配せしている。「これが一千隻《せき》もの軍船を船出させ、イリウムの高き塔を焼かせたあの顔なのか?」。したがって厳密には、ミリヘレンは、「一隻の船を出帆させる美しさ」である。

ファーンズワース教授の発明品の中で、数学的観点からもっとも興味深いのは、《ベンダの囚人》（二〇一〇）〔S6／E10〕に登場するマインド交換器だろう。名前からわかるように、この装置は頭脳をもつ存在同士の頭脳を交換するというもので、交換された存在は、お互いの体を使って生きることになる。数学的要素は、マインド交換器そのものの仕組みにあるのではなく、頭脳を交換することによって引き起こされる混乱を解消するために、数学が必要になるところにある。それがどんな数学なのかを説明するに先立って、まずは《ベンダの囚人》のストーリーをざっと紹介し、マインド交換器がどういう働きをするのかを、少し詳しく見ておこう。

《ベンダの囚人》の物語は、「白鳥座X-1で起こることは、白鳥座X-1にとどまる」

というオープニング・キャプションで始まる。これは「ベガスで起こることはベガスに留まる」という、よく知られた格言を思い出させる。白鳥座X-1の場合、この格言は文字通りの意味で成り立つ。なぜなら白鳥座X-1は、白鳥座の中にあるブラックホールの名前であり、ブラックホールの中で起こったことは、永遠にブラックホールの中に留まるからだ。脚本家たちが白鳥座X-1を選んだのは、おそらくこのブラックホールが、ある有名な賭《か》けの対象になったことで話題になったためだろう。数学者で宇宙論研究者でもあるスティーヴン・ホーキングは、当初、その天体がブラックホールだとは考えなかった。そこで彼は、やはり宇宙論研究者であるキップ・ソーン〔相対論的宇宙論の分野で貢献しているほか、二〇一四年の映画『インターステラー』では科学コンサルタント兼制作総指揮を務めた〕に賭けを持ちかけた。注意深い観測の結果、ホーキングが間違っていたことが明らかになると、彼は約束通り、『ペントハウス』の定期購読一年分を、ソーンにプレゼントする羽目になったのだ。

この回のタイトルは、ヴィクトリア朝イギリスの作家アンソニー・ホープの、『ゼンダ城の虜《とりこ》』という作品をもじっている。それは次のような物語だ。ルリタニア王国（架空の国）の王ルドルフが、戴冠式《たいかんしき》の直前に、悪者である弟に毒を盛られ、誘拐されてしまう。王冠が悪者の手に渡るのを防ぐため、ルドルフと血縁のあるイギリス人で、見た目もそっくりの若者が王になりすます。『ゼンダ城の虜』の物語は、このなりすましをめぐって展開するが、《ベンダの囚人》もまた、すり替えが主なテーマになる。

すり替え問題は、ファーンズワース教授が、マインド交換器を使ってエイミーと自分の頭脳を交換したことに始まる。エイミーの体に入れば、教授は若返りの喜びを味わうことができるし、エイミーもまた、教授の痩《や》せた身体《からだ》を手に入れれば少々体重が増えても大丈夫だから、食べたいものを好きなだけ食べられると考えて、マインド交換を望む。

ところが、さらにベンダーがエイミーと頭脳を交換したせいで、話は少々ややこしくなってくる。エイミーの体にはすでに教授の頭脳が入っているから、この交換では、ベンダーの体に教授の頭脳が入り、エイミーの体にベンダーの頭脳が入ったわけだ。こうしてベンダーは、盗みを働くときに、守衛を誘惑するという手が使えるようになった。しかも正体はバレないというおまけつきだ。一方の教授は、逃走してサーカス・ロボティクス〔地球のニュー・ニューヨークにあるサーカスで、ロボットたちが芸を見せる〕に加わった。その間にもさらなるマインド交換が行われ、事態はどんどん込み入ってくる。この回に行われるマインド交換を一覧表にしておこう。それぞれの名前は、マインド交換を行った時点での体を表し、そのときその身体に入っていた頭脳を表すわけではない。

1	ファーンズワース教授	⇔	エイミー
2	エイミー	⇔	ベンダー
3	ファーンズワース教授	⇔	リーラ
4	エイミー	⇔	ウォッシュ・バケット（*）
5	フライ	⇔	ゾイドバーグ
6	リーラ	⇔	ハーミーズ
7	ウォッシュ・バケット	⇔	皇帝ニコライ（†）

（*）『フューチュラマ』の４作品に登場するモップ・バケツのロボット
（†）ロボ‐ハンガリー帝国のロボット皇帝

交換は全部で七回しか行われていないのに、状況はめちゃくちゃだ。事態を追跡するひとつの方法として、ロンドン在住の『フューチュラマ』ファン、アレックス・シーリー博士が発明した「シーリー・ダイアグラム」を作ってみよう（次ページ参照）。これを見ればわかるように、マインド交換が七回行われた結果、教授の体にはリーラの頭脳が、リーラの体にはハーミーズの頭脳が入っている。

物語も終わりに近づく頃には、誰もが新しい体に飽きて、もとの体に戻りたくなっている。ところが、マインド交換器のちょっとした不調で、いったん頭脳を交換した者同士の体は、二度と頭脳を交換することができないという非常事態が発覚する。こうなっては、それぞれの頭脳がもとの体に戻れるかどうかもわからない。

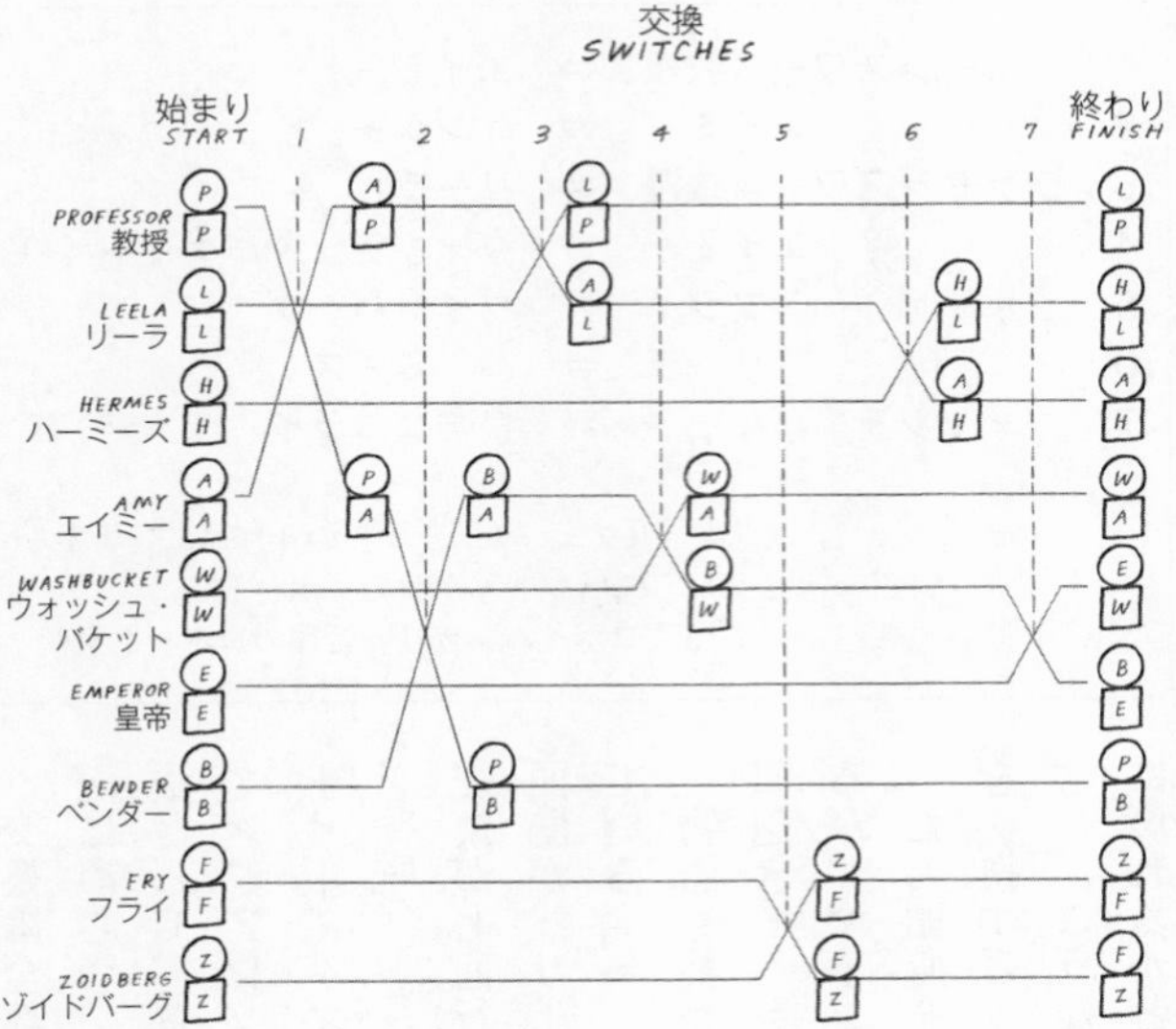

マインド交換を追跡するシーリー・ダイアグラム。○は頭脳、□は体を表す。それぞれの記号の中に書き込まれた文字は、登場人物を表す。はじめは、すべての体に正しい頭脳が入っているから、9人全員の頭脳と体が一致している。その後、交換が起こるたびに、頭脳はさまざまな体を渡り歩くことになる。たとえば、最初の交換では、教授（Professor）の体Ⓟには、エイミー（Amy）の頭脳Ⓐが入り、エイミーの体Ⓐには、教授の頭脳Ⓟが入る。体はつねに同じ水平線上にあり、頭脳は、交換が起こるたびに上下に移動する。

マインド交換器の不調は、話を面白くするために脚本家たちが持ち込んだ設定だが、どうにかしてこの困難を克服し、物語をハッピーエンドに持ち込まなければならない。その任務を引き受けたのが、この回の筆頭脚本家ケン・キーラーだった。キーラーは、この行き詰まりを打開するには、新しい人物をひとり導入しさえすればよいことに気がついた。その人物が迂回路《うかいろ》となって、教授をはじめ関係者全員の頭脳を、もとの体に戻せるのである。しかしキーラーは、《ベンダの囚人》の特殊ケースだけでなく、もっと一般的な場合について、問題を解決するにはどうすればいいかと考えはじめた。任意の人数で、考えられる限りどれほど複雑なマインド交換が行われても、すべてを元通りにするためには、新しい人物を何人持ち込む必要があるだろうか？

キーラーがこの問題を考えはじめたとき、最終的な答えについて何か勘のようなものが働いたわけではなかった。新しく導入する人数は、交換にかかわる集団のサイズによって変わるのだろうか？　もしそうだとすると、新しく導入するべき人数は、集団のサイズに比例して増えるかもしれないし、集団のサイズに対して指数関数的に増大するかもしれない。あるいは集団の大きさによらず、ひとつのマジックナンバーが存在するということもありえた。

この問題の答えを見出《みいだ》すことは、応用数学の博士号を取得した人間にとってさえ容

画面の粗いこの写真は、《ベンダの囚人》の読み合わせが行われた2009年12月９日にパトリック・ヴェローネによって撮影されたもの。フューチュラマのオフィスでソファーに立ちながら「フューチュラマの定理」の証明の概略を示すケン・キーラー。

易ではなかった。キーラーはこの問題に取り組みながら、大学時代に出会った中でもとくに難しかったいくつかの問題のことを思い出していた。そうして粘りに粘った末に、彼はとうとう否定しようのない厳密な証明を完成させた。それは驚くほど美しい答えだった。集団がどれほど大きくても、どれだけ複雑なマインド交換を行ったとしても、新しい人物を二人導入するだけで、すべての絡《から》み合いを解くことができるのである。キーラーの証明はかなり専門的で、その結果は「フューチュラマの定理」、あるいは「キーラーの定理」として知られるようになった。

《ベンダの囚人》の中でこの証明を示

すのは、「惑星グローブトロッター」のバスケット選手であり、数学と科学の才能でも知られる〝スイート〟・クライド・ディクソンとイーサン・〝バブルガム〟・テートの二人である。バブルガム・テートはグローブトロッター大学の物理学上級講師であり、火星大学でも応用物理学のダウンタウン教授職にある。この二人は『フューチュラマ』に何度も登場し、そのつど数学の知識を披露している。たとえば《ベンダーの大成功》ではバブルガム・テートが、時間旅行方程式の解法について、スイート・クライドにこんなアドバイスをする。「変数の変分を使ってロンスキアン（微分方程式の研究に用いられるもので、十九世紀のポーランドに生まれ、フランスで研究を行った数学者ユゼフ・マリア・ハーネー＝ロンスキーにちなんで名付けられた。ロンスキー行列式）を展開するんだ」

《ベンダの囚人》の物語がクライマックスに近づいたとき、スイート・クライドが、「QをEへ、EをDへ！……頭脳をどれだけ交換しても、たかだか二人の選手を導入すれば元通りにできるよ」と言って、蛍光色をした緑のチョークボードに証明の概略を書く。

　専門的な表記法で書かれているその証明を理解するには、《ベンダの囚人》のキャラクターたちを助け出すという具体的な応用に目を向けるのが一番だ。その証明は絡み合った紐《ひも》をほどく巧妙な戦略で、まずはじめに、頭脳を交換した人たちは、よく定義された集合に分けられるという点に注目する。《ベンダの囚人》の場合には、集合

スイート・クライドがチョークボードに書いた「フューチュラマの定理」の証明。《ベンダの囚人》の混乱が解決するシーン。バブルガム・テートが証明の細部を見ている。ベンダー（教授の頭脳が入っている）が感心したように眺めている。ここに書かれた証明を、巻末付録6に収録した。

は二つある。マインド交換のシーリー・ダイアグラム（404ページ）をよく見ると、集合のひとつは、フライとゾイドバーグの二人だけからなることがわかる。ダイアグラムの下から二本の線を見ればその事情は明らかだ――フライの頭脳はゾイドバーグの体に入り、ゾイドバーグの頭脳はフライの体に入っている。これがひとつの集合と見なせるのは、集合に属するどの体にも頭脳がひとつ入っており、集合内で体と頭脳が入れ替わっているだけだからである。

もうひとつの集合には、残りのキャラクター全員が含まれる。シーリー・ダイアグラムを見ると、教授の頭脳がベンダーの体に入り、ベンダーの頭脳は皇帝の体に、皇帝の頭脳はウォッシュ・バケットの体に、ウォッシュ・バケットの頭脳はエイミーの体に、エイミーの頭脳はハーミーズの体に、ハーミーズの頭脳はリーラの体に、そしてリーラの頭脳は教授の体に入っている。つまりこの集合は閉じている。これがひとつの集合と見なせるのは、前と同様、集合に属するどの体にも頭脳がひとつ入っており、集合内で体と頭脳が入れ替わっているだけだからである。

こうして二つの集合があることを明らかにしたキーラーは、二人の人物を新たに導入した——バブルガム・テートとスイート・クライドである。この二人が、二つの集合内での絡み合いを、ひとつずつほぐしていく。そのやり方を見るためにまず小さな集合について、絡み合いをほぐしてみよう。

次のページに示すシーリー・ダイアグラムには、この回で実際に起こることが忠実に再現されている。まず、スイート・クライドとフライ（ゾイドバーグの頭脳が入っている）が頭脳を交換し、次にバブルガム・テートとゾイドバーグ（フライの頭脳が入っている）が頭脳を交換する。こうしてあと二回交換すると、フライの頭脳は自分自身の体に戻り、ゾイドバーグの頭脳もまた自分自身の体に戻る。

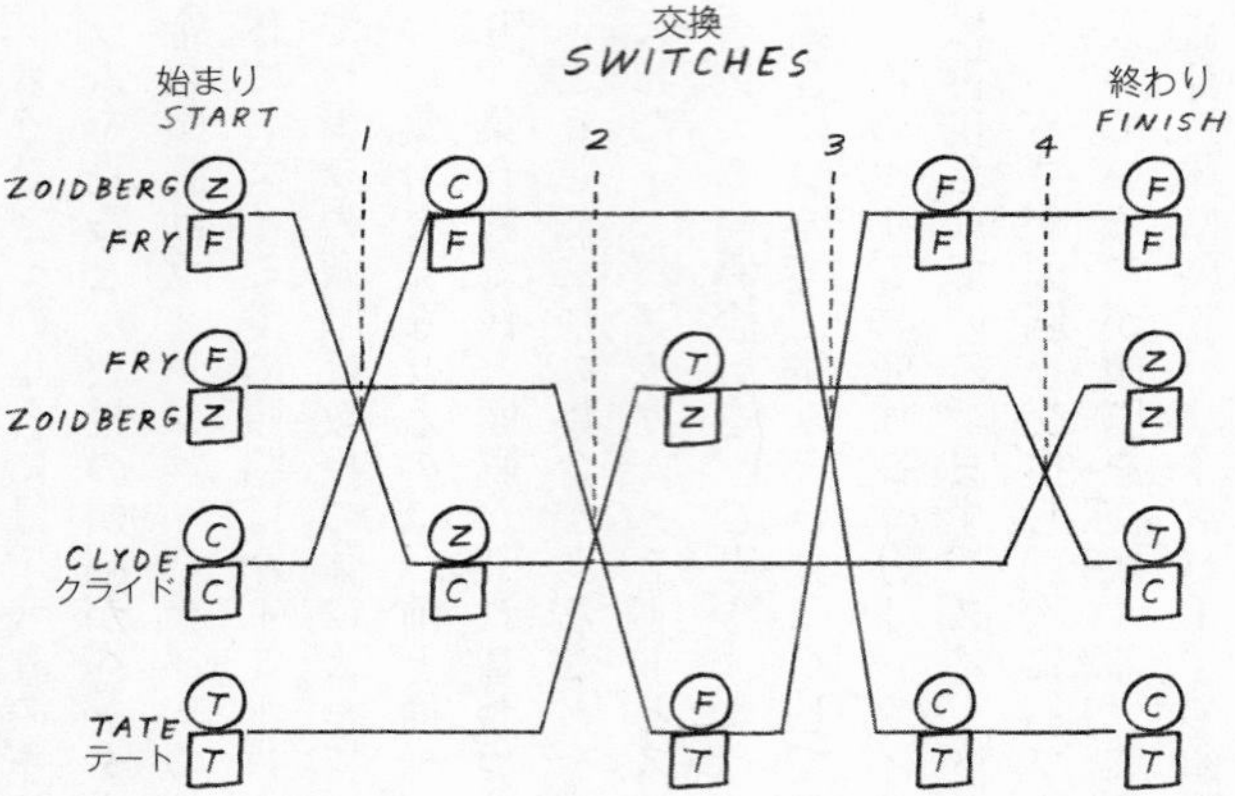

シーリー・ダイアグラム（部分）

スイート・クライドとバブルガム・テートは、この時点ではまだ頭脳と体が入れ替わっているが、あと一回マインド交換をすれば、それぞれの頭脳を正しい体に戻せるのは明らかだろう——二人のあいだではまだマインド交換をしていないので、両者は直接頭脳を交換することができる。しかし今それをやってはいけない。数学とバスケットボール両方の天才であるこの二人が持ち込まれたのは、二つの集合の混乱を解消するためだが、その任務はまだ完了していない。二人の頭脳と体を使って、第二の集合の混乱を解消するまでは、両者の頭脳を交換するわけにはいかないのだ。

次ページのシーリー・ダイアグラムは、二つ目の集合の混乱を解消するために必要な九回のマインド交換を表したものである。このシーリー・ダイアグラムに記された交換をすべて追跡する必要はないが、全体としてのパターンから、スイート・クライドとバブルガム・テートを加えたことで、混乱を解消するためのゆとりが生じたことがわかるだろう。二人は、マインド交換のすべてに関与するため、ダイアグラムの下四分の一は、上の部分よりずっと込み入っている。スイート・クライドとバブルガム・テートは、戻るべき体を探す頭脳にとって、仮の宿としての役目を果たす。二人は頭脳を受け取ると、すぐにその頭脳を正しい体に向けて手放してやる。受け取った頭脳が何であれ、その次の交換では、その頭脳を正しい体に向かって手放してやるのだ。

キーラーはマインド交換によって引き起こされた問題を解決し、「フューチュラマの定理」を証明するという快挙をなしとげた。が、ここでひとつ注意しておくべきことがある。彼は、《ベンダの囚人》のフィナーレを面白くするために、このケースにそなわる、ある特徴に目をつぶった、または見逃したということだ。実を言えば、問題を解決するための道のりには、近道がありえたのである。二人の新しいキャラクターを導入する必要があるのは、任意の場合について、マインド交換の問題を解決する

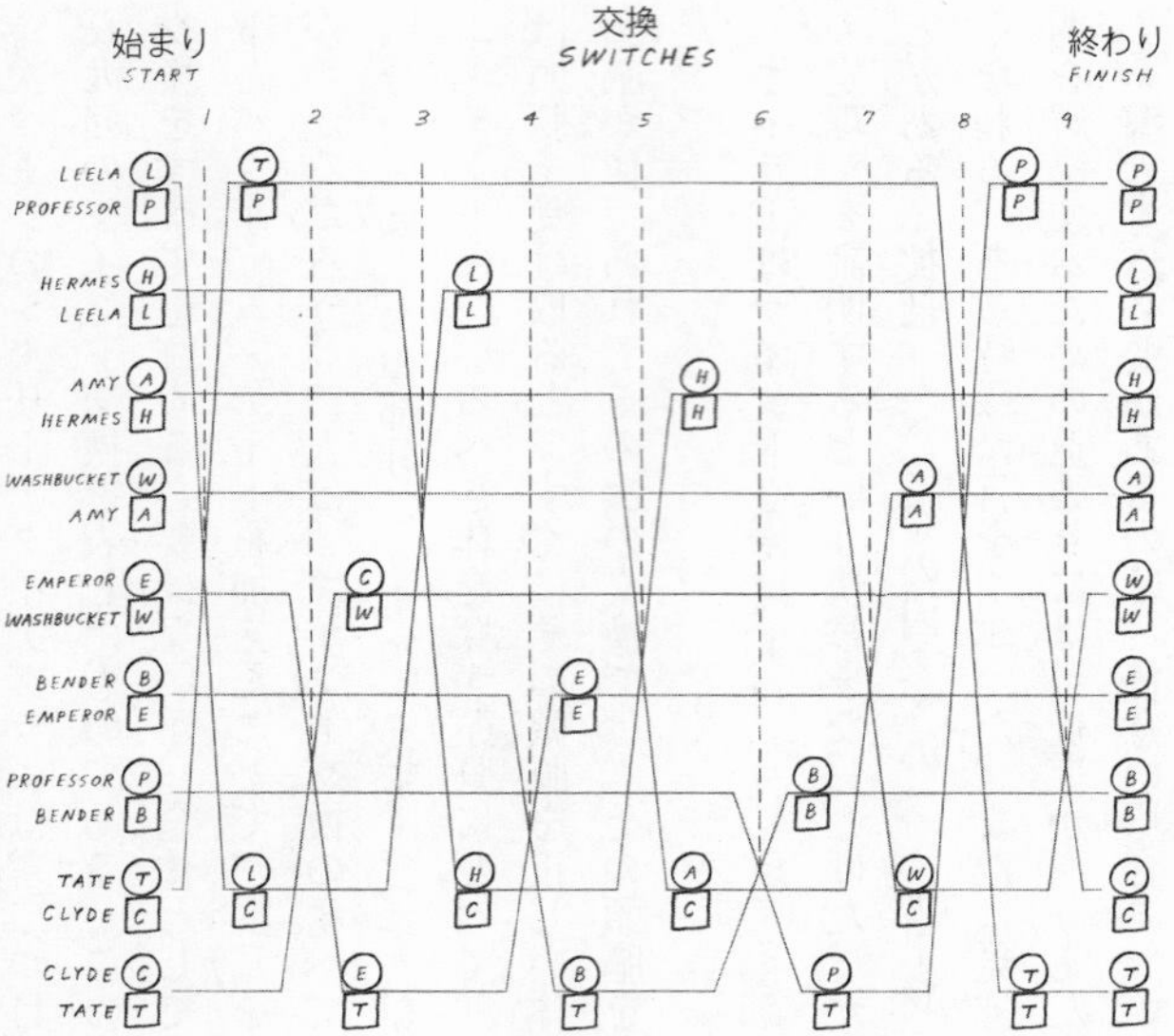

シーリー・ダイアグラム（その2）

ためだった。しかし今考えているシナリオでは、混乱を解消しなければならない集合のひとつは、二人のキャラクターしか含まれていない（フライの頭脳がゾイドバーグの体に、ゾイドバーグの頭脳はフライの体に入っている）。そのためフライとゾイドバーグは、大きな集合に対して、新しく持ち込まれるべき二人としての役割を果たすことができたのである。それができるのは、フライとゾイドバーグはこれまでのところ、大きな集合に属するどの人物とも、頭脳を交換したことがなかったからだ。

この回で問題を解決するために行われた二段階の手続きでは、初めに四回、次に九回、全部で十三回の交換が必要になる。それに対して、もしもこの近道をとれば、全部で九回の交換により、すべての体に正しい頭脳を戻すことができるのだ。

すでにある集合から二人を供給し、もうひとつの集合の問題を解消するという方法を最初に検討したのは、イギリスのケンブリッジ在住の数学者ジェームズ・グライムだった。そのためこのトリックのことを、「グライムの系」と呼ぶ。それは「フューチュラマの定理」から派生した数学の命題である。

キーラーの仕事に触発されて、マインド交換をテーマとする論文が、『アメリカン・マセマティカル・マンスリー』に発表される予定だ。著者は、カリフォルニア大学サンディエゴ校の、ロン・エヴァンズ、リーファー・ファン、トゥン・グエンの三人である。論文のタイトルは「キーラーの定理と相異なる互換の積」で、任意のマインド交換により引き起こされた状況を、もっとも効率的に解消する方法を探るというのがその内容だ。

一方、キーラー自身は、マインド交換に関する自分の研究を、論文としては発表しないことにした。彼は謙虚にも、これは数学としてそれほど重要なものではないと言い、証明について論じるのは気が進まないようだ。彼がわたしに語ったところによると、これまで「フューチュラマの定理」について一番詳しく説明したのは、仲間の脚本家たちに配った、おふざけの偽《にせ》の脚本だったという。

「脚本家が原稿を提出したのち、推敲《すいこう》の第一段階として、まず仲間の脚本家たちが三十分ぐらいかけてその原稿を読むことになっている。それでわたしはほんのいたずらのつもりで、スイート・クライドがファーンズワース教授を相手に、定理の詳細を説明するシーンを三ページほども書いたんだ。何人かの脚本家は、見るからにうんざりした顔で、どうにかそれを読み通したよ。そして四ページ目に入ったところで、ようやく本物の原稿が始まるというわけだ」

キーラーがお遊びで作ったでっちあげ脚本は、《ベンダの囚人》の本物の脚本が、まぎれもなく興味深くて革新的な数学にもとづいて書かれたことをあらためて教えてくれる。多くの意味でこの作品は、『ザ・シンプソンズ』と『フューチュラマ』で作られたなかで、数学的要素にかけては頂点に立つものだ。マイク・レイスとアル・ジーンは『ザ・シンプソンズ』の第一シーズンに、コマ止めギャグとして数学ネタを持ち込んだ。それから二十年後、今度はケン・キーラーが、苦境に陥ったプラネット・エクスプレスのクルーを助けるために、新しい定理を作り出した。キーラーは、ただシットコムを面白くするという目的のために、まったく新しい数学の定理を生み出した、テレビ至上はじめての脚本家という栄誉に値するだろう。

エπローグ

『フューチュラマ』はこれまでに、六つのエミー賞をはじめとして、数々の栄誉を受けている。それもあって『ギネスブック』はこの作品を、現在もっとも高く評価されているアニメシリーズと認定した。

『ザ・シンプソンズ』もまた、三十二個のエミー賞を受賞し、台本のある作品としては史上もっとも長続きしているTVシリーズとなっている。『タイム』が発表した、二十世紀を振り返る一連のレビューでは、『ザ・シンプソンズ』は最高のTVシリーズ、バート・シンプソンは世界でもっとも重要な百人のひとりに選ばれた。架空の人物でこのリストに上がったのは、バートただひとりである。二〇〇九年には、まだ放映中であるにもかかわらず、シンプソン家の面々が、TVキャラクターとしては初めて、アメリカの郵便切手に採用されるというかたちで歴史に名を残した。マット・グレイニングはこれについて誇らしげにこう述べた。「これは『ザ・シンプソンズ』がかつて受けた中で、最大の、そしてもっとも人びとの記憶に残る栄誉である」

こうした世間的な認知を受けるべくして受けただけでなく、ナード・コミュニティーからも静かな評価と尊敬が寄せられている。われわれナードにとって、『ザ・シンプソンズ』と『フューチュラマ』の最大の偉業は、この二作品が、数学のすばらしさを誉《たた》め称え、数学を楽しんでいるということなのだ。ナードではない人たちは、ともすれば『ザ・シンプソンズ』と『フューチュラマ』に現れる数学ジョークを、底の浅い思いつきとして取り合わないが、しかしそう言って切って捨てるのは、テレビの歴史上、もっとも数学の才能ある二つの脚本家チームが知恵を絞って生み出したものに対して、あまりに失礼ではないだろうか。彼らは、フェルマーの最終定理から、自ら生み出したフューチュラマの定理まで、この作品に登場したあらゆる数学ネタを一歩も引かずに擁護するだろう。

われわれの社会は、偉大な音楽家や小説家に対しては称賛を惜しまないし、それはそれで正しいことではある。だが、地味な数学者たちは、世間の話題にはまずのぼらない。数学が、文化の一部とみなされていないのは明らかだ。実際、数学は多くの人にとって恐怖の的であり、数学者はしばしばからかいの対象である。それにもかかわらず『ザ・シンプソンズ』と『フューチュラマ』の脚本家たちは、もう四半世紀にわたり、プライムタイムのテレビシリーズに複雑な数学のアイディアをもぐり込ませてきたのである。

ロサンゼルスで脚本家たちとともに過ごす時間が終わりに近づくにつれ、この人たちはたしかに、これまで築き上げてきた数学的遺産を誇りに思っているのだと確信できるようになった。しかしそれと同時に、数学を続けられなかったことで、一抹の悲しみを抱えている人たちがいることもわかった。ハリウッドでチャンスをつかむためには、重要な定理を証明するという夢の欠片《かけら》すらも、しまい込まざるを得なかったのだ。

ひょっとして後悔しているのですか、と尋ねると、デーヴィッド・X・コーエンは、研究の現場を離れてテレビの世界に入ることに関する、複雑な心中を語ってくれた。

「それを言われると、われわれ脚本家をさいなむ自己不信がうずくね。とくにわれわれのように科学や数学の研究現場を去った者はそうだ。わたしの意見を言わせてもらえば、教育が何の役に立つかといえば、究極的には、何か新しいことを発見するためだろう。思うに、この世界に自分が存在した痕跡《こんせき》を残すもっとも気高い方法は、この世界に関する知識を増やすことではないだろうか。では、わたしはそれをやっただろうか？ たぶんそうはならなかったのだろう。だとすれば、自分は賢明な判断を下したのかもしれない」

コーエンは、抜本的に新しい計算技術を発明したわけでも、P＝NP、P≠NPの謎《なぞ》を解いたわけでもないが、研究に間接的な貢献はしたかもしれないと思っている。

「本音のところでは、自分は研究者として一生を送りたかったのかもしれない。それでも、『ザ・シンプソンズ』と『フューチュラマ』は、数学と科学を楽しいものにしているとは思っているし、そのことで新しい世代に影響を及ぼせるんじゃないかとも思っている。そうして影響を受けた人たちの中から、わたしがやれなかったことをやってくれる人が出るかもしれない。そう思えば慰めにもなるし、これで良かったと思えるんだ」

一方、ケン・キーラーは、数学をやっていた時間は、コメディーの脚本家になるための道のりの一部だったと言う。

「われわれの身に起こることはすべて、何らかの影響を残すものだろう。大学院で過ごした期間は、自分がより良い脚本家になるために役立っていると思うんだ。まったく後悔はしていないね。ベンダーのシリアルナンバーを、数学史上の重要な数である1729にできただけでも、博士号を取った甲斐《かい》はあると思えるんだ。博士論文の指導教授がどう思うかは知らないけどね」

謝辞

本書を書くことができたのは、『ザ・シンプソンズ』と『フューチュラマ』の多くの脚本家が、インタビューのために時間を割き、しばしば単なる使命感を超えてご支援くださったおかげである。とくに、J・スチュワート・バーンズ、アル・ジーン、ケン・キーラー、ティム・ロング、マイク・レイス、マット・セルマン、パトリック・ヴェローネ、ジョシュ・ワインシュタイン、ジェフ・ウェストブルックの各氏に、格別の感謝を申し上げる。また、デーヴィッド・X・コーエンは、二〇〇五年にはじめて電子メールを送ったときから、信じられないほど親切で忍耐強くわたしに接してくださり、また気前良く時間を割いてくださった。ケン、マイク、アル、デーヴィッド、マイク・バナンの各氏は、お手持ちの写真を提供してくださった。『ザ・シンプソンズ』と『フューチュラマ』の画像を使用することを許可してくださった、フォックス・ネットワークとマット・グレイニングにも感謝を申し上げる。

ロニ・ブランは、数学クラブに関する情報を送ってくださった。エイミー・ジョー・ペリーは、インタビューの予定を組んでくださった。ロサンゼルス滞在中は、彼女に大変お世話になった。また、サラ・グリーンウォルド教授とアンドルー・ネスラー教授は、時間を割いてインタビューに応じてくださった。読者のみなさんには、ぜひこのお二人のウェブサイトを訪れてみてほしい。そうすれば『ザ・シンプソンズ』と『フューチュラマ』の数学について、もっとよく知ることができるだろう。

本書は、わたしが父親になって初めての著作である。そこで、三歳の息子、ハリ・シンに感謝を捧《ささ》げたい。彼は、昨年一年間の少なからぬ日々、ちょっと目を離している隙《すき》にキーボードを叩《たた》いてくれたり、原稿にヨダレを垂らしてくれたりした。わたしにとって彼は、考えられる限り最高の気分転換だった。

わたしが書斎に缶詰めになっているあいだは、ミセス・シン〔サイモン・シンの妻、アニータ・アナンド。イギリスのジャーナリスト、キャスター〕が、お菓子作りをしたり、お絵描きをしたり、蝶《ちょう》を羽化させたり、ドラゴン退治をしたり、かくれんぼをしたりして、ハリを楽しませてくれた。彼女が自分の本を書くために書斎に缶詰めになっているときは、われわれはハリをほったらかしにして通りで遊ばせるか、身近な人に見てもらうかした。ハリを見てくれた、グラニー

〔おばあちゃん〕・シン、グランダッド〔おじいちゃん〕・シン、グラニー・アナンド、ナタリー、アイザック、マハリアに感謝する。

今回もまた、一貫して支援と助言をくださった、パトリック・ウォルシュ、ジェイク・スミス＝ボザンケット、そしてコンヴィル＆ウォルシュのみなさんに感謝する。新しくイギリス版の編集者となったナタリー・ハントとは、たいへん楽しく仕事をすることができた。また、ふたたびジョージ・ギブソンと仕事ができたことは素晴らしい経験だった。ギブソンは、わたしの最初の著作となったフェルマーの最終定理に関する本を刊行する際、新人作家であるわたしを信頼してくれた。

調査の段階では、『ザ・シンプソンズ』と『フューチュラマ』の熱心なファンのみなさんが制作、運営しているさまざまなウェブサイトを参照させていただいた。ソースの詳細についてはオンラインの資料に示した。ドーン・ジェドジーとマイク・ウェブは野球について教えてくれた。さまざまな意見をくれたアダム・ラザフォードとジェームズ・グライム、さらに意見をくれたアレックス・シーリー、さらにその上をいく意見をくれたジョン・ウッドラフに感謝する。ローラ・ストゥークはインタビューを書き起こしてくれた。スザンヌ・ペラは、原稿を整理整頓《せいとん》してくれた。ペラはこれまで十年以上にわたってわたしの仕事を管理してくれたが、今年退職してしまった。

彼女はわたしにとって輝ける星であり、彼女のおかげでわたしの人生は崩壊せずにすんだ。彼女なしに、二〇一四年をどうやって乗り切ったらいいのかわからないほどだ。

　ところで、少し話題は変わってしまうが、この本の執筆に取り掛かる予定だった二〇〇五年には、別の方面に気がかりなことがあった。ホメオパシーからカイロプラクティックまで、さまざまな代替医療の治療者たちが、途方もない主張をしていたのである。そこで『ザ・シンプソンズ』と『フューチュラマ』に関する本を書く代わりに、わたしはエツァート・エルンスト教授と共著で、『代替医療のトリック』という本を書くことになった〔原題【*Trick or Treatment?: Alternative Medicine on Trial*】新潮文庫版では『代替医療解剖』と改題〕。

　本の刊行後、『ガーディアン』にカイロプラクティックに関する記事を書いたところ、わたしは英国カイロプラクティック協会に、名誉毀《き》損《そん》で訴えられた。わたしの裁判は、ピーター・ウィルムズハースト医師やベン・ゴールデーカー医師をはじめ、多くの人たちの名誉毀損裁判とともに、イギリスにおける名誉毀損法改革キャンペーンの引き金となった。法廷でさんざんな二年間を費やしたが、その戦いの中で、自分には信頼できる友人たちがいること、そしてこの戦いのなかで多くの新しい友人ができたことを知った。

　デーヴィッド・アレン・グリーンは、わたしの弁護士ロバート・ドーガンズとともに、名誉毀損法改革を目指すはじめての共同戦線を組織した。三百人のブロガー、スケプティクス（ニセ科学や超自然現象を科学的・懐疑的に考えようとする人たち）、科学者たちが、ロンドンのホルボーンにあるパブ、「ペンデレルの樫《かし》」に詰めかけ、トレーシー・ブラウン、ニック・コーエン、ブライアン・コックス、クリス・フレンチ、デイヴ・ゴーマン、エヴァン・ハリスらの演説を聞いた。リチャード・ワイズマン、ティム・ミンチン、ダラ・オブリエン、フィル（フィリップ）・プレイト、サイル・レインをはじめ、大勢の人たちがメッセージを寄せてくれた。これらの人たちの多くは、その後政治家に働きかけを行い、名誉毀損法の改正を望むほかの人たちに語りかけてくれた。

しかしそれは、ほんの始まりにすぎなかった。わたしは、アメリカのジェイムズ・ランディ教育財団、オーストラリアの『コスモス』誌、世界中のスケプティクス・イン・ザ・パブのグループ、ヘイ・フェスティバル〔ウェールズ発祥で世界に拡大しつつある文学祭〕、QEDcon、センス・アバウト・サイエンス、サイエンス・メディアセンター、インデックス・オン・センサーシップ、イングリッシュPEN、その他多くのグループや個人の支援を受けることになったのである。突如として、わたしは、科学と合理主義と言論の自由を支持する人たちからなる、はるかに大きな家族の一員となったのだ。その家族のメンバーのひとりに、ロビン・インス博士がいた。彼は、ファンドレイジングのためのイベントを主催してくれたほか、必要なときはいつも力を貸してくれた。インスはちょっと気難しい、国の宝である。

二〇一〇年二月十日、名誉毀損法改革キャンペーンがさらなる支援を懸命に募っていたときのこと、わたしは、この二月に名誉毀損法改革嘆願書への署名の活動をしてくれた人の名前を、次の著作に掲げることを約束した。署名活動は最終的に、六万人以上の署名を得、人びとがより公正な言論の自由を切に求めていることを政治家たちに気づかせた。わたしは約束通り、次の方たちに感謝を捧げたい。エリック・エーグル、テレーズ・アフルスタム、ジャオ・P・アリー、レオナルド・アスンサォン、マシュー・ベイコス、ディリップ・G・バンハッティ、デーヴィッド・V・バレット、ジェイムス・バーウェル、リッチー・ビーチャム＝パターソン、スーザン・ビューリー、ラッセル・ブラックフォード、ロージー、フロリアン、ハンス・ブリューワー、マット・バーク、ボブ・ベリー、コービー・コブ、クリスピン・クーパー、サイモン・コットン、レベッカ・クローフォード、アンディ・リー・デイビス、マルコム・ドッド、ティム・ドイル、ジョン・エムスレー、トニー・フリン、テレサ・ゴット、シェイラ・グレーブス、シェリン・ジャクソン、エリオット・ヨークル、ブロンウィン・クリマック、ジョン・ランバート、ダニエル・リンチ、トビー・マクファレーヌ、ダンカン・マクミラン、アラステア・マクレー、カーティス・パラジアック、アニル・パットニー、ミッコ・ペッテリ・サルミネン、コレット・フィリップス、スティーヴ・ロブソン、デニス・ライドグレン、マーク・ソルター、ジョアン・スキャンロン、アドリアン・ショーネシー、デヴィッド・スプラット、ジョン・スターバック、サラ・サッチ、ライアン・タンナ、ジェームズ・トーマス、スティーヴン・トードフ、エドワード・ターナー、アヤシャ・W、リー・ウォーレン、マーティン・ウィーバー、マーク・ウィルコックス、ピーター・S・ウィルソン、ビル・ロース、ロジャー・ヴァン・ズワネンバーグ。

今日、「ペンデレルの樫」には、次のように刻まれた名盤が掲げられている。

「四年に及んだキャンペーンののち、数千の人びと、数百の組織を巻き込んで、古い法律は打ち倒された。二〇一三年四月二十五日、新しい名誉毀損法が成立した」

訳者あとがき

数学者の楽園、『ザ・シンプソンズ』の世界、楽しんでいただけたでしょうか。

ところで、わたしが翻訳の世界に足を踏み入れたのは、ちょうどアメリカで『ザ・シンプソンズ』の放映が始まった頃のことでした。つまりわたしはもう、この超長寿番組と同じぐらい長いあいだ、ポピュラーサイエンスの翻訳に携わってきたことになります。そうするなかで、わたしが翻訳させていただくような本の著者たち——数学者や物理学者、サイエンスライターということになります——が、しばしば好ましげに『ザ・シンプソンズ』を持ち出すことに気づくようになりました。なかには、シンプソン家の面々を、サイエンス本の中で案内人のように活躍させる人もいたほどです。

しかし、なぜ『ザ・シンプソンズ』なのか、という点については、わたしはあまり深く考えたことがありませんでした。単に、英語圏では非常に人気のあるアニメの、誰もが知っているキャラクターだから、読者に親しみを感じてもらえると考えてのことだろう、ぐらいに思っていたのです。もちろんわたしとしても、リサ・シンプソンが数学や科学に強いことぐらいは知っていましたが、それだって、あまたあるリサの才能のひとつなのだろうというぐらいに思っていたのです。

そんなわけで、サイモン・シンの本書をはじめて読んだとき、わたしは「そうだったのか!」と膝《ひざ》を打ちました。なるほどこのアニメには、数学好きな著者たちのハートをつかむだけの魅力があったというわけです。しかし納得すると同時に、わたしはちょっと悔しい気持ちにもなりました。自分はその秘密の宝に、まったく気づいていなかったのですから。ナード・ギーク系を自認する身としては、実になさけないではありませんか!

そんな悔しさも手伝って、わたしは『ザ・シンプソンズ』と『フューチュラマ』のDVDをボックスで買い込み、猛然と見はじめました。そうするうちに、これまで名前すらほとんど知らなかった『フューチュラマ』という作品に、すっかり魅了されてしまったのです。

わたしが『ザ・シンプソンズ』よりも、むしろ『フューチュラマ』のほうにハマったのには、いくつか理由がありそうです。ごく普通の(かどうかは「?」としても)アメリカの家庭をモデルにしたと思われるシンプソン一家よりも、異星人やロボット、タイムトラベラーや、変わり者だけど実はすごい科学者、といった『フューチュラマ』のキャラクターたちのほうが、ナード・ギーク系のわたしには単純に親しみが持ちやすいことも理由のひとつでしょう。また、現代のアメリカよりは三十一世紀という未来世界のほうが、日本人であるわたしにとっては、いっそ文化的ギャップが少ないという面もあるかもしれません。

『フューチュラマ』のキャラクターのなかで、わたしにとってとくに目の離せない存在となったのが、ロボットのベンダーです。アルコール浸りで（アルコールが燃料なのでしかたありませんが）、手癖が悪く（スリから強盗までなんでもあり）、仲間のプラネット・エクスプレスのクルーたちをあっさり見捨てたりする酷薄なところもあるかと思えば、生い立ちに由来する（ロボットにも生い立ちがあるのです）孤独を抱え、同居人であるフライに友だちとしての絆《きずな》を感じているという、なんとも心惹《ひ》かれるロボットなのです。もちろんベンダーだけでなく、ほかのキャラクターたちも、折に触れてハッとするような心の陰影をみせながら、緻密《ちみつ》に構成されたストーリーを軽快なテンポで駆け抜けていきます。本書の本文のどこかに、アニメのシットコムの脚本をつくるという作業は、パズルを組み上げるのに似ている、という発言があったかと思いますが、まさしく至言でしょう。すばやく展開するストーリーの論理的な作り込みは、みごとというほかありません。しかも論理的なだけでなく、ストーリーと映像のイマジネーションの豊かさに呆然《ぼうぜん》とさせられることもしばしばなのです。

そんな高いクオリティを実現させるために、脚本家チームの力量が大きな役割を果たしていることは疑いようもありません。近年、日本でも海外ドラマの人気が高まって、脚本家チームの圧倒的な力量が認識されはじめましたが、それと同じことが、アニメ版シットコムの『ザ・シンプソンズ』と『フューチュラマ』にもあてはまるように思うのです。さらにアニメであることとの特殊性と、数学を愛する脚本家たちの熱い想《おも》いとが、これら二つの作品を特別なものにしているのでしょう。

日本はマンガとアニメ先進国。わたしもこれまでずっと「日本のアニメが一番よ！」と決め込んでいたフシがありましたが、『ザ・シンプソンズ』と『フューチュラマ』に触れて、その考えを改めさせられました。アニメ作品には、こんなにも大きな可能性があるのだ、そしてこれだけ豊かなものをしっかりと盛り込むことができるのだ、と。

本書がきっかけとなって、数学というパラレルワールドに、そしてアニメの世界に生きる数学者たちに、さらには『ザ・シンプソンズ』と『フューチュラマ』という特異なアニメワールドに興味を広げていただけるならば、訳者としてこれにまさる喜びはありません。

最後になりますが、翻訳にあたって何くれとなく相談に乗ってくださった新潮社出版部の竹中宏氏と、同じく校閲部の田島弘氏に、心よりお礼を申し上げます。

二〇一六年四月

青木　薫

解説

竹内薫

解説を書くよう依頼され、本を読み返していたら、ハマってしまい、〆切を大幅に過ぎてしまった。最初に読んだときから、だいぶ時間が経《た》っていたこともあるが、改めて読み返していて、

「ふーん、ここは授業で使えるなぁ」

などと、（小中学校レベルの）算数教師目線で授業展開を考え始めてしまい、なかなか読み終わらなかったのだ。

たとえば、１０４ページに出てくる謎《なぞ》の記号なんぞ、小学生に出すなぞなぞにピッタリだ。数学が好きな人であれば、これが左右対称な図形であることが一目瞭然《りょうぜん》だから、ものの数秒で「これは数字だ！」と気づくに違いない。いや、数学オタクであっても、いきなり難しい暗号かもしれないゾと考え始めてしまい、１分くらい経ってから「なーんだ」と気づくことだってあるだろう。

実際に小学3、4年の合同クラスでホワイトボードに似たような図形を描いて問題を出したら、なんと瞬殺だった(汗)。

あ、申し遅れましたが、実は私は小さなインターナショナルスクールを運営していて、自分で算数プログラミングの授業を受け持っております。

てなわけで、同じクラスで、もう少しタフな問題を解いてもらうことにした。286ページにあるレオンハルト・オイラーの「πを計算する公式」だ。オイラーが誰なのかを生徒に説明した後、こんな便利な式があるんだよ～と、公式を紹介する。すでに生徒たちは、円の外に正方形、内に六角形を描いて、πの値を計算したことがある。でも、いきなり公式を見せられても戸惑うだけだ。

「え～?　その小さな4の数字は何ですか?」

「なんで90で割ってあるんですか?」

「最後の『…』はどういう意味ですか?」

質問責めになりながら、まずは右辺の1まで計算してみてね、という話に持って行く。

4乗根については、

「2を2回かけると4だよね?　逆に、4は何を2回かけたものなの?」

「2！」

「3を2回かけると9だよね？　逆に、9は何を2回かけたものなの？」

「3！」

「じゃあ、16は何を2回……」

「4！」

　という具合に平方根の説明をして「逆に根っこをたどるから平方根と呼ぶんだ」と生徒たちに納得してもらい、何を4回かけたら云々《うんぬん》と説明して、なんとか、4乗根にたどり着く。

　最初は、あえて原始的な電卓を用いて、πの値を求めてもらうのだが、生徒たちは不思議と計算にハマる。徐々に精度が上がって、計算値がどんどん（自分たちの知っている）3・14に近づくのが面白いらしい。

　でも、やがて、「いったいどこまで計算すればいいんですか？」という重大な転換点を迎える。実は、ここからがオイラーの公式の真骨頂なのだ。電卓に毎回、数字を入れていくのには限界がある。そこで、ネット上で無料公開されているWolfram Cloudというコンピュータ言語を用いて、自分が指定した項の数でπの値を計算してもらうのだ。

とまあ、こんな具合に、この本には算数・数学教師のインスピレーションを刺激する数式が盛りだくさんなのだ。私が思案に耽《ふけ》り、〆切を飛ばした理由もおわかりいただけただろうか？（ここで334ページのウィッテンの犬が「そんなの単なる言い訳ワン！」とツッコミを入れてくるかもしれない）

さて、少し時間を巻き戻して、私が初めてこの本を手にしたときの感想を述べよう。まずは題名である。邦題は『数学者たちの楽園』というバランスの良い題名になっているが、原題は *The Simpsons and Their Mathematical Secrets*（ザ・シンプソンズと数学的な秘密）で、正直、いったい誰が読むのだろうと首をかしげてしまった。だが、読み進めるうちに「数学オタク」に捧《ささ》げられた本であることを理解した。


英語でオタクのことを nerd（ナード）とか geek（ギーク）と言う。うちの学校のアメリカ人とオーストラリア人の先生に確認したところ、

「ナードもギークもオタクだけど、ナードは学校の成績が抜群だけど運動ができない奴《やつ》、ギークはコンピュータ・オタクを指すことが多い」

と、教えてもらった。ということは、本書に登場するザ・シンプソンズの制作スタッフのうち、数学オタクはナードで、コンピュータ・オタクはギークということなの

か。

いずれにしろ、同じ数学・コンピュータ・オタクである私にとって、27~28ページで紹介されているJ・スチュワート・バーンズ、デーヴィッド・S・コーエン、アル・ジーン、ケン・キーラー、ジェフ・ウェストブルックの面々には大いに親しみを感じる。数学や物理学やコンピュータ科学で学位を取っているのに、脚本家の道を選んでいるなんて、世間から見れば相当な変わり者だが、その気持ちは同じ数学オタクとしてよく理解できる。おそらく彼らにとって、大学や研究所に残って研究をすることより、数学ギャグ満載のアニメの脚本を書くことのほうが楽しかったのだ。なにしろ、オタクは、お金とか地位といったものは興味がなく、ひたすら自分が好きなことに情熱を傾けてしまう種族なのだから(ちなみに、私も物理学で学位を取ったが、物書き稼業《かぎょう》で「本を作る」ことの方が楽しかったからサイエンス作家になった人間だ)。数学者や物理学者は学問の世界で理論や定理を「作る」。脚本家はテレビや映画の世界で「作る」。そして、根底では数学オタクという点で両者はつながっている。

本書の中身を順繰りに見て行こう。

元アメリカ合衆国大統領のジョージ・H・W・ブッシュがシンプソン家について苦

言を呈した。たかがアニメに目くじらを立てる大統領もいかがなものかと思うが、それに対して脚本家たちは、「この不景気が終わりますようにって祈っているよ」と、皮肉で応戦する（24〜26ページ）。私が強く感じたのは、アメリカにおける政治とマスメディアの健全な対決姿勢である。マスコミは第四の権力と呼ばれることもあるが、時の政権に対して、アニメが堂々と皮肉で返すところなんざ、おそらく日本には真似《まね》ができない。政治とアニメが丁々発止のやりとりをすることは、民主主義が機能していることを意味する。政治家の風刺すら躊躇《ちゅうちょ》してしまう日本のメディアの現状と比べて、ザ・シンプソンズの脚本陣の心意気に胸がすかっとする。

「ひとりめのナード」として43ページに登場するマイク・レイスがマーティン・ガードナーの数学パズルにのめり込んだ逸話は、あらゆる数学少年・数学少女に共通する体験だと思う。そして、みんなガードナーに手紙を書いてしまうのである！　私は返事がもらえなかった口だが、レイスはきちんとガードナーから返事をもらっていて、超羨《うらや》ましい！

この解説の冒頭で円周率πに関するオイラーの公式に触れたが、63ページ以降に出ている図が、まさに子どもたちが幾何学的にπを計算する際の常套《じょうとう》手段だ。円を外側と内側から多角形で挟んで、その二つの多角形の角を多くしつつ面積を計算することで、円の面積の範囲、すなわち円周率の数値を狭めていくことができる。

もう少しでかい話としては、83ページにある「ホーマーの最終定理」の式が超絶面白い。もちろん、フェルマーの定理は証明されており、整数Aの12乗と整数Bの12乗を足したものが、整数Cの12乗に等しくなるわけがない。だが、電卓で計算してみると、たしかに式はなりたっている！ うーん、こりゃあ、世界がひっくり返るほどの大事件なのか？ いやいや、すぐ後に種明かしが書いてあるが、電卓の桁《けた》の表示が少ないことを利用した数学ジョークなのですな。実際に番組が放映された直後から頭の中が疑問符だらけになった視聴者たちで、ネットがお祭り騒ぎになったというのだから、かなり笑える。

216ページに登場する、ホーマーとネッドの掛け合いも、まるで子どもの喧嘩《けんか》みたいで面白い。ほら、子どもが口喧嘩でどんどん大きな数を言い合って、最後に「無量大数」と言ったら勝ち……のはずが、「無量大数＋1」と続いたりするではないか。無限第九章で紹介されている「ヒルベルトのホテル」は数学オタクのお気に入りだ。無限にたくさんの部屋があるホテルが満室だったとしても、まだ何人だって宿泊することができる。なにしろ、マネージャーが宿泊客に「みなさん、一つ上の番号の部屋に移ってください」と号令をかければ、1号室が空くからである。もちろん、有限個の部屋しかないホテルだったら、いちばん大きな部屋番号の客は行き場がないが、ヒルベルトホテルは無限に部屋があるので、その心配はいらない。まあ、物理屋としては、どうやって無限個の部屋に有限の時間で号令をかけることができるのか、少々心配になるが、純粋数学では、そういったことは気にする必要がない。

第十三章の「ホーマーの三乗」は私が大好きな「次元を飛び出す」お話である。このネタはエドウィン・A・アボットの『フラットランド』という作品が大元だと思うのだが、著者のサイモン・シンは、アボットへのオマージュについては、第十六章で言及している（ザ・シンプソンズではなくSF『フューチュラマ』のある回について）。次元というのは「広がり」という意味で、われわれは縦横高さの3次元空間に棲《す》んでいる。アリは近似的に2次元の世界に生きているし、もしかしたら、高次元の知的生命体がいるかもしれないし、この宇宙だって、11次元の時間と空間の広がりがある、という仮説もある。

数学オタクの脚本家が大勢集まって、一般の人には全く通じないような数学ジョーク（それは真面目《まじめ》な数学の話につながっている！）を飛ばし続け、それが大人気を博する。

なんだか、かつて、ビートたけしさんの深夜番組『たけしのコマ大数学科』（フジテレビ系）の解説者として出演させてもらっていた頃のことを思い出した。数学オタクが集まってギャグ番組を作る。なんでそんなことをするのかと人は問うかもしれない。だが、答えは明らかだ……オレたちゃ、数学オタクだからさ。

（２０２１年６月、サイエンス作家）

『ザ・シンプソンズ』 タイトル対応表

シーズン	エピソード	原題	日本語版
1	1	*Simpsons Roasting on an Open Fire*	シンプソン家のクリスマス
1	2	*Bart the Genius*	バートは天才？
2	1	*Bart Gets an F*	落第バート
2	6	*Dead Putting Society*	シンプソン家 VS. フランダース家
2	19	*Lisa's Substitute*	リサのときめき
3	1	*Stark Raving Dad*	マイケルがやって来た！
3	5	*Homer Defined*	ホーマー辞典
3	12	*I Married Marge*	マージと結婚して
3	13	*Radio Bart*	いたずらの代償
3	20	*Colonel Homer*	魅惑のカントリー歌手
4	3	*Homer the Heretic*	神様のお告げ
4	19	*The Front*	天才作家の正体
4	21	*Marge in Chains*	マージの逮捕

5	4	*Rosebud*	バーンズのテディベア
5	9	*The Last Temptation of Homer*	ミシェル・ファイファーの誘惑
5	10	*$pringfield (Or, How I Learned to Stop Worrying and Love Legalized Gambling)*	マージプッツン物語
5	21	*Lady Bouvier's Lover*	恋のトライアングル
6	9	*Homer Badman*	バッドマンホーマー
6	12	*Homer the Great*	秘密結社に選ばれて
6	21	*The PTA Disbands*	担任になったマージ
7	6	*Treehouse of Horror VI*	ハロウィン・スペシャルⅥ～3Dの衝撃～
7	21	*22 Short Films About Springfield*	スプリングフィールドに関する22の短いフィルム
7	23	*Much Apu About Nothing*	負けるなアープーここにあり！
8	8	*Hurricane Neddy*	暴かれたフランダースの秘密
8	11	*The Twisted World of Marge Simpson*	マージのビジネス修行

8	18	*Homer vs. the Eighteenth Amendment*	ホーマーとバートの密造酒作戦
9	3	*Lisa's Sax*	サックスはリサの宝物
9	14	*Das Bus*	小学国連クラブ漂流記
9	16	*Dumbbell Indemnity*	モーの恋人探し
9	17	*Lisa the Simpson*	リサは天才？凡人？
9	18	*This Little Wiggy*	ラルフとバートはお友達
10	1	*Lard of the Dance*	おませな転校生のアブラ・ダンス
10	2	*The Wizard of Evergreen Terrace*	発明は反省のパパ
10	22	*They Saved Lisa's Brain*	夢のお下劣ユートピア⁉
11	4	*Treehouse of Horror X*	ハロウィン・スペシャルX～戦慄の序曲～
11	5	*E-I-E-I-D'oh*	汝、禁断の実トマコを食すなかれ
12	9	*HOMЯ*	あのクレヨンをもういちど
12	10	*Pokey Mom*	塀の中の懲りないアーティスト
12	15	*Hungry, Hungry Homer*	ハングリー・ホーマー第一の挑戦

12	16	*Bye Bye Nerdie*	フェロモンは暴力の香り
14	3	*Bart vs. Lisa vs. the Third Grade*	バート対リサ、サバイバーはどっちだ！
15	1	*Treehouse of Horror XIV*	ハロウィン・スペシャル XIV
15	15	*Co-Dependent's Day*	酔いどれ夫婦
15	19	*Simple Simpson*	正義の味方⁉パイマン参上
16	15	*Future-Drama*	８年後のシンプソンズ
17	3	*Milhouse of Sand and Fog*	“お試し非別居” をぶっ壊せ！
17	14	*Bart Has Two Mommies*	バートの本当のママは誰？
17	15	*Homer Simpson, This is Your Wife*	ホーマーの新妻
17	19	*Girls Just Want to Have Sums*	数学は女の敵？
17	22	*Marge and Homer Turn a Couple Play*	延長戦はハッピーエンド？
18	17	*Marge Gamer*	親子でRPG
20	13	*Gone Maggie Gone*	修道院の謎
22	2	*Loan-a Lisa*	おじいちゃんの遺産
22	3	*MoneyBART*	マネーバート

22	8	*The Fight Before Christmas*	クリスマス・イブの夢
22	9	*Donnie Fatso*	ホーマーの潜入捜査
22	14	*Angry Dad: The Movie*	バートが映画監督に⁉
24	21	*The Saga of Carl*	当選金の行方
25	3	*Four Regrettings and a Funeral*	後悔先に立たず
26	11	*Bart's New Friend*	解けない催眠術

Picture Credits

p. 49 Provided by Mike Bannon.
p. 51 Provided by Al Jean.
p. 79 Provided by David X. Cohen.
p. 106 Provided by David X. Cohen.
p. 146 "THE SIMPSONS"™ and ©1990 Twentieth Century Fox Television. All Rights Reserved.
p. 268 Courtesy of Mike Reiss.
p. 269 "THE SIMPSONS"™ and ©1990 Twentieth Century Fox Television. All Rights Reserved.
p. 308 "THE SIMPSONS"™ and ©1990 Twentieth Century Fox Television. All Rights Reserved.
pp. 330–331 "FUTURAMA" ©2002 Twentieth Century Fox Television. All Rights Reserved.
p. 406 Courtesy of Patric Verrone.
p. 408 "FUTURAMA" ©2002 Twentieth Century Fox Television. All Rights Reserved.

All other images in the book were created by Nicole Gastonguay and Na Kim.

Online Resources

Professors Andrew Nestler and Sarah Greenwald have provided excellent online sources for those wishing to explore the mathematics of *The Simpsons* and *Futurama*, including material aimed at teachers.

The Simpsons **and Mathematics**
https://cs.appstate.edu/~sjg/simpsonsmath/

The Simpsons **Activity Sheets**
https://cs.appstate.edu/~sjg/simpsonsmath/worksheets.html

Futurama **and Mathematics**
http://www.futuramamath.com
https://cs.appstate.edu/~sjg/futurama/

There are various other sites that offer general information about *The Simpsons* and *Futurama*. Some of the sites contain sections discussing mathematical references.

The Simpsons
http://www.thesimpsons.com/
https://simpsons.fandom.com/wiki/Simpsons_Wiki

Futurama
http://theinfosphere.org/Main_Page
https://futurama.fandom.com/wiki/Futurama_Wiki
http://www.gotfuturama.com/

付録１　サッカーにおけるセイバーメトリクスのアプローチ

ビリー・ビーンは、オークランド・アスレチックスのオーナーが、サッカーのメジャーリーグ・チーム買収に興味を示した直後から、セイバーメトリクスをサッカーにも利用することを考えはじめた。それ以来ビーンの名前は、リバプール、アーセナル、トッテナム・ホットスパーなど、イギリスのサッカーチームと結びつくようになった。

しかし、ビーンがサッカーに目を向ける前から、数学の目でサッカーを見はじめた人たちがいた。とくに、選手がレッドカードをくらうことの影響に関しては、厳密な研究が行われている。リサ・シンプソンなら、このテーマに興味を持つに違いない。というのも彼女は、《ゲーマー　マージ》(2007)〔S18／E17〕でサッカーをプレー中に、父親からレッドカードを出されるからだ。

オランダの３人の教授、G・リッダー、J・S・クラーマー、P・ホプスターケンは、1994年、「米国統計学会誌」に「10人に減らす：サッカーにおけるレッドカードの影響の評価」という論文を発表した。「本論文では、レッドカードの影響について、チームの初期状態における強さと、試合中の得点力の変化とを考慮したモデルを提案する。より具体的には、両チームの得点に対する試合特異的影響について、時間的に非一様なポアソンモデルを提案する。レッドカードの差分効果を、試合特異的影響と独立な、条件付き最尤《さいゆう》推定（CML）量によって評価する」

ゴールを狙う攻撃側選手に対し、違反行為をした防御側の選手は、ゴールを守ったことで味方チームに貢献するが、退場して残りの試合に参加できなくなる。もしもその違反が、ゲーム

の最後の数分間のことなら、その選手が退場させられるのは、ゲームの終わり近くなので、プラスがマイナスを上回る。一方、その違反が、試合開始直後のことなら、チームはその試合の大半を10人で戦わなければならず、マイナスがプラスを上回る。こうした極端なケースにおけるおおまかな影響は常識の範疇だが、ゲーム中盤に、故意に違反行為をすることで敵のゴールを阻止するチャンスがあった場合はどうだろう？　あえて違反行為をするだけの価値はあるだろうか？

リッダー教授と共同研究者たちは、数学的なアプローチを使って、交差時間——相手にゴールを許さずにすむなら、あえて退場させられても、違反を犯すことに意義が生じるようになる時間——を求めた。

二つのチームの力が互角なら、そして攻撃側がほぼ確実に得点する状況では、90分の試合で16分以降はいつでも、防御側は違反するだけの価値がある。得点確率が60％の場合なら、攻撃者を潰すのは、48分以降にすべきである。得点確率が30％しかないなら、守りの選手が汚い手を使うのは71分経過してからにすべきだ。以上のことは、数学をスポーツに応用する立派な方法とは言えないけれども、有益な結果ではある。

付録2 オイラーの式を理解する

$$e^{i\pi}+1=0$$

オイラーの式で驚くべきは、0、1、π、e、iという、数学の基本要素のうちの5つが、この式によってひとつにまとめられていることだ。ここでは、eの虚数のべきをとることの意味を知るために簡単な説明を試みよう。そうすることで、なぜこの式が成り立つかを理解する一助ともなるだろう。以下の話についていくためには、三角関数、ラジアン、虚数といった、少し高度なトピックについて、ある程度の知識が必要である。

まず、eを「テーラー級数」で表すことから始めよう。テーラー級数にすることで、どんな関数でも無限級数で表せるが、この級数の作り方について詳しいことを知りたい人は、少しばかり自習してもらわなければならない。しかしここでの目的にとっては、e^xという関数は、次のテーラー級数になることがわかればよい。

$$e^x=1+\frac{x}{1!}+\frac{x^2}{2!}+\frac{x^3}{3!}+\frac{x^4}{4!}+\frac{x^5}{5!}+\cdots$$

xはどんな値でもよく、それゆえxにixを代入することもできる。ここでiは、$i^2=-1$を満たす数である。代入すると、

$$e^{ix}=1+\frac{ix}{1!}-\frac{x^2}{2!}-\frac{ix^3}{3!}+\frac{x^4}{4!}+\frac{ix^5}{5!}+\cdots$$

となる。さて次に、それぞれの項を、iを含むものと含まないものに分ける。

$$e^{ix}=\left(1-\frac{x^2}{2!}+\frac{x^4}{4!}-\cdots\right)+i\left(\frac{x}{1!}-\frac{x^3}{3!}+\frac{x^5}{5!}-\cdots\right)$$

ところで、サインとコサインを、次のようにテーラー級数にすることができる。

$$\sin x=\frac{x}{1!}-\frac{x^3}{3!}+\frac{x^5}{5!}-\frac{x^7}{7!}+\cdots$$

$$\cos x=1-\frac{x^2}{2!}+\frac{x^4}{4!}-\frac{x^6}{6!}+\cdots$$

したがって、e^{ix}は $\sin x$ と $\cos x$ を用いて、

$$e^{ix}=\cos x+i\sin x$$

と表せる。

オイラーの恒等式に現れるのは $e^{i\pi}$ だから、上の式で x に π を代入すると、

$$e^{i\pi}=\cos\pi+i\sin\pi$$

となる。ここで、π はラジアンで測った角度である（たとえば $360°=2\pi$）。したがって $\cos\pi=-1$、$\sin\pi=0$ だから、

$$e^{i\pi}=-1$$

となり、結局、

$$e^{i\pi}+1=0$$

である。

スタンフォード大学のイギリス人数学者で、「デヴリンの角度（*Devlin's Angle*）」というブログをやっているキース・デヴリン教授は、こう述べている。

「シェークスピアのソネットには、愛を構成するあらゆる要素が含まれている。また優れた絵画は、人間のうわべにとどまらない、深い美しさを捉えている。それらと同じように、オイラーの式は、存在のはるかな深みに到達しているのである」

付録3　フェルマーの最終定理のプログラム

```
/*
  フェルマー方程式のニアミス解を見つけるプログラム
  デーヴィッド・X・コーエン作
  1995年5月11日

  次の式はこの式によって生成された。
  1782^12+1841^12=1922^12

  For "The Simpsons" episode "Treehouse Of Horror Ⅵ".
  Production code: 3F04
  Original Airdate: October 30, 1995
*/

#include < stdio.h >
#include < math.h >

main()
{
  double x, y, i, z, az, d, upmin, downmin;

  upmin = .00001;
  downmin = -upmin;

  for(x = 51.0; x <= 2554.0; x ++)
   {
    printf("[%.1f]", x);
    for(y = x + 1.0; y <= 2555.0; y ++)
```

```
        {
          for(i = 7.0; i <= 77.0; i ++)
            {
              z = pow(x,i) + pow(y,i);
              if(z == HUGE_VAL){
                  printf("[*]");
                  break; }
              z = pow(z, (1.0/i));
              az = floor(z + .5);
              d = z - az;
              if(az == y) break;
              if((d < 0.0) && (d >= downmin))
                  {
                   downmin = d;
                   printf("\n%.1f, %.1f, %.1f, = %13.10f\n", x, y, i, z);
                  }
              else if((d >= 0.0) && (d <= upmin))
                  {
                   upmin = d;
                   printf("\n%.1f, %.1f, %.1f, = %13.10f\n", x, y, i, z);
                  }
              if(z < (y + 1.0)) break;
            }
        }
    }

  return(1);
}
```

付録４　キーラー医師の２乗の和を求めるレシピ

アパラチアン州立大学のサラ・グリーンウォルド博士とのインタビューで、ケン・キーラーは父親のマーティン・キーラーに関するエピソードを披露した。マーティン・キーラーは、数学に対して直感的なアプローチを取っていたという。

医者をしていた父からはだいぶ影響を受けた。……父は微積分を１年間やっただけだったが、自然数の２乗を、最初の n 個足し算した結果はいくらになるだろうかと聞いたとき、父はほんの数分ほど考えただけで、$n^3/3 + n^2/2 + n/6$という式を導いてみせたんだ。

もっと驚いたのは、父はそれを幾何学的に導いたのではなかったことだ（普通、最初の n 個の整数の和を導くときには幾何学的に考える)。帰納的に導いたわけでもない。父は、その結果が、未知の係数をもつ３次多項式になるだろうと仮定した。そして、最初の四つの２乗の和を求めて作られた、４元の線形連立方程式を解いて、それらの係数を求めたんだ。（父はそれを、行列式も使わずに、手計算で解いた。）どうして３次の多項式になると思ったのかと尋ねると、父はこう答えた。「それ以外にはありえないだろう？」

付録5　フラクタルと分数次元

普通フラクタルとは、あらゆるスケールで自己相似なパターンからなる図形とされる。言い換えれば、拡大しても、縮小しても、全体としてのパターンが繰り返し現れる図形がフラクタルである。フラクタルの父ベノワ・マンデルブロが指摘したように、自然界にはこのような自己相似パターンがよく見られる。「カリフラワーを見ればわかるように、物体には多くのパーツから構成されるものがあり、それぞれのパーツは全体よりも小さいが、全体としての形に似ている。植物ではそうなっているものが多い。雲もまた、雲のような形をしたものがどんどん重なって、全体として雲のように見えるのだ。雲に近づいていくと、滑らかな面をもつ物体がそこにあるのではなく、小さなスケールでの不規則性が見えるようになる」

ある形がフラクタルかどうかを知るためには、その形の次元が分数になるかどうかを調べてもよい。分数の次元というものの感じをつかむために、「シェルピンスキー三角形」〔シェルピンスキー・ギャスケットとも言う〕を調べてみよう。その図形を作るためには、次のようにすればよい。

まず、普通の三角形を考え、その中央部分から小さな三角形をひとつ切り取る（次頁図１参照）。すると残された図形は、三つの小さな三角形から構成される。次に、それら三つの三角形のすべてについて、中央部分から三角形をひとつ切り取る。すると図１で、左から２番目のものができる。さらに、それぞれの三角形について、中央部分から三角形をひとつ切り取ると、３番目の図になる。このプロセスを無限回続けると、究極的には、四つ目の図になる。これがシェルピンスキー三角形である。

（図１）

次元を求めるためのひとつの方法は、長さを変えたとき、面積はどうなるかを考えることだ。たとえば、普通の２次元の三角形で、辺の長さをすべて２倍すれば、面積は４倍になる。実は、２次元の図形はなんであれ、長さを２倍にすれば、面積は４倍になる。ところが、上に示したシェルピンスキー三角形で、長さを２倍にして、大きなシェルピンスキー三角形（図２参照）を作っても、面積は２倍にはならない。

（図２）

長さを２倍にすると、シェルピンスキー三角形の面積は、（４倍ではなく）３倍にしかならないのだ。なぜなら、この大きな三角形は、もとの三角形（図中に薄い色で示した）が三つあれば作ることができるからだ。面積の増え方が遅いという事実は、シェルピンスキー三角形の次元は２ではないことを理解する鍵になる。数学の詳細に立ち入らずに結果を与えておくと、

シェルピンスキー三角形の次元は1.585である（より正確にはlog3/log2）。

次元が1.585だなんて馬鹿げた話に聞こえるが、シェルピンスキー三角形を作るプロセスを考えれば、たしかにそうであることがわかる。シェルピンスキー三角形を作るには、面積のわかっている区画からなる、中身の詰まった２次元三角形を考える。その後、中央部分の三角形を切り取る操作を何度も――無限回――繰り返す。その結果として、最終的に得られるシェルピンスキー三角形は、１次元の繊維でできたネットワークや、０次元の点の集まりと共通する性質を持つことになるのだ。

付録6　キーラーの定理

“スイート”クライド・ディクソンによる「キーラーの定理」（「フューチュラマの定理」としても知られる）の証明は、408ページに示したように、《ベンダの囚人》の作中、緑色をした蛍光チョークボード上に現れる。ここにその証明を再掲する。

まず、π を、$[n]=\{1,\ ...,\ n\}$ に作用する、位数 k の巡回置換とする。これは一般性を失うことなく次のように書かれる。

$$\pi=\begin{pmatrix}1 & 2 & \cdots & k & k+1 & \cdots & n\\ 2 & 3 & \cdots & 1 & k+1 & \cdots & n\end{pmatrix}$$

$\langle a,b\rangle$ は、a と b の内容〔頭脳〕を交換する置換、すなわち互換を表すものとする。仮定により、π は［n］に作用する、相異なるいくつかの互換により生成される。

二つの「新しい体〔身体〕」$\{x,y\}$ を導入し、次のように書く。

$$\pi^*=\begin{pmatrix}1 & 2 & \cdots & k & k+1 & \cdots & n & x & y\\ 2 & 3 & \cdots & 1 & k+1 & \cdots & n & x & y\end{pmatrix}$$

任意の $i=1,\ ...,\ k$ に対し、σ を次に示す一連の互換とする（結合性は「左から右」）。

$$\sigma=(\langle x,1\rangle\langle x,2\rangle\cdots\langle x,i\rangle)(\langle y,i+1\rangle\langle y,i+2\rangle\cdots\langle y,k\rangle)(\langle x,i+1\rangle)(\langle y,1\rangle)$$

それぞれの互換は、［n］のひとつの要素と、$\{x,y\}$ のどちらか一方とを交換する操作であることに注意しよう。したがって、これらの互換はすべて、π を生成する［n］内部の互換とは異なり、また $\langle x,y\rangle$ とも異なる。ルーチンの証明により

$$\pi^* \sigma = \begin{pmatrix} 1 & 2 & \cdots & n & x & y \\ 1 & 2 & \cdots & n & x & y \end{pmatrix}$$

すなわち、σ は位数 k の巡回循環を元に戻した上で、x と y は互換されたままになる（$\langle x,y \rangle$ を遂行しないうちは)。

さて、π を $[n]$ に対する任意の置換とする。π を構成する互いに素（ノントリビアル）な巡回置換は、それぞれ上述のように元に戻すことができる。その後必要とあれば、x と y は $\langle x,y \rangle$ により互換すればよい。

算術（コチョコチョ）と幾何学（クスクス）の試験
ARITHMETICKLE AND GEOMETEEHEEHEE EXAMAMINATION

ユーモアと数学に関する５つの試験

試験は５つの部門に分かれている。

最初は初級編で、
８つの簡単なジョークからなる*。

部門が先に進むにつれて難しくなる。

笑った（唸った）回数で採点しよう。

もしも50%より多くの得点になるぐらい笑った（唸った）なら、
その部門は合格だ。

*これらの言葉遊びや、ギャグや、とぼけた滑稽な話は、
ギークたちのあいだで世代を超えて伝えられてきたものである。
そのため残念ながら、作者に関する情報は、
今や時間という霧のかなたに消えている。
（あるいは作者たちが匿名を希望したのだとしても十分に理解できる）

EXAMINATION Ⅰ（初級編）

Joke 1--2 points

Q: What did the number 0 say to the number 8?

A: Nice belt!

Q: 数字0は数字8に何と言ったでしょう？

A: 素敵なベルトですね！

〔解説〕0の真ん中を縛ったら8になる。

Joke 2--2 points

Q: Why did 5 eat 6?

A: Because 7 8 9.

Q: なぜ5は6を食べたのでしょう？

A: 7が9を食べたから。

〔解説〕8 (eight) と eat (食べる) の過去形 ate の音が【éit】で同じ。

Joke 3--3 points

Knock, knock.

Who's there?

Convex.

Convex who?

Convex go to prison!

コンコン。

どなたですか？

凸です。

凸？　どちらの凸さん？

監獄行きの凸です。

〔解説〕Knock knock joke という定型ジョーク。convex（凸レンズ）は convicts（囚人）、prison（監獄）は prism（プリズム）に音が似ている。

Joke 4--3 points

Knock, knock.
Who's there?
Prism.
Prism who?
Prism is where convex go !
コンコン。
どなたですか？
プリズムです。
どちらのプリズムさん？
凸さんが行くプリズムです。
〔解説〕Joke 3 のバリエーション。

Joke 5--2 points

Teacher: "What is seven Q plus three Q?"
Student: "Ten Q."
Teacher: "You're welcome."
先生「Qが7つとQが3つでいくらになりますか？」
生徒「Qが10になります」
先生「どういたしまして」
〔解説〕Ten Q を Thank you に掛けている。

Joke 6--4 points

A Cherokee chief had three wives, each of whom was pregnant. The first squaw gave birth to a boy, and the chief

was so elated that he built her a teepee made of buffalo hide. A few days later, the second squaw gave birth, and also had a boy. The chief was extremely happy; he built her a teepee made of antelope hide. The third squaw gave birth a few days later, but the chief kept the birth details a secret.

He built the third wife a teepee out of hippopotamus hide and challenged the people in the tribe to guess the details of the birth. Whoever in the tribe could guess correctly would receive a fine prize. Several people tried, but they were unsuccessful in their guesses. Finally, a young brave came forth and declared that the third wife had delivered twin boys. "Correct!" cried the chief. "But how did you know?"

"It's simple," replied the warrior. "The value of the squaw of the hippopotamus is equal to the sons of the squaws of the other two hides."

チェロキー族の酋長には、３人の妻がいて、３人とも身ごもっていた。ひとりめの妻が男の子を産むと、酋長はたいへんに喜んで、彼女にバッファローの皮でティーピー〈円錐形をしたテント式の家〉を作ってやった。その数日後、２人目の妻がやはり男の子を産んだ。酋長はそれはそれは喜んで、アンテロープ〈羚羊〉の皮でティーピーを作ってやった。３人目の妻が数日後に赤ん坊を産んだが、酋長はその委細を秘密にした。

彼は３人目の妻にカバの皮でティーピーを作ってやり、みんなに委細を当ててみるよう言った。部族の中の誰でも、正しく言い当てた者には賞品が与えられる。何人かが挑戦したが、当たらなかった。最後に勇敢な若者が前に出て、３人目の妻は双子の男の子を産んだと言った。「当たりだ！」と酋長は言った。「しかしなぜわかったのだ？」

「簡単なことです」とその戦士は言った。「カバの（皮で家を

作ってもらった）妻の価値は、他の二つの皮（で家を作ってもらった）の妻の息子たちに等しいからです」

〔解説〕The value of the squaw of the hippopotamus is equal to the sons of the squaws of the other two hides. の部分は、squaw（先住民族の言葉で“女”）→ square（２乗)、son（息子）→ sum（合計)、hides（皮）→ sides（辺)、hippopotamus（カバ）→ hypotenuse（斜辺）と聞こえるため、The value of the square of the hypotenuse is equal to the sum of the square of the two sides.（斜辺の２乗の値は他の２辺の２乗の和に等しい）――つまりピュタゴラスの定理になる。日本語の「斜辺」とは異なり、ギリシャ語由来の hypotenuse は難しい単語なのでよくジョークになる。

＊ Joke 6 の別バージョンには違うオチがあります。笑えたらボーナスポイント。

Joke 7---2 points

“The share of the hypertense muse equals the sum of the shares of the other two brides.”

（高血圧症の美人は、他の二人の花嫁の取り分の和に等しい）

〔解説〕Joke 6 の別バージョンのオチで、share（取り分）→ square, hypertense（高血圧症）→ hypotenuse。

Joke 8---2 points

“The squire of the high pot and noose is equal to the sum of the squires of the other two sides.”

（高い木に縄を掛けて鍋を吊るした従者は、他の二方面の従者たちに匹敵する）

〔解説〕さらに中世騎士物語風のオチ。squire（従者）→

square、high pot and noose（高い木に縄で吊るした鍋）→ hypotenuse。

TOTAL 20 POINTS
全問笑えて20点

EXAMINATION Ⅱ（高校レベル）

Joke 1--1 point

Q: What are the 10 kinds of people in the world?

A: Those who understand binary, and those who don't.

Q: この世界にいる10種類の人とは？

A: ２進法がわかる人とわからない人。

〔解説〕10は２進法で表された２だから。

Joke 2--1 point

Q: Which trigonometric functions do farmers like?

A: Swine and cowswine.

Q: 農夫たちは三角関数のうち、どれが好きか？

A: 豚と牛豚。

〔解説〕swine（豚）は sine（サイン）、cowswine（牛豚）は cosine（コサイン）に音が似ている。

Joke3--2 points

Q: Prove that every horse has an infinite number of legs.

A: Proof by intimidation: Horses have an even number of legs. Behind they have two legs and in front they have forelegs. This makes a total of six legs, but this is an odd number of legs for a horse. The only number that is both odd and even is infinity. Therefore horses have an infinite number of legs.

Q: すべての馬の脚の数が無限大であることを証明せよ。

A: 強弁法による証明。馬の脚の本数は、偶数である。後ろには２本、前には４本がある。したがって合計で６本になるが、しかしこれは馬の脚の本数としてはおかしい。奇数で

あって偶数である唯一の数は、無限大である。それゆえ馬の脚の数は、無限大である。

〔解説〕forelegs（前脚）は four legs（４本の脚）に聞こえる。さらに odd number（おかしな数字）を、後半では別義の「奇数」で解釈する。背理法（contradiction）ではなく、強弁法（intimidation）とあらかじめ断っている。

Joke 4··2 points

Q: How did the mathematician reply when he was asked how his pet parrot died?

A: Polynomial. Polygon.

Q: なぜペットのオウムは死んだのか、と聞かれて、数学者はどう答えた？

A: 多項式。多角形。

〔解説〕日本で九官鳥を「九ちゃん」と呼ぶように、英語圏、とくにアメリカではペットのオウムを“polly”と呼ぶことから、Polynomial（多項式）→ polly no meal（ポリーのエサがない）、Polygon（多角形）→ Polly gone（ポリーは死んだ）。parrot joke と呼ばれるジャンルのジョーク。

Joke 5··3 points

Q: What do you get when you cross an elephant and a banana?

A: |elephant| × |banana| × sin θ

Q: ゾウとバナナを掛けると、どうなる？

A: |ゾウ| × |バナナ| × sin θ

〔解説〕ベクトルの cross. つまり外積 $|a \times b| = |a||b| \sin \theta$。

joke 6··3 points

Q: What do you get if you cross a mosquito with a mountain

climber?

A: You can't cross a vector with a scalar.

Q: 蚊と登山者を掛けると、どうなる？

A: ベクトルとスカラーの外積はとれない。

〔解説〕Joke 5 のバリエーション。vector にはベクトルのほかに媒介動物の意味があり，scalar にはスカラーのほかに攀じ登る人の意味がある。

Joke 7---2 points

One day, Jesus said to his disciples: "The Kingdom of Heaven is like $2x^2 + 5x - 6$."

Thomas looked confused and asked Peter: "What does the teacher mean?"

Peter replied: "Don't worry —— it's just another one of his parabolas."

ある日のこと、イエスは弟子たちにこう言った。「天国は$2x^2 + 5x - 6$のようなものである」

トマスはワケがわからずペテロにこう尋ねた。「師は何を言っておられるのですか？」

ペテロはこう答えた。「気にするな、いつもの放物線さ」

〔解説〕parabolas（放物線）は parable（たとえ話、寓話）に音が似ている。

Joke 8---3 points

Q: What is the volume of a pizza of thickness *a* and radius *z*?

A: pi.*z.z.a*

Q: 厚さ a、半径 z のピザの体積は？

A: pi.*z.z.a*

〔解説〕pi は π と同じ。体積は $\pi \times z \times z \times a$。

Joke 9--3 points

During a security briefing at the White House, Defense Secretary Donald Rumsfeld breaks some tragic news: "Mr. President, three Brazilian soldiers were killed yesterday while supporting U.S. troops."

"My God!" shrieks President George W. Bush, and he buries his head in his hands. He remains stunned and silent for a full minute. Eventually, he looks up, takes a deep breath, and asks Rumsfeld: "How many is a brazillion?"

ホワイトハウスでの国防に関するブリーフィングで、ドナルド・ラムズフェルド国防長官は悲劇的なニュースを伝えた。「大統領、昨日、３人のブラジル人兵士が、アメリカ軍を支援中に殺害されました」

「なんということだ！」と、ジョージ・W・ブッシュは悲鳴のような声を上げ、両手に頭をうずめた。彼はしばらく動くこともできず、まるまる１分間も沈黙していた。とうとう彼は顔を上げて、深いため息をつくと、ラムズフェルドにこう尋ねた。「ブラジリアンって、どれぐらい大きい数なんだ？」

〔解説〕brazillian（ブラジル人）が brazillion に変わっている。大きな数には million、billion、trillion、stillion、jillion……等々-illion の形が多いため、brazillion も大きな数なのだろうと勘違いしたブッシュ Jr.。

TOTAL 20 POINTS
全問笑えて20点

EXAMINATION Ⅲ（大学４年生程度）

Joke 1……………………………………2 points

Q: Why do computer scientists get Halloween and Christmas mixed up?

A: Because Oct. 31 = Dec. 25.

Q: なぜコンピュータ科学者はハロウィンとクリスマスを混同するの？

A: 10月31日＝12月25日だから。

〔解説〕 Oct を October（10月）ではなく octal（８進数）、Dec を December（12月）ではなく decimal（10進数）で理解する。10進数の25は８進数では31。

Joke 2……………………………………4 points

If the Teletubbies are a product of time and money, then:

Teletubbies = Time × Money

But, Time = Money

⇒ Teletubbies = Money × Money

⇒ Teletubbies = Money^2

Money is the root of all evil

$\therefore Money = \sqrt{Evil}$

$\therefore Money^2 = Evil$

⇒ Teletubbies = Evil

もしテレタビーズが時間と金の産物なら、

テレタビーズ＝時間×金

しかし、時間＝金

⇒テレタビーズ＝金×金

⇒テレタビーズ＝$金^2$

金はあらゆる悪の根源である

ゆえに　$金=\sqrt{悪}$

ゆえに　$金^2=悪$

⇒テレタビーズ＝悪

〔解説〕テレタビーズは英BBCが制作、全世界で放映された幼児向け番組。着ぐるみのキャラクターたちは多様性《ダイバーシティ》を表現するために、肌の色や身長も違う。中にはゲイという設定もあって、同性愛を認めない一部のキリスト教徒から"邪悪"な番組と非難されているという背景がある。

Joke 3--2 points

Q: How hard is counting in binary?

A: It is as easy as 01 10 11.

Q: ２進法で数を数えるのは、どれくらい難しい？

A: 01 10 11ぐらい簡単さ。

〔解説〕これは英語の慣用句 as easy as 1 2 3（いとも簡単）が前提。1 2 3を２進法で表せば01 10 11となる。

Joke 4--2 points

Q: Why should you not mix alcohol and calculus?

A: Because you should not drink and derive.

Q: アルコールと微積分を混ぜてはならないのは、なぜ？

A: お酒を飲んで微分をしてはいけないから。

〔解説〕not drink and drive.(飲んだら乗るな）があり、drive と derive(微分）の音が似ている。

Joke 5--2 points

Student: "What's your favorite thing about mathematics?"

Professor: "Knot theory."

Student: "Yeah, me neither."

学生「数学のどのあたりが好きですか？」
教授「結び目理論」
学生「ええ、わたしもそうなんです」
〔解説〕knot（結び目）と not（否定）の音が同じ。学生は教授が「theory は好きじゃない」と言ったものと考えた。ちなみに mathematical theory は「純粋数学」で mathematical model は「応用数学」の意味がある。

Joke 6……………………………………………………4 points

When the Ark eventually lands after the Flood, Noah releases all the animals and makes a proclamation: "Go forth and multiply."

Several months later, Noah is delighted to see that all the creatures are breeding, except a pair of snakes, who remain childless. Noah asks: "What's the problem?" The snakes have a simple request of Noah: "Please cut down some trees and let us live there."

Noah obliges, leaves them alone for a few weeks and then returns. Sure enough, there are lots of baby snakes. Noah asks why it was important to cut down the trees, and the snakes reply: "We're adders, and we need logs to multiply."

洪水の後、とうとう箱舟は陸地に着いた。ノアはすべての動物たちを解き放ち、こう宣言した。「行って、殖えよ」

それから数か月後、すべての生き物が子をなしているのを見てノアは喜んだが、ただ２匹のヘビだけは子がなかった。ノアは「どうしたのだね」と尋ねた。するとヘビたちは、ノアにちょっとした頼みがあるという。「どうか木を何本か切り倒して、わたしたちがそこで暮らせるようにしてください」

ノアはその通りにして、数週間ほどしてヘビたちのもとに戻

ってみた。たしかに、ヘビの子がたくさんいた。ノアは木を切り倒すことがなぜ重要だったのか尋ねた。するとヘビはこう答えた。「わたしたちはヘビなので、殖えるためには材木が必要なのです」

〔解説〕最後の一文 We're adders, and we need logs to multiply の adder には「クサリヘビ」（マムシやハブの仲間。猛毒！）という意味と「足し算をする者」という意味がある。また log は「材木」だが、「対数」（logarithm）の意味もある。さらには、multiply は数学では「掛け算」、生物学では「増殖」「繁殖」になる。

Joke 7--4 points

Q: もし

$$\lim_{x \to 8} \frac{1}{x-8} = \infty$$

ならば、以下の問いに答えよ。

$$\lim_{x \to 5} \frac{1}{x-5} = ?$$

A: 5

〔解説〕回答者は∞（無限大）を、8と思い込み、左辺の分母にある数を寝かせるのが、この式の演算ルールなのだろうと考えた。したがって答えは5を寝かせたものになるハズ……。

TOTAL 20 POINTS
全問笑えて20点

EXAMINATION Ⅳ（修士程度）

Joke 1--2 points

Q: What's a polar bear?

A: A rectangular bear after a coordinate transformation.

Q: ホッキョクグマって何？

A: 四角い熊を座標変換したもの。

〔解説〕polarには極点のほか、極座標という意味がある。有名な座標変換ジョークのバリエーション。基本形は

Q: What's a rectangular bear?

A: A polar bear after a coordinate transformation.

Joke 2--2 points

Q: What goes "Pieces of seven! Pieces of seven!"?

A: A parroty error.

Q:「銀貨！　銀貨！」と言うものは？

A: オウムの間違い。

〔解説〕正しくは「Pieces of eight」で（sevenでなく）、大航海時代、スペインが発行した良質の8レアル銀貨の通称。「お金ちょうだい！」の意味になる。parroty（オウム）の言い間違いと見せつつ、実はコンピュータのパリティ・エラー（parity error）に掛けている。パリティ・エラーのチェックは偶数奇数で判別する。

Joke 3--3 points

Russell to Whitehead: "My Gödel is killing me!"

ラッセルからホワイトヘッドへ

「わたしのゲーデルがきつい！」

〔解説〕Gödel は英語では girdl（ガードル）と同じ音なので、アメリカの下着メーカー「プレイテックス」が1950年代に発売した、きつくないガードルのよく知られたCM コピーになる。ラッセル(Russell)とホワイトヘッド(Whitehead)が論理的な方法で、無矛盾な数学の体系を再構築できるのではないかと考えていたのに対し、ゲーデル(Gödel)が不完全性定理により、それではできないよ、とキツい一発をくらわしたという歴史を重ねている。

Joke 4--2 points

Q: What's brown, furry, runs to the sea, and is equivalent to the axiom of choice?

A: Zorn's lemming.

Q: 茶色で、毛がふさふさして、海に向かって走り、選択公理と同値なものは？

A: ツォルンのレミング。

〔解説〕lemming が lemma（補助命題、補助公理）と音が似ていることによるジョーク。『ツォルンの補題』（Zorn's lemma）になる。ツォルン【Max August Zorn】（1906-93）はドイツ出身のアメリカの数学者。選択公理は公理的集合論の重要な公理で、空集合を要素に持たない任意の集合族に対して、各要素（集合）からひとつずつ要素を選び、新しい集合を作ることができる、というもの。一見すると自明に思えるが、そうではない。『ザ・シンプソンズ』では *Bart's New Friend*〔S26 ／ E11〕に「ツォルンの補題」が登場。

Joke 5--2 points

Q: What's yellow and equivalent to the axiom of choice?

A: Zorn's lemon.

Q: 黄色くて、選択公理と同値のものは？
A: ツォルンのレモン。
〔解説〕Joke 4 のバリエーション。

Joke 6--3 points

Q: Why is it that the more accuracy you demand from an interpolation function, the more expensive it becomes to compute?
A: That's the law of spline demand.
Q: なぜ、補間関数に高い精度を求めると、計算費が高くつくのですか？
A: スプラインと需要の法則のため。
〔解説〕spline curve（補間関数）の spline が supply（供給）に音が似ていることによるジョーク。「需要供給の法則」と聞こえる一方、数学的内容としては、補間点をたくさんとればとるほど、近似の精度は上がるが、計算に時間がかかって費用が高くつくということ。

Joke 7--6 points

Two mathematicians, Isaac and Gottfried, are in a pub. Isaac bemoans the lack of mathematical knowledge among the general public, but Gottfried is more optimistic. To prove his point,Gottfried waits until Isaac goes to the bathroom and calls over the barmaid. He explains that he is going to ask her a question when Isaac returns, and the barmaid simply has to reply: "One third x cubed."

She replies: "Won thud ex-what?"

Gottfried repeats the statement, but more slowly this time: "One . . . third . . . x . . . cubed."

The barmaid seems to get it, more or less, and walks away muttering over and over again: “Won thud ex-cubed.”

Isaac returns, he downs another drink with Gottfried, the argument continues and eventually Gottfried asks over the barmaid to prove his point: “Isaac, let’s try an experiment. Miss, do you mind if I ask you a simple calculus question? What is the integral of x^2 ?”

The barmaid stops, scratches her head, and hesitantly regurgitates: “Won . . . thud . . . ex-cubed.” Gottfried smiles smugly, but just before the barmaid walks away she stares at the two mathematicians and says: “. . . plus a constant!”

バーに２人の数学者、アイザック〔・ニュートン〕とゴットフリート〔・ヴィルヘルム・ライプニッツ〕がいる。アイザックは一般大衆に数学の知識がないと嘆くが、ライプニッツはもっと楽観的だ。自分の立場を証明するために、ゴットフリートはアイザックがトイレに行くのを待って、バーのホステスを呼ぶ。彼はホステスに、アイザックが戻ってきたら質問をするから、「３分の１と x の３乗」とだけ答えてくれと頼んだ。

彼女は、「ええと、３分の１と、なんでしたっけ？」と言う。ゴットフリートはもう一度、少しゆっくり同じことを繰り返した。「３分の１、と、x の３乗だ」

ホステスは、今度はどうにか覚えたらしく、歩み去りながら口の中で何度もぶつぶつとその台詞を繰り返した。「さんぶんのいちとえっくすのさんじょう……」

戻ったアイザックはゴットフリートとまた飲み物を注文し、２人の議論は続いた。とうとうゴットフリートは、バーのホステスに、彼の主張を証明するように頼む。「アイザック、実験してみようじゃないか。お嬢さん、簡単な微積分の問題を出してもいいかね？　x の２乗の積分はいくらになりますか？」

ホステスは立ち止まって、頭をかき、ためらいがちにつぶやいた。「3分の1、と、xの3乗」。ゴットフリートはにっこりと微笑んだ。するとホステスは去り際に、2人の数学者を見つめて、こう言い添えた。「プラス、定数！」
〔解説〕バーのホステスは不定積分を理解していた！

TOTAL 20 POINTS
全問笑えて20点

EXAMINATION V（博士程度）

Joke 1--1 point

Q: What's purple and commutes?

A: An abelian grape.

Q: 紫色で、交換するものは？

A: アーベル葡萄。

〔解説〕group（群）と grape の音が似ていることによる、グループ・ジョークと言われるもの。アーベルは19世紀のノルウェーの数学者で、数学者の世界では超有名人。ノルウェー政府は2001年にアーベル賞の創設を発表。賞金はスウェーデンのノーベル賞に匹敵する（約１億円)。2016年の受賞者は、アンドリュー・ワイルズ。

Joke 2--1 point

Q: What's lavender and commutes?

A: An abelian semigrape.

Q: ラベンダー色で、交換するものは？

A: アーベル半葡萄。

〔解説〕semigrape が semigroup（半群）と似ている。

Joke 3--1 point

Q: What's nutritious and commutes?

A: An abelian soup.

Q: 栄養があって、交換するものは？

A: アーベル・スープ。

〔解説〕soup が group と似ている。とくにアメリカでは、実だくさんのスープは「栄養のある食べもの」の代表。

Joke 4--1 point

Q: What's purple, commutes, and is worshipped by a limited number of people?

A: A finitely venerated abelian grape.

Q: 紫色で、交換して、限られた人々に崇拝されているものは？

A: 有限崇拝アーベル葡萄。

〔解説〕finitely generated abelian group（有限生成アーベル群）で generated が venerated（崇拝された）に似ている。

Joke 5--1 point

Q: What's purple, dangerous, and commutes?

A: An abelian grape with a machine gun.

Q: 紫色で、危険で、交換するものは？

A: マシンガンを持ったアーベル葡萄。

〔解説〕危険なものといわれてすぐマシンガンが出てくるあたりは、銃社会アメリカ的。

Joke 6--2 points

Q: What's big, grey, and proves the uncountability of the decimal numbers?

A: Cantor's diagonal elephant.

Q: 大きくて、灰色で、小数の非可算性を証明するものは？

A: カントールの対角線象。

〔解説〕ナンセンスな謎かけで、エレファント・ジョークと呼ばれる系譜に属する。ここではカントールの対角線論法（diagonal argument）の argument が elephant になっているのが笑えるポイント。

Joke 7--2 points

Q: What's the world's longest song?

A: "$\aleph_0$ Bottles of Beer on the Wall."

Q: 世界で一番長い歌は？

A:『壁にある"アレフ・ヌル"本のビール』。

〔解説〕元ネタは"99 bottles of beer on the wall"というアメリカの伝統的、宴会数え歌。飲みながら99本のビールが１本ずつ減ってゆくさまを延々と歌い続けるのだが、$\aleph_0$（アレフ・ヌル：無限大）だったら……！

Joke 8--4 points

Q: What does the "B." in Benoit B. Mandelbrot stand for?

A: Benoit B. Mandelbrot.

Q: ベノア・B・マンデルブロのBは何を表していますか？

A: ベノア・B・マンデルブロ。

〔解説〕マンデルブロ集合を図示したものがフラクタル図形で、その一部を次々拡大していくと常に同じパターンが現われる。Benoit B. Mandelbrot のBを拡大するとまた Benoit B. Mandelbrot が現われるというジョーク。

Joke 9--1 point

Q: What do you call a young eigensheep?

A: A lamb, duh!

Q: 若い固有羊のことを何と呼びますか？

A: ラムに決まってるじゃないか！

〔解説〕線形代数学では、線形変換の固有値（eigen value）を λ（lambda）で表すことが多い。ドイツ語由来の eigen やギリシャ語由来の lambda という専門用語の駄洒落で笑うところ

が、とてもギーキー（ギーク的）。

Joke 10--4 points

One day, ye director of ye royal chain mail factory was asked to submit a sample in order to try to win a very large order for chain mail tunics and leggings.

Though the tunic sample was accepted, he was told that the leggings were too long. He submitted a new sample, and this time the leggings were better, but too short. He submitted yet another sample, and this time the leggings were better still, but too long again.

Ye director called ye mathematician and asked for her advice. He tailored another pair of chain mail leggings according to her instructions, and this time the samples were deemed to be perfect.

Ye director asked ye mathematician how she calculated the measurements, and she replied: "I just used the wire-trousers hem test of uniform convergence."

ある日のこと、王立鎖帷子（くさりかたびら）工場の責任者が、鎖帷子のチュニックとレギンスの大量注文を受注するために、試作品を提出するよう求められた。

チュニックの試作品は合格したが、レギンスは長すぎると言われた。そこで工場長は、新しい試作品を提出した。今度は前のよりは良かったが、少し短すぎた。また別の試作品を提出すると、前よりは良くなったが、長すぎた。

工場長は数学者を呼んでアドバイスを求めた。そして彼女（数学者）のアドバイスに従って新たに試作品を製作し、このたびは完璧な仕上がりとなった。

工場長が数学者に、どうやって長さを計算したのかと尋ねる

と、彼女はこう答えた。「針金ズボンの縁をぴったり合わせるテスト法を使っただけです」

〔解説〕'the wire-trousers hem test' は 'Weierstrass M-test'（ワイエルシュトラスのM判定法）と聞こえる。無限級数の一様収束に関する判定法。

Joke 11--2 points

An infinite number of mathematicians walk into a bar. The bartender says, "What can I get you?"

The first mathematician says,
"I'll have one-half of a beer."

The second mathematician says,
"I'll have one-quarter of a beer."

The third mathematician says,
"I'll have one eighth of a beer."

The fourth mathematician says,
"I'll have one-sixteenth . . ."

The bartender interrupts them, pours out a single beer and replies, "Know your limits."

無限に大勢の数学者がバーに入っていった。バーテンダーが「何をお持ちしましょうか？」と言った。

１人目の数学者は、「ビールを半分いただこう」と言った。

２人目の数学者は、「ビールを４分の１いただこう」と言った。

３人目は、「ビールを８分の１いただこう」。

４人目は、「ビールを16分の１……」。

そこでバーテンダーはビールをジョッキ一杯注ぐと、こう言った。「限度を知りなさい」

〔解説〕'Know your limits.'は、酒場の看板でも見られる「ほど

ほどに」とか「飲みすぎないでね」という意味の慣用句。ただし、この場合1／4、1／8、1／16……と無限級数を形成しているため、極限 limit に掛けている。この級数は1に収束するので、バーテンダーはビールをジョッキ1杯分注いだ。

TOTAL 20 POINTS
全問笑えて20点

この作品は平成二十八年五月新潮社より刊行された。

S・シン
青木薫訳
フェルマーの最終定理
数学界最大の超難問はどうやって解かれたのか？　3世紀にわたって苦闘を続けた数学者たちの挫折と栄光、証明に至る感動のドラマ。

S・シン
青木薫訳
宇宙創成（上・下）
宇宙はどのように始まったのか？　古代から続く最大の謎への挑戦と世紀の発見までを生き生きと描き出す傑作科学ノンフィクション。

S・シン
E・エルンスト
青木薫訳
代替医療解剖
鍼、カイロ、ホメオパシー等に医学的効果はあるのか？　二〇〇〇年代以降、科学的検証が進む代替医療の真実をドラマチックに描く。

J・B・テイラー
竹内薫訳
奇跡の脳
―脳科学者の脳が壊れたとき―
ハーバードで脳科学研究を行っていた女性科学者を襲った脳卒中――8年を経て「再生」を遂げた著者が贈る驚異と感動のメッセージ。

M・デュ・ソートイ
冨永星訳
素数の音楽
神秘的で謎めいた存在であり続ける素数。世紀を越えた難問「リーマン予想」に挑んだ天才数学者たちを描く傑作ノンフィクション。

R・ウィルソン
茂木健一郎訳
四色問題
四色あればどんな地図でも塗り分けられるか？　天才達の苦悩のドラマを通じ、世紀の難問の解決までを描く数学ノンフィクション。

D・オシア
糸川洋訳
ポアンカレ予想
「宇宙の形はほぼ球体」!? 百年の難問ポアンカレ予想を解いた天才の閃きを、数学の歴史ドラマで読み解ける入門書、待望の文庫化。

B・ブライソン
楡井浩一訳
人類が知っているすべての短い歴史（上・下）
科学は退屈じゃない！ 科学が大の苦手だったユーモア・コラムニストが徹底して調べて書いた極上サイエンス・エンターテイメント。

T・トウェイツ
村井理子訳
ゼロからトースターを作ってみた結果
トースターくらいなら原材料から自分で作れるんじゃね？ と思いたった著者の、汗と笑いの9ヶ月！（結末は真面目な文明論です）

T・トウェイツ
村井理子訳
人間をお休みしてヤギになってみた結果
よい子は真似しちゃダメぜったい！ イグノーベル賞を受賞した馬鹿野郎が体を張って実験した爆笑サイエンス・ドキュメント！

A・バーザ
プレシ南日子訳
狂気の科学者たち
科学発展の裏には奇想天外な実験の数々があった！ 真実を知るためなら何も厭わない科学者たちの姿を描く戦慄のノンフィクション。

M・クマール
青木薫訳
量子革命
―アインシュタインとボーア、偉大なる頭脳の激突―
現代の科学技術を支える量子論はニュートン以来の古典的世界像をどう一変させたのか？ 量子の謎に挑んだ天才物理学者たちの百年史。

P・プルマン
大久保 寛訳

黄金の羅針盤（上・下）

ダーク・マテリアルズⅠ
カーネギー賞・ガーディアン賞受賞

好奇心旺盛でうそをつくのが得意な11歳の少女・ライラ。動物の姿をした守護精霊《ダイモン》と生きる世界から始まる超傑作冒険ファンタジー！

P・プルマン
大久保 寛訳

神秘の短剣（上・下）

ダーク・マテリアルズⅡ

時空を超えて出会ったもう一人の主人公・ウィル。魔女、崖鬼《クリフ・ガースト》、魔物《スペクター》、天使……異世界の住人たちも動き出す、波乱の第二幕！

P・プルマン
大久保 寛訳

琥珀の望遠鏡（上・下）

ダーク・マテリアルズⅢ
ウィットブレッド賞最優秀賞受賞

ライラとウィルが〈死者の国〉へ行くにはダイモンとの別れが条件だった——。教権とアスリエル卿が決戦を迎える、激動の第三幕！

P・プルマン
大久保 寛訳

美しき野生（上・下）

ブック・オブ・ダストⅠ

命を狙われた赤ん坊のライラを救ったのは、ある少年と一艘のカヌーの活躍だった。『黄金の羅針盤』の前章にあたる十年前の物語。

オールコット
松本恵子訳

若草物語

温和で信心深い長女メグ、活発な次女ジョー、心のやさしい三女ベスに無邪気な四女エミイ。牧師一家の四人娘の成長を爽やかに描く名作。

ディケンズ
加賀山卓朗訳

オリヴァー・ツイスト

オリヴァー8歳。窃盗団に入りながらも純粋な心を失わず、ロンドンの街を生き抜く孤児の命運を描いた、ディケンズ初期の傑作。

ホーソン
鈴木重吉訳
緋文字

胸に緋文字の烙印をつけ私生児を抱いた女の毅然とした姿——十七世紀のボストンの町に、信仰と個人の自由を追究した心理小説の名作。

H・ジェイムズ
小川高義訳
ねじの回転

イギリスの片田舎の貴族屋敷に身を寄せる兄妹。二人の家庭教師として雇われた若い女が語る幽霊譚。本当に幽霊は存在したのか？

A・M・リンドバーグ
吉田健一訳
海からの贈物

現代人の直面する重要な問題を平凡な日常生活の中から取出し、語りかけた対話。極度に合理化された文明社会への静かな批判の書。

J・ヒルトン
白石　朗訳
チップス先生、さようなら

自身の生涯を振り返る老教師。生徒の愉快な笑い声、大戦の緊迫、美しく聡明な妻。英国パブリック・スクールの生活を描いた名作。

ルナール
岸田国士訳
博物誌

澄みきった大気のなかで味わう大自然との交感——真実を探究しようとする鋭い眼差と、動植物への深い愛情から生み出された65編。

カフカ
頭木弘樹編訳
絶望名人カフカの人生論

ネガティブな言葉ばかりですが、思わず笑ってしまったり、逆に勇気付けられたり。今までにはない巨人カフカの元気がでる名言集。

Title : THE SIMPSONS AND THEIR MATHEMATICAL SECRETS
Author : Simon Singh

Japanese translation published by arrangement with Simon Singh
c/o PEW Literary Agency Limited through
The English Agency (Japan) Ltd.

数学者《すうがくしゃ》たちの楽園《らくえん》

「ザ・シンプソンズ」を作った天才たち

新潮文庫　シ－37－7

Published 2021 in Japan
by Shinchosha Company

令和三年八月一日発行

訳者　青《あお》木《き》薫《かおる》

発行者　佐藤隆信

発行所　株式会社 新潮社

郵便番号　一六二―八七一一
東京都新宿区矢来町七一
電話　編集部(〇三)三二六六―五四四〇
読者係(〇三)三二六六―五一一一
https://www.shinchosha.co.jp

価格はカバーに表示してあります。

乱丁・落丁本は、ご面倒ですが小社読者係宛ご送付ください。送料小社負担にてお取替えいたします。

印刷・錦明印刷株式会社　製本・錦明印刷株式会社

ISBN978-4-10-215977-4 C0141